Georg Büchner

Woyzeck

Der Hessische Landbote

Module und Materialien
für den Literaturunterricht

von Hans-Georg Schede

Schroedel
westermann

westermann GRUPPE

Druck A² / Jahr 2022
Alle Drucke der Serie A sind im Unterricht parallel verwendbar.

Redaktion: Dr. Hans-Georg Schede, Freiburg
Layout: Yvonne Behnke, Berlin
Druck und Bindung: Westermann Druck GmbH, Georg-Westermann-Allee 66, 38104 Braunschweig

ISBN 978-3-507-**69996**-0

Inhaltsverzeichnis

Konzeption der Module und Materialien

Die Reihe »Module und Materialien für den Literaturunterricht« eröffnet einen inhaltlich ergiebigen und methodisch vielseitigen Zugang zu wichtigen Werken des schulischen Lektürekanons. Sie bietet einen vollständigen Unterrichtsgang an, ist aber zugleich so angelegt, dass es leicht möglich ist, einzelne Elemente herauszulösen und mit eigenem Material und eigenen Unterrichtsideen zu kombinieren. Inhaltlich liegt ein besonderer Schwerpunkt auf der analytischen und argumentierenden Auseinandersetzung mit Texten, um die Schülerinnen und Schüler gezielt auf die Aufgabenarten vorzubereiten, für die sie ihre (schriftlichen) Deutschnoten erhalten und die sie in der Abiturprüfung beherrschen sollen. Dieser Aspekt, der in Unterrichtsmaterialien oft ein wenig zu kurz zu kommen scheint, unterstreicht den Anspruch der besonderen Praxistauglichkeit der vorliegenden Reihe.

Aufbau des Hefts

Das Heft beginnt mit einer tabellarischen **Übersicht**, in der die Themen der Module genannt, der Unterrichtsgang deutlich und die jeweils vermittelten Kompetenzen sowie die verwendeten Arbeitsgrundlagen aufgeführt werden.

Die kurze **Fachliche Orientierung**, die den Modulen vorangestellt ist, enthält die wichtigsten Informationen zur Entstehung und Thematik des behandelten Werkes, ferner einen Gliederungsvorschlag mit Inhaltsangabe sowie Hinweise zu strukturellen Besonderheiten und zur Wirkungsgeschichte. Das **Literaturverzeichnis** verzeichnet die herangezogene Forschung.

Die **Darstellung des Unterrichts** besteht aus einer Abfolge von thematisch konzentrierten Modulen, deren einzelne Unterrichtsschritte durch Zwischenüberschriften kenntlich gemacht werden. Zu allen Arbeitsaufträgen werden unter der Überschrift »Erwartungen« Lösungsvorschläge oder -hinweise geboten. In der Marginalspalte werden die Arbeitsgrundlagen (Kopiervorlagen, Seitenangaben) und die vorgeschlagenen Sozialformen genannt. – Zitiert wird nach der **Textausgabe** aus der Reihe **»Schroedel Lektüren«** (siehe den ersten Titel des Literaturverzeichnisses auf Seite 10).

Auf die Darstellung des Unterrichts folgen, in chronologischer Reihenfolge, die **Arbeitsblätter**.

Den Abschluss des Hefts bilden **zwei Klausurvorschläge mit Erwartungshorizonten**: eine Erschließung eines literarischen Textes mit Textvergleich und eine textgebundene Erörterung.

Vorwort

Dieses Heft weicht formal und inhaltlich geringfügig von den anderen Heften der Reihe ab. Die **Fachliche Orientierung** ist zweigeteilt. Die Vorinformationen zum »Hessischen Landboten« finden sich auf den Seiten 12 bis 17, die zu »Woyzeck« auf den Seiten 53 und 54. Manche der dort üblicherweise abgehandelten Aspekte sind in der Darstellung des Unterrichts und den Arbeitsblättern so ausführlich enthalten, dass in der Fachlichen Orientierung auf sie verzichtet wurde, um Redundanzen zu vermeiden. So wird die Entstehung des »Hessischen Landboten« im Unterricht genau nachvollzogen; und die Inhaltsangabe des »Woyzeck« findet sich als Erwartungshorizont auf zwei Kopiervorlagen. In den Fachlichen Orientierungen wird an Ort und Stelle erläutert, wo diese ausgelagerten Aspekte jeweils im Heft zu finden sind.

Zudem stehen die **Arbeitsaufträge** – anders als bei den meisten Heften der Reihe – nicht auf den Arbeitsblättern, sondern werden im Zuge der Beschreibung des Unterrichts mitgeteilt. Dadurch sind die Arbeitsblätter flexibler einsetzbar und es entsteht vor allem Platz für etwas ausführlichere Informationen. Dies kommt der prinzipiellen **methodischen Ausrichtung** dieses Hefts entgegen, die Schüler eine **Fülle von Hintergrundwissen verarbeiten** zu lassen. Schüler klagen oft, die im Unterricht behandelten Werke würden überinterpretiert. Diese Empfindung ist insofern nachvollziehbar, als ihnen in aller Regel die Wissensbasis fehlt, die für eine gehaltvolle Interpretation notwendig ist. So gehen ihnen verständlicherweise schnell die Ideen und Argumente aus. Diese Wissensbasis zu verbreitern, steht in der hier vorgelegten Unterrichtsreihe im Vordergrund. Die beiden behandelten Werke legen ein solches Verfahren nahe, denn sie beziehen sich auf realgeschichtliche Ereignisse, die schon für sich genommen dramatisch und spannend genug sind, um das Interesse auch jugendlicher Leser zu wecken.

Die **Illustrationen** zu »Woyzeck« stammen von **Helmut Ackermann** (siehe auch das Heft zum »Steppenwolf«). Diese Originalzeichnungen sind die letzten Arbeiten des Künstlers, der Ende 2017 im Alter von 81 Jahren gestorben ist. Ihm ist das Heft gewidmet.

Übersicht über die Module

Modul 1 »Der Hessische Landbote«

(S. 18–33)

Kompetenzen

Die Schülerinnen und Schüler ...

- *trainieren anhand verschiedener Texte und Erschließungsmethoden die Informationsverarbeitung inhaltlich dichter Sachtexte,*
- *informieren sich im Anhang der Textausgabe über Büchners Leben und Werk und kontrollieren gegenseitig ihre Kenntnisse,*
- *verfolgen die Impulse, die Büchners schon während der Schulzeit entstandene politische Einstellung durch seine Studienzeit in Straßburg erhielt,*
- *beschäftigen sich mit der Entstehung des »Hessischen Landboten« und erproben dabei zwei verschiedene Formen der inhaltlichen Erschließung längerer geschichtlicher Sachtexte,*
- *befassen sich näher mit dem Schauplatz der Ereignisse, dem Großherzogtum Hessen-Darmstadt (seiner Größe, Lage und seinem politischen System),*
- *rekapitulieren den Lebensweg eines oppositionellen Intellektuellen in der Epoche des Vormärz und lernen dabei den Co-Autor der Flugschrift kennen,*
- *fassen den Inhalt der Flugschrift zusammen und gliedern den Text,*
- *untersuchen die sprachliche Gestaltung der Flugschrift,*
- *befassen sich näher mit der Textsorte Flugschrift und erörtern, inwiefern »Der Hessische Landbote« die Gattungskritieren erfüllt,*
- *bewerten Informationen aus Verhörprotokollen und persönlichen Briefen,*
- *verfolgen das weitere Schicksal Weidigs und anderer Oppositioneller,*
- *bündeln die erworbenen breiten Kenntnisse in eigenen kreativen Textproduktionen.*

		Arbeitsgrundlagen	Kompetenzen
Modul 2 (S. 55–63)	**»Woyzeck«: Inhalt und Thematik**		
	1. Schuldunfähigkeit .... S. 55 2. Eine Inhaltsangabe des Dramas .... S. 56 3. Zwölf Zeichnungen zu »Woyzeck« von Helmut Ackermann .... S. 57 4. Die vier Manuskriptteile und deren inhaltliche Akzentsetzungen ...... S. 58 5. Offenes oder geschlossenes Drama? .... S. 60	KV S. 99 Textausgabe KV S. 100–101 KV S. 102–104 Textausgabe KV S. 105 Textausgabe KV S. 106 Textausgabe	Die Schülerinnen und Schüler ... • *erörtern auf der Grundlage heutiger Rechtsprechung die Frage der Schuldunfähigkeit eines Straftäters,* • *verfassen eine Inhaltsangabe von Büchners Dramenfragment,* • *stellen anhand von zwölf Illustrationen zu »Woyzeck« ihre genaue Textkenntnis unter Beweis,* • *lernen die editorischen Probleme kennen, die sich aus dem Fragmentcharakter des Stücks ergeben,* • *rekapitulieren die Fachbegriffe geschlossenes und offenes sowie traditionelles und modernes Drama und nutzen sie zur Beschreibung der Struktur von Büchners Stück.*
Modul 3 (S. 64–74)	**»Woyzeck«: die Figuren und ihre Sprache**		
	1. Woyzeck .... S. 64 2. Marie .... S. 66 3. Der Tambourmajor .... S. 69 4. Andres .... S. 70 5. Der Hauptmann .... S. 71 6. Der Doktor .... S. 73	KV S. 107 Textausgabe KV S. 108 Textausgabe KV S. 108 Textausgabe Textausgabe Textausgabe KV S. 109 Textausgabe	Die Schülerinnen und Schüler ... • *benennen ein wesentliches Kriterium bei der Unterscheidung von Haupt- und Nebenfiguren in dramatischen Texten,* • *charakterisieren die sechs wichtigsten Figuren des Stücks,* • *geben genaue und einfühlsame Beschreibungen von Illustrationen und vergleichen die Sicht des Künstlers auf eine Figur mit dem Dramentext,* • *unterscheiden zwischen flachen und runden Charakteren und erkennen, dass einzelne Personen im Drama oft als Kontrastfiguren zu anderen Personen angelegt sind.*
Modul 4 (S. 75–81)	**»Woyzeck«: Pauperismus und soziales Drama**		
	1. Der Doktor als Karikatur Johann Bernhard Wilbrands S. 75 2. Zeitgenössische Ernährungsexperimente und Krankheitstheorien .... S. 77	KV S. 110 KV S. 111 KV S. 112	Die Schülerinnen und Schüler ... • *erschließen erneut mit unterschiedlichen Techniken informationsgesättigte Sachtexte,* • *lernen historische Personen und Wissenschaftsdiskurse kennen, die sich in Büchners Stück wiederfinden,*

	Arbeitsgrundlagen	Kompetenzen
3. Vom ›Armenwesen‹ zum ›Pauperismus‹ .... S. 77	KV S. 113–114 Textausgabe	Die Schülerinnen und Schüler ... • *betrachten »Woyzeck« als Beitrag zur zeitgenössischen ›Pauperismus‹-Debatte und als Vorläufer des sozialen Dramas.*
4. Büchners »Woyzeck« als Vorläufer des sozialen Dramas .... S. 80	KV S. 115 Textausgabe	

Modul 5 (S. 82–95)

»Woyzeck«: Quellen und dokumentarisches Theater

	Arbeitsgrundlagen	Kompetenzen
1. Das Clarus-Gutachten: Chronologie des gerichtlichen Verfahrens .... S. 82	Textausgabe	Die Schülerinnen und Schüler ... • *beschäftigen sich anhand des zweiten Clarus-Gutachtens eingehend mit dem Mordprozess der historischen Person Johann Christian Woyzeck,* • *erörtern die fachliche Einschätzung des Gutachters Clarus, Woyzeck habe die Tat im Zustand vollständiger Zurechnungsfähigkeit begangen,* • *erörtern, wie Büchner in seinem Stück mit den Mitteln der Literatur auf das Gutachten von Clarus reagiert,* • *beschäftigen sich mit dem Mordfall Schneider/Lebrecht, der Büchner ebenfalls als Quelle für sein Stück gedient hat,* • *stellen differenzierend dar, welche Handlungselemente und thematischen Aspekte von Büchners Stück durch welche Quellen angeregt sind,* • *betrachten »Woyzeck« als Vorläufer des dokumentarischen Theaters.*
2. Das Clarus-Gutachten: die ermittelten Fakten .... S. 86	Textausgabe	
3. Das Clarus-Gutachten: die Frage der Zurechnungsfähigkeit .... S. 89	Textausgabe	
4. Die Schuldfähigkeit Woyzecks in Büchners Stück .... S. 90	Textausgabe	
5. Anregungen durch den Mordfall Schneider/Lebrecht .... S. 93	KV S. 116–119 Textausgabe	
6. Büchners Stück als Vorläufer des dokumentarischen Theaters ...... S. 95	Textausgabe	

Modul 6 (S. 96–97)

»Woyzeck«: weltweite Wirkung und Inszenierungskonzepte

	Arbeitsgrundlagen	Kompetenzen
1. »Woyzeck« als Werk der Weltliteratur .... S. 96	KV S. 120	Die Schülerinnen und Schüler ... • *erhalten einen Einblick in die weltweite Rezeption von Büchners Stück,* • *stellen eigenständig Recherchen zur Rezeption des »Woyzeck« an,* • *befassen sich anhand eines YouTube-Trailers mit einer neueren deutschsprachigen Inszenierung des Stücks,* • *stellen ihren Mitschülern die Inszenierung in einer Kurzpräsentation vor.*
2. »Woyzeck«-Inszenierungen der jüngeren Vergangenheit ..... S. 97	KV S. 121–122	

Bildnachweis: Originalzeichnung von Helmut Ackermann (1936–2017) zu Büchners Dramenfragment »Woyzeck«, entstanden im Herbst 2017 für dieses Heft

Bildnachweis: Originalzeichnung von Helmut Ackermann (1936–2017) zu Büchners Dramenfragment »Woyzeck«, entstanden im Herbst 2017 für dieses Heft

Literaturverzeichnis

Textgrundlage

Büchner, Georg: Woyzeck. Der Hessische Landbote. Braunschweig: Bildungshaus Schulbuchverlage 2016 (= Schroedel Lektüren. ISBN: 978-3-507-69995-3)

Werkausgaben

Büchner, Georg: Werke und Briefe. Nach der historisch-kritischen Ausgabe von Werner R. Lehmann. Kommentiert von Karl Pörnbacher, Gerhard Schaub, Hans-Joachim Simm und Edda Ziegler. Nachwort von Werner R. Lehmann. München und Wien: Carl Hanser Verlag 1980

Büchner, Georg: Sämtliche Werke, Briefe und Dokumente in zwei Bänden. Hrsg. von Henri Poschmann unter Mitarbeit von Rosemarie Poschmann. Frankfurt am Main: Deutscher Klassiker Verlag 1992

Büchner, Georg: Sämtliche Werke und Schriften. Historisch-kritische Ausgabe mit Quellendokumentation und Kommentar (Marburger Ausgabe). Im Auftrag der Akademie der Wissenschaften und der Literatur, Mainz, hrsg. von Burghard Dedner. Mitbegründet von Thomas Michael Mayer. Darmstadt: Wissenschaftliche Buchgesellschaft 2000–2013. Band 7,1: »Woyzeck«. Text. Band 7,2: »Woyzeck«. Text (Fortsetzung), Editionsbericht, Quellen, Erläuterungsteile. Darmstadt: Wissenschaftliche Buchgesellschaft 2005 (zitiert als: MBA 7, 1 und MBA 7, 2)

Büchner, Georg: Werke und Briefe. Hrsg. von Arnd Beise, Tilman Fischer, Gerald Funk. Illustriert von Benjamin Kniebe. Darmstadt: Lambert Schneider Verlag 2013

Büchner, Georg: Woyzeck. Die Handschriften: http://buechnerportal.de/werke/woyzeck/

Büchner, Georg: Woyzeck Lesefassung: http://buechnerportal.de/werke/woyzeck-lesefassung/

Gesamtdarstellungen

Hauschild, Jan-Christoph: Georg Büchner. Biographie. Berlin: Ullstein Buchverlage 1997 (Taschenbuchnummer: 26505; vom Autor überarbeitete Ausgabe der 1993 bei J. B. Metzler in Stuttgart erschienenen gebundenen Ausgabe)

Hauschild, Jan-Christoph: Georg Büchner. Überarbeitete und erweiterte Neuausgabe. Reinbek bei Hamburg: Rowohlt Taschenbuch Verlag 2004 (= rowohlts monographien, Band 50670)

Hauschild, Jan-Christoph: Georg Büchners Frauen. München: Deutscher Taschenbuch Verlag 2013

Hauschild, Jan-Christoph: Georg Büchner. Verschwörung für die Freiheit. Hamburg: Hoffmann und Campe Verlag 2013

Kurzke, Hermann: Georg Büchner. Geschichte eines Genies. München: Verlag C. H. Beck 2013

Mayer, Hans: Georg Büchner und seine Zeit. Frankfurt am Main: Suhrkamp Taschenbuch Verlag 1972

Sekundärliteratur zu »Woyzeck« und zum »Hessischen Landboten«

Borgards, Roland: Georg Büchner: Woyzeck. Braunschweig: Bildungshaus Schulbuchverlage 2009 (= Schroedel Interpretationen, Band 8)

Borgards, Roland: Performing Species. Menschenpolitik und Tiertheorie im »Woyzeck« (H 1; H 2). In: Georg Büchner Jahrbuch 13 (2013–2015). Für die Georg Büchner Gesellschaft und die Forschungsstelle Georg Büchner an der Philipps-Universität Marburg hrsg. von Burghard Dedner, Matthias Gröbel und Eva-Maria Vering. Redaktion: Eva-Maria Vering. Berlin und Boston: Verlag Walter de Gruyter 2016, S. 257–274

Borgards, Roland, und Harald Neumeyer (Hrsg.): Büchner-Handbuch.

Leben – Werk – Wirkung. Stuttgart und Weimar: Verlag J. B. Metzler 2009

Bühnemann, Wolfgang: Der Hessische Landbote. Interpretationshilfe Deutsch. Freising: Stark Verlag 2006

Castellari, Marco (Hrsg.): Büchner-Rezeptionen - interkulturell und intermedial. Bern, Berlin, Frankfurt am Main, Wien: Peter Lang Verlag 2015

De Angelis, Enrico: »Woyzeck« im Film. In: Georg Büchner Jahrbuch 13 (2013–2015) (siehe oben bei Borgards), S. 327–335

Dedner, Burghard: Die Handlung des »Woyzeck«: wechselnde Orte – »geschlossene Form«. In: Georg Büchner Jahrbuch 7 (1988/89), S. 144–170

Dedner, Burghard, unter Mitarbeit von Gerald Funk und Christian Schmidt: Georg Büchner: Woyzeck. Erläuterungen und Dokumente. Stuttgart: Reclam Verlag 2000 (= RUB 16013)

Dedner, Burghard (Hrsg., nach der Edition von Thomas Michael Mayer): Georg Büchner: Woyzeck. Studienausgabe. Stuttgart: Reclam Verlag 1999 (= RUB 18007)

Elm, Theo: Georg Büchner: »Woyzeck«. In: Dramen des 19. Jahrhunderts. Interpretationen. Stuttgart: Reclam Verlag 1997, S. 141–171 (= RUB 9631)

Glück, Alfons: »Woyzeck«. Ein Mensch als Objekt. In: Georg Büchner: »Dantons Tod«, »Lenz«, »Leonce und Lena«, »Woyzeck«. Interpretationen. Stuttgart: Reclam Verlag 1990, durchgesehene Ausgabe 2001, S. 177–218 (= RUB 8415)

Graczyk, Annette: Sprengkraft Sexualität. Zum Konflikt der Geschlechter in Georg Büchners »Woyzeck«. In: Georg Büchner Jahrbuch 11 (2005–2008). Für die Georg Büchner Gesellschaft und die Forschungsstelle Georg Büchner an der Philipps-Universität Marburg hrsg. von Burghard Dedner, Matthias Gröbel und Eva-Maria Vering. Redaktion: Eva-Maria Vering. Tübingen: Max Niemeyer Verlag (ein Imprint von Walter de Gruyter) 2008, S. 101–121

Hofmann, Michael, und Julian Kanning: Georg Büchner. Epoche – Werk – Wirkung. München: Verlag C. H. Beck 2013

Hofmann, Michael: Der Hessische Landbote. In: Roland Borgards und Harald Neumeyer (Hrsg.): Büchner-Handbuch. Leben – Werk – Wirkung. Stuttgart und Weimar: Verlag J. B. Metzler 2009, S. 7–18

Neuhuber, Christian: »Woyzecks« Weg zur Weltliteratur. Anmerkungen zur aktuellen Bühnenrezeption. Mit einem Verzeichnis der Aufführungen 2012. In: Georg Büchner Jahrbuch 13 (2013–2015) (siehe oben bei Borgards), S. 301–325

Neumeyer, Harald: Woyzeck. In: Roland Borgards und Harald Neumeyer (Hrsg.): Büchner-Handbuch. Leben – Werk – Wirkung. Stuttgart und Weimar: Verlag J. B. Metzler 2009, S. 98–118

Niehaus, Michael: Gegen Gutachten. Büchners »Woyzeck«. In: Georg Büchner Jahrbuch 12 (2009-2012). Für die Georg Büchner Gesellschaft und die Forschungsstelle Georg Büchner an der Philipps-Universität Marburg hrsg. von Burghard Dedner, Matthias Gröbel und Eva-Maria Vering. Redaktion: Eva-Maria Vering, Nadine Köhler. Berlin und Boston: Verlag Walter de Gruyter 2012, S. 219–238

Raulet, Gérard: Das Wort geht quer. Überlegungen zur praktischen Ideologie des »Hessischen Landboten«. In: Georg Büchner Jahrbuch 13 (2013–2015) (siehe oben bei Borgards), S. 141–161

Schaub, Gerhard (Hrsg.): Georg Büchner, Friedrich Ludwig Weidig: Der Hessische Landbote. Studienausgabe. Stuttgart: Reclam Verlag 1996 (= RUB 9486)

Schede, Hans-Georg: Georg Büchner: Woyzeck. Lektüreschlüssel. Stuttgart: Reclam Verlag 2006 (= RUB 15339)

Schössler, Franziska: Exkurs: Soziales Drama. In: Roland Borgards und Harald Neumeyer (Hrsg.): Büchner-Handbuch. Leben – Werk – Wirkung. Stuttgart und Weimar: Verlag J. B. Metzler 2009, S. 118–123

Till, Dietmar: »Deutschland ist jetzt ein Leichenfeld, bald wird es ein Paradies seyn.« Die Rhetorik der Revolution im »Hessischen Landboten«. In: Georg Büchner Jahrbuch 12 (2009–2012) (siehe oben bei Niehaus), S. 3–25

Fachliche Orientierung zum »Hessischen Landboten«

1. Entstehung

Die Entstehung des »Hessischen Landboten« wird im ersten Modul in einer Folge von Arbeitsblättern genau dargestellt (vgl. die Seiten 34 bis 45 und dort besonders die Seiten 37 bis 41). Deshalb wird an dieser Stelle auf eine weitere Übersicht zur Entstehung der Flugschrift verzichtet.

2. Thematik

Michael Hofmann eröffnet seinen Artikel über den »Hessischen Landboten« im »Büchner-Handbuch« (2009) des Verlags J. B. Metzler mit dem Hinweis, die »von Georg Büchner und Friedrich Ludwig Weidig verfasste Flugschrift« stelle den »in der deutschen Literaturgeschichte recht einmaligen Fall dar, dass ein herausragender Literat und Schriftsteller gleichzeitig der Autor einer politischen Kampfschrift war, die anonym und illegal erschien und die ihrem Urheber die Androhung einer schweren Gefängnisstrafe (und dem Koautor den Tod in Polizeihaft) einbrachte« (Hofmann 2009, S. 7). Der vorliegende Unterrichtsvorschlag zum »Hessischen Landboten«, der das erste Modul dieses Hefts bildet, ist in der Absicht konzipiert, diese besondere Konstellation zur Geltung zu bringen. Büchners Flugschrift unterscheidet sich grundlegend von den Werken, die die Schüler normalerweise im Deutschunterricht lesen. Diese Werke behandeln das Schicksal erfundener Figuren, in deren inneren und äußeren Erlebnissen sich die Wünsche und Hoffnungen, die Sorgen und Ängste des ›wahren Lebens‹ spiegeln und verdichten. Die Schüler entwickeln, indem sie sich mit diesen literarischen Figuren und ihren Schicksalen beschäftigen, ein tieferes Verständnis für die Geheimnisse und Widersprüche der menschlichen Psyche, für die Schwierigkeiten menschlichen Zusammenlebens, für den bestimmenden Einfluss gesellschaftlicher Machtverhältnisse, Normen und Mentalitäten auf das Leben des Einzelnen, für den Wandel der Lebensverhältnisse im Wechsel der geschichtlichen Zeiten und die Beständigkeit allgemeinmenschlicher Erfahrungsbereiche wie Liebe, Tod, Krankheit oder Krieg. Sie studieren den Menschen in unterschiedlichsten Versuchsanordnungen und reflektieren den Unterschied zwischen Fiktion und Wirklichkeit.

All dies trifft auf die Beschäftigung mit dem »Hessischen Landboten« nicht zu: Hier geht es nicht um die Existenz eines Einzelnen, sondern um die einer großen gesellschaftlichen Klasse; nicht um seelische Nöte oder zwischenmenschliche Konflikte, sondern um das tägliche Brot; nicht um ›literarisches Probehandeln‹, sondern um die ›nackte Wirklichkeit‹. Hier geht es nicht um Differenzierung, sondern um Agitation. Behandelt werden keine zeitlosen Fragen menschlicher Existenz, sondern die Folgen eines ungerechten gesellschaftlichen Systems in einer konkreten historischen Konstellation. Daher muss man sich mit dieser historischen Konstellation, mit diesem gesellschaftlichen System befassen. Der Deutschunterricht nähert sich hier dem Geschichtsunterricht, in dem der Text zur Quelle wird. Dennoch besteht die Aufgabe nicht ausschließlich in der Analyse einer geschichtlichen Situation, sondern – wie bei literarischen Werken – auch darin, Menschen in Entscheidungssituationen zu betrachten und ihr Handeln zu verstehen und zu bewerten. Diese Fragen beziehen sich hier allerdings nicht auf *literarische Figuren*, sondern auf die Verfasser der Flugschrift, also auf *wirkliche Menschen* (auch wenn unser Verhältnis zu ihnen durch den historischen Abstand und die Lückenhaftigkeit unserer Informationen über sie notwendigerweise ähnlich fiktional ist wie das zu erdachten, literarischen Gestalten). Deshalb fragt diese Unterrichtseinheit nicht nur nach den Gesellschaftsverhältnissen, die im »Hessischen Landboten« attackiert werden, sondern ebenso nach den politischen Prägungen und Überzeugungen, Beweggründen und Hoffnungen Büchners und Weidigs und ihrer Unterstützer. Büchner war davon überzeugt, »das Verhältnis zwischen Armen und Reichen« sei »das einzige revolutionäre Element in der Welt« (Brief an Karl Gutzkow, nach dem 19. März 1835). Weidig sah das anders. Auch dieser Konflikt soll hier untersucht werden.

3. Gliederungsvorschlag und Inhaltsangabe

1. Vorspann (S. 41, Z. 1–28)
2. Erster Teil: Beschreibung der schlechten Gegenwart (S. 41, Z. 30, bis S. 52, Z. 13)
   a. Widerspruch der Verhältnisse zur göttlichen Ordnung (S. 41, Z. 30, bis S. 42, Z. 12)
   b. Widerspruch der Verhältnisse zur natürlichen Ordnung (S. 42, Z. 13, bis S. 43, Z. 26)
      - Das Ministerium des Innern und der Gerechtigkeitspflege (S. 43, Z. 27, bis S. 45, Z. 5)
      - Das Ministerium der Finanzen (S. 45, Z. 6–16)
      - Das Militär (S. 45, Z. 17–31)
      - Die Pensionen (S. 45, Z. 32, bis S. 46, Z. 3)
      - Das Staatsministerium und der Staatsrat, das herzogliche Haus und der Hofstaat sowie die Person des Fürsten (S. 46, Z. 4, bis S. 47, Z. 9)
         - Exkurs 1: Die Mitschuld der Götzendiener (S. 47, Z. 10, bis S. 48, Z. 33)
      - Die Landstände (S. 49, Z. 1, und S. 51, Z. 1, bis S. 52, Z. 13)
         - Exkurs 2: Die Lehren der jüngsten Geschichte (S. 49, Z. 2, bis S. 50, Z. 33)
3. Zweiter Teil: Beschwörung einer besseren Zukunft (S. 52, Z. 13, bis S. 56, Z. 9)
      - Prophezeiung baldiger Erlösung (S. 52, Z. 13–26)
      - Fünf Glaubenssätze (S. 52, Z. 27, bis S. 53, Z. 16)
      - Eine Zeit der Strafe, Läuterung und Besinnung (S. 53, Z. 17–27)
      - König Ludwig I. von Bayern als Beispiel des moralischen Versagens der Monarchen (S. 53, Z. 28, bis S. 54, Z. 20)
      - Der Prophet Hesekiel als Verkünder besserer Zeiten (54, Z. 20–33)
      - Ausdeutung der alttestamentarischen Prophetie (S. 55, Z. 1–14)
      - Schlusssteigerung: Aufruf, Mahnung und Gebet (S. 55, Z. 15, bis S. 56, Z. 9)

Vorspann (Seite 41, Zeilen 1 bis 28)
Auf den Titel »Der Hessische Landbote« und den Zusatz, dass es sich um eine »Erste Botschaft« handele, folgt ein Vorspann, der Ort und Zeit nennt und in einer Vorbemerkung (»Vorbericht«) darauf hinweist, dass die Flugschrift »die Wahrheit melden« (Z. 11 f.) solle. Diese zur Kenntnis zu nehmen, sei in Hessen jedoch lebensgefährlich. Daher seien fünf Vorsichtsmaßnahmen zu beachten, die nachfolgend aufgeführt sind. Der Vorspann endet mit einem Motto – »Friede den Hütten! Krieg den Palästen!« –, das dem eigentlichen Text der Flugschrift vorangestellt ist, die inhaltliche Stoßrichtung der Schrift benennt und entsprechende Erwartungen der Leser weckt.

Erster Teil: Beschreibung der schlechten Gegenwart (Seite 41, Zeile 30, bis Seite 52, Zeile 13)
Einleitend wird eine doppelte These aufgestellt: Die Machtverhältnisse und Lebenswirklichkeiten im Großherzogtum Hessen-Darmstadt sind weder mit der in der Bibel beschriebenen göttlichen (vgl. S. 41, Z. 30, bis S. 42, Z. 12) noch mit einer gerechten natürlichen Ordnung vereinbar (vgl. S. 42, Z. 13, bis S. 43, Z. 26). 1834 sehe es so aus, als ob Bauern und Handwerker und Bürger keine Menschen seien, sondern zum Gewürm, zu den Arbeitstieren zählten, die Gott am fünften Schöpfungstag erschaffen habe. Nur die Fürsten und Vornehmen betrachteten sich offenbar als die am sechsten Schöpfungstag erschaffenen Menschen, denen die Erde und das auf ihr wandelnde Getier untertan seien. Gut 700 000 Menschen, so der zweite Argumentationsansatz, lebten gegenwärtig in Hessen und bildeten somit gemeinsam den Staat, dessen naturrechtlicher Zweck es sei, das Wohl aller zu fördern. Tatsächlich werde in diesem Staat aber nur das Wohl einer kleinen Kaste von Mächtigen und ihrer ausführenden Organe gefördert, und zwar auf Kosten der großen Mehrheit der Staatsbürger. Als Beleg für diese These wird statistisches Material herangezogen: Die Bürger finanzierten den Staat jedes Jahr mit der gewaltigen Summe von über 6 Millionen Gulden, ohne etwas davon zu haben.

Dieser zweite Argumentationsansatz wird auf den folgenden Seiten der Flugschrift durch die nähere Beleuchtung der wichtigsten Tätigkeitsbereiche (Ressorts) des Staatswesens und ihrer Haushaltsposten breit ausgeführt:

- Das »Ministerium des Innern und der Gerechtigkeitspflege« (S. 43, Z. 27f.), das jährlich über eine Million Gulden verschlinge, wird als ein reiner Unterdrückungsapparat charakterisiert (vgl. S. 43, Z. 27, bis S. 45, Z. 5): Die Gesetze seien hauptsächlich dazu da, alte Machtverhältnisse fortzuschreiben und ihnen den Anschein von Neutralität und Legitimität zu verleihen. Sie seien das Eigentum der Vornehmen und Gelehrten und »nur ein Mittel, euch in Ordnung zu halten« (S. 44, Z. 3f.). Die Justiz sei keine unabhängige Gewalt, sondern »seit Jahrhunderten die Hure der deutschen Fürsten« (Z. 16f.). Die Polizei und die Justiz schützten den Bürger allenfalls gegen die Gewalttaten, die ihm sein Nachbar antue, aber nicht gegen die Gewalttaten, die ihm der Staat jeden Tag antue. Versuche er gegen diese aufzubegehren, lande er im Gefängnis, wie erst jüngst das Schicksal der »Vogelsberger Mitbürger« (Z. 31f.) gezeigt habe; und die wenigen Staatsdiener, die sich dem Wohle des Volkes stärker verpflichtet fühlten als dem Wohle der herrschenden Schicht, müssten ihre Haltung teuer büßen.
- Die Beamten im »Ministerium der Finanzen« (S. 45, Z. 6) finanziere der Bauer, damit sie dafür sorgten, dass sein Grund und Boden und seine Arbeitskraft bis zum Äußersten besteuert würden. Dabei ließen sie ihm gerade so viel zum Leben übrig, wie nötig sei, um seine Kräfte zu erhalten, damit er auch in Zukunft finanziell ausgepresst werden könne (vgl. S. 45, Z. 6–16).
- Das »Militär« (S. 45, Z. 17) koste die Staatsbürger fast eine Million Gulden. Hierfür erwürben ihre Söhne das Recht, unter dem Befehl der Herren vom Hof und der Söhne des Adels zu exerzieren, den Tyrannen den Treueeid zu schwören, deren Paläste zu bewachen und ihren eigenen Vätern und Brüdern die Schädel einzuschlagen, wenn diese gegen das vom Staat an ihnen begangene Unrecht aufbegehrten (vgl. S. 45, Z. 17–31).
- Eine knappe halbe Million Gulden gingen jährlich für »Pensionen« (S. 45, Z. 32) drauf, mit denen den Beamten, den »Handlanger[n]« (S. 46, Z. 2) des Unterdrückungssystems, am Ende ihrer Dienstzeit der Lebensabend versüßt werde (vgl. S. 45, Z. 32, bis S. 46, Z. 3).
- Im »Staatsministerium« und im »Staatsrat« (S. 46, Z. 4) als den Schaltzentralen der Macht tummelten sich überall in den deutschen Staaten, mit Sicherheit aber in Hessen, die »größten Schurken« (S. 46, Z. 6). Für diese Regierungsorgane gelte das Gleiche wie für »das großherzogliche Haus und den Hofstaat« (Z. 20f.), die den Steuerzahler jährlich allein über 800000 Gulden kosteten: Die Entscheidungswege seien intransparent und willkürlich. Oft übe ein Kammerdiener, ein Günstling oder dessen Halbbruder mehr Macht aus als ein offiziell bestellter ranghoher Entscheidungsträger. Die hessischen Staatsbeamten täten dabei nichts in eigenem Namen, sondern handelten immer als Werkzeuge einer angeblich höheren, unantastbaren Autorität, auf die sich ständig beriefen, und zwar » ›im Namen des Großherzogs‹ « (Z. 26). Dessen behauptete Heiligkeit und Unverletzlichkeit sei aber lediglich ein Aberglaube, der der Stabilisierung einer ungerechten Herrschaft diene. Der Fürst sei, blicke man einmal durch seinen Fürstenmantel, auch nichts weiter als ein gewöhnlicher Mensch, ebenso hilflos und nackt zur Welt gekommen wie alle, ebenso auf Nahrung angewiesen, ebenso von Müdigkeit übermannt und zuletzt ebenso sterblich wie jeder andere (vgl. S. 46, Z. 4, bis S. 47, Z. 9).
- Die »Landstände« (S. 49, Z. 1) schließlich, also die parlamentarische Vertretung des Volkes, deren Finanzierung nach Angaben der Flugschrift mit der vergleichsweise geringen Summe von 16000 Gulden zu Buche schlägt, seien ein zahnloser Tiger, solange sie, wie es augenblicklich der Fall sei, an eine Verfassung gebunden seien, die ihnen so gut wie keine Macht gegenüber dem Fürsten und den Staatsorganen einräume, und solange ihre Mitglieder nicht den Mut aufbrächten, entschlossen für die Rechte der Allgemeinheit zu streiten (vgl. S. 49, Z. 1, und S. 51, Z. 1, bis S. 52, Z. 13).

Die beiden Exkurse

Eingeschaltet in diese Übersicht über die einzelnen Abteilungen des Unterdrückungssystems sind, wie schon im Gliederungsvorschlag vermerkt, zwei längere Exkurse: Der eine prangert den Gehorsam gegenüber der Regierung und die Ehrfurcht vor der Person des Fürsten als Götzendienst an; erst wenn dieser überwunden werde, könne Deutschland wieder in seiner alten Herrlichkeit als Vaterland freier Menschen auferstehen (vgl. S. 47, Z. 10, bis S. 48, Z. 33). Der zweite setzt gleich nach der ersten Nennung des letzten Punktes (die Landstände) ein und erläutert in einem historischen Abriss der zurückliegenden 45 Jahre, wie im Zuge der Französischen Revolution die Frage der Herrschaft des Volkes auf die politische Agenda gekommen und wie dieser allgemeine Aufbruch in eine gerechtere Gesellschaft, in eine bessere Zukunft sowohl in Frankreich als auch in Deutschland vorläufig gescheitert sei (vgl. S. 49, Z. 2, bis S. 50, Z. 33). Beide Exkurse gehen am Ende wieder in die Erörterung des hessischen Unterdrückungssystems über – wobei nun, anders als in den ersten Abschnitten, jeweils auch die Mitschuld der verknechteten Bevölkerung an ihrer Misere benannt wird –, sodass nicht ganz klar zu sagen ist, wann sie jeweils enden.

Im ERSTEN EXKURS wird klargestellt: Wer als »Götzendiener« (S. 47, Z. 10 und 22) vor seinem Fürsten in Ehrfurcht erstarre, müsse sich nicht wundern, wenn man seine naive Gläubigkeit ausnutze und ihn zum Lasttier mache. Die Fürsten seien nicht von Gott eingesetzt, wie man dem Volk seit jeher einimpfe. Eine »rechtmäßige Obrigkeit« (S. 48, Z. 13 und 14) könne nur »aus der Wahl des Volkes« (Z. 17) hervorgehen, wie es einst beim deutschen Kaiser der Fall gewesen sei. (Diese Behauptung ist natürlich eine Geschichtsklitterung, denn der deutsche Kaiser war nie in freien und gleichen Wahlen von der gesamten Bevölkerung, sondern vielmehr von einem exklusiven Gremium weltlicher und geistlicher Kurfürsten gewählt worden.) Der legitime Herrschaftsanspruch des von allen gewählten Kaisers sei jedoch so lange von den Fürsten in Frage gestellt und hintertrieben worden, bis das Kaisertum zugrunde gegangen sei. Aber der Zeitpunkt sei nahe, an dem das von den Fürsten zerrissene Vaterland als »*Freistaat* mit einer vom Volk gewählten Obrigkeit wieder auferstehn« werde (Z. 30f.) und die verräterischen Fürsten ihren gerechten Judaslohn erhalten würden.

Der ZWEITE EXKURS schildert, wie das französische Volk 1789 ein hoffnungsvolles Vorbild für das übrige Europa abgegeben habe, indem es sich – unwillig, »länger die Schindmähre seines Königs zu sein« (S. 49, Z. 2f.) – vom Aberglauben des Gottesgnadentums befreit und erklärt habe, dass jeder Staatsbürger Rechte besitze, die der König zu schützen habe. Mache er seine Sache schlecht oder stelle er sich bewusst gegen das Allgemeinwohl, so könne er dafür zur Verantwortung gezogen werden. Der König habe diesen neuen Grundsätzen notgedrungen zugestimmt, sie insgeheim aber zu untergraben versucht, worauf er vom Volk als Verräter gerichtet worden sei. Anschließend habe das französische Volk seine eigene Obrigkeit gewählt und sei ein Freistaat geworden. Die anderen Herrscher Europas hätten diese Vorgänge in Frankreich sehr erschreckt. Sie hätten gefürchtet, ihre Untertanen könnten dem Beispiel der Franzosen folgen und sie könnten das Schicksal des französischen Königs erleiden. Daher hätten sie Frankreich mit Krieg überzogen. Die ehemalige französische Machtelite – »Adlige[ ] und Vornehme[ ]“ (S. 50, Z. 3) – habe sich dabei auf ihre Seite geschlagen. Das habe das französische Volk ergrimmt. Es habe die aus gekauften Söldnern bestehenden Invasionsheere der auswärtigen Mächte geschlagen und die Verräter im eigenen Land – die ehemals herrschende Klasse – in ihrem eigenen Blut ertränkt. Dann aber hätten die Franzosen fatalerweise ihre »junge Freiheit für den Ruhm« (Z. 9) verkauft und ihren genialen Feldherrn Napoleon als Kaiser über sich gesetzt. Dass dieser schließlich gescheitert ist und so der alten Königsfamilie der Bourbonen aus der Zeit vor der Revolution wieder zurück auf den französischen Thron verholfen hat, erscheint aus dieser Perspektive als gerechte Strafe Gottes. Gott habe die Franzosen mit dieser Wendung der Dinge jedoch nur zur Besinnung bringen wollen. Das habe auch insofern funktioniert, als die Franzosen in der Julirevolution des Jahres 1830 den König Karl IX. (einen jüngeren Bruder des 1793 geköpften Ludwig XVI.) fortgejagt hätten. Allerdings hätten sie ihn durch einen anderen König – den dem »juste milieu«, dem einflussreichen Besitzbürgertum, genehmen Louis Philippe von Orléans – ersetzt und so einen Teil der wiedererworbenen Freiheit gleich wieder preisgegeben. Dennoch sei der Funke der Julirevolution, die Bereitschaft, für die Freiheit und die Rechte des Volkes zu kämpfen, auf Deutschland und Europa übergesprungen. Die Fürsten hätten es daraufhin erneut mit der Angst zu tun bekommen. Sie seien auf die Lösung verfallen, dem Volk von sich aus einige äußerliche Freiheitsrechte zuzugestehen und so dem revolutionären Schwung die Spitze abzubrechen. Diese Strategie sei leider aufgegangen und so würden in Deutschland ebenso wie in Frankreich nach wie vor mehr oder weniger die alten Herrschaftseliten die Macht in den Händen halten.

Zweiter Teil: Beschwörung einer besseren Zukunft (Seite 52, Zeile 13, bis Seite 56, Zeile 9)
Der weniger umfangreiche zweite Teil der Flugschrift – man könnte auch von einem Schlussteil sprechen; der Vorspann ließe sich dann als Einleitung betrachten, der erste Teil als Hauptteil – entwirft die Vision einer neuen, gerechteren Ordnung und prophezeit, dass diese nahe sei. Er ist weniger klar strukturiert als der erste Teil und sein Ton ist predigerhaft (weswegen in der Büchner-Forschung die Meinung vorherrscht, dass dieser zweite Teil, wie schon die beiden Exkurse des ersten Teils, weitgehend von Friedrich Ludwig Weidig verfasst wurde, von dem auch der Titel und der Vorspann – bis auf das Motto – stammt).

Die hier vorgenommene Gliederung des zweiten Teils der Flugschrift entspricht dem überzeugenden Gliederungsvorschlag von Wolfgang Bühnemann (vgl. Bühnemann 2006, S. 70–72). Er unterscheidet sieben Abschnitte (wobei man sicher auch den fünften und sechsten Abschnitt als Einheit betrachten und somit von sechs Abschnitten ausgehen könnte):

- Den Auftakt bildet eine Erlösungsprophezeiung (vgl. S. 52, Z. 13–26), in der, wie schon im zweiten Exkurs des ersten Teils, Politik und Religion miteinander verknüpft werden. Verantwortlich für die Misere der Gegenwart ist, dass dem deutschen Volk der einstige Sinn seiner Vorfahren für »Freiheit und Gleichheit« (S. 52, Z. 16 f.) ebenso abhanden gekommen war wie die »Furcht des Herrn« (Z. 17). Stattdessen habe es sich dem »Götzendienste der vielen Herrlein« (Z. 18 f.) zugewandt und damit nur sich selbst geschadet. Der politische Befreiungskampf wird als gottgefällige Mission beschrieben, durch die das Volk wieder auf den rechten Weg zurückfindet (vgl. S. 52, Z. 21–26).
- Im zweiten Abschnitt (vgl. S. 52, Z. 27, bis S. 53, Z. 16) werden – unter inhaltlichem Rückbezug auf den ersten Teil der Flugschrift – fünf Glaubenssätze aufgeführt, die sich alle zu eigen machen sollen, die im Einklang mit dem Willen Gottes handeln wollen: 1. Es gibt nur einen Gott. 2. Gott hat »alle Menschen frei und gleich in ihren Rechten« (S. 52, Z. 31 f.) geschaffen. 3. Nur eine vom Volk gewählte Obrigkeit ist eine rechtmäßige und von Gott gewollte Obrigkeit. 4. Die unnatürliche Aufteilung des deutschen Vaterlands in viele einzelne Staaten wird enden. 5. Gott hat die Macht, den Gang der Geschichte entscheidend zu beeinflussen.
- Die Misere der jüngeren Vergangenheit und Gegenwart wird im dritten Abschnitt (vgl. S. 53, Z. 17–27) als eine notwendige Zeit der Strafe, inneren Einkehr und Läuterung mit Sinn aufgeladen. Gott habe sich der Fürsten in dieser Phase als Geißel des von ihm »und von der Freiheit abgefallen[en]« (S. 53, Z. 18) Volkes bedient. Nun aber sei das Maß ihrer Vergehen voll und eine neue Zeit breche an.
- Im vierten Abschnitt (vgl. S. 53, Z. 28, bis S. 54, Z. 20), wird König Ludwig I. von Bayern – dessen Mutter eine hessisch-darmstädtische Prinzessin war – als typisches Beispiel für die Lasterhaftigkeit und sittliche Verkommenheit der Fürsten attackiert (vgl. auch die Erläuterungen auf Seite 141 der Textausgabe). Sein Stirnhöcker (vgl. die Abbildung auf Seite 143 der Textausgabe) wird als von Gott verhängte öffentliche Brandmarkung seiner Unmoral gedeutet (vgl. S. 54, Z. 15–17).
- Dass das deutsche Vaterland in alter Herrlichkeit wiederauferstehen wird, prophezeit der fünfte Abschnitt (vgl. S. 54, Z. 20–33) auf metaphorische Weise, indem er ausführlich zitiert, wie der alttestamentarische Prophet Hesekiel die Erneuerung Israels durch den Geist Gottes verheißt.
- Der sechste Abschnitt (vgl. S. 55, Z. 1–14) liefert die Ausdeutung dieser Vision nach, indem er sie auf Deutschland und die Gegenwart bezieht.
- Der siebte Abschnitt (vgl. S. 55, Z. 15, bis S. 56, Z. 9), der den Schluss des zweiten Teils und der Flugschrift insgesamt bildet, steht als letzte rhetorische Steigerung im Zeichen von Aufruf, Mahnung und Gebet: Die Ohnmacht der zahllosen Unterdrückten kann sich in Überlegenheit wandeln, sobald sie sich bewusst machen, wie gewaltig ihre Zahl gegenüber der kleinen Gruppe ihrer Peiniger ist. Wenn sich ein Teil des Vaterlands erhebt, wird dies einen Umsturz der Verhältnisse in ganz Deutschland auslösen. – In den beiden letzten Absätzen wird die Zeit der Unterdrückung durch die Tempuswahl als bereits überwunden und die Vision einer gerechten Zukunft als bereits erfüllt dargestellt. Das Schlusswort »Amen« dient der Bekräftigung, dass es so kommen werde, und der Versicherung, dass Gott mit dem Volk ist und seinen Freiheitskampf unterstützt.

4. Besonderheiten der Gestaltung

»Der Hessische Landbote« ist ein appellativer Text, der dementsprechend auf seine Wirkungsabsichten hin untersucht werden muss (vgl. besonders Abschnitt 10: ›Büchners Intentionen als Autor der Flugschrift‹). Er ist mit Blick auf eine bestimmte Adressatengruppe verfasst (vgl. die Abschnitte 2 bis 4: ›Georg Büchner in Straßburg (1831–1834)‹, ›Louis-Auguste Blanquis Gesellschaftsanalyse‹ und ›Die Entstehung des »Hessischen Landboten« ‹). Folglich muss er auf deren Bildungshorizont, politische Interessen und persönliche Hoffnungen zugeschnitten sein (vgl. Abschnitt 8: ›Die sprachliche Gestaltung des Textes‹). Er ist inhaltlich und sprachlich etwas uneinheitlich, weil Büchner es sich gefallen lassen musste, dass Weidig, der teilweise andere politische Überzeugungen vertrat und zudem abweichende strategische Vorstellungen verfolgte, die Flugschrift redigierte und neue Passagen hinzufügte (vgl. die Abschnitte 4, 6 und 7: ›Die Entstehung des »Hessischen Landboten« ‹, ›Friedrich Ludwig Weidig, der Mitautor von Büchners Flugschrift‹ und ›Gliederung und inhaltliche Analyse des »Hessischen Landboten« ‹). Und nicht zuletzt steht »Der Hessische Landbote« in einer gattungsgeschichtlichen Tradition, die die beiden Autoren geschickt zu nutzen wussten, um ihrer Botschaft zusätzliche Autorität zu verleihen (vgl. Abschnitt 9: ›Die Gattung Flugschrift‹).

5. Wirkungsgeschichte

Die auf Seite 12 in dem zitierten Statement von Michael Hofmann angesprochene Sonderstellung des »Hessischen Landboten« innerhalb der deutschen Literaturgeschichte ist wohl hauptverantwortlich für manche Einseitigkeiten der Büchner-Rezeption in bestimmten historischen Abschnitten beziehungsweise gesellschaftlichen Systemen. »In der anti-klassizistischen Stimmung der ›nach-1968er‹ Jahre, die traditionelle Kanones und Klassikerverehrung als Ausdruck reaktionärer Gesinnung geißelte, lag es nahe, Büchner nur noch als politischen Schriftsteller zu sehen, die spezifischen literarischen Vorzüge seines Werkes zu unterschätzen und den *Landboten* gewissermaßen zu seinem Hauptwerk und zum ›authentischen‹ Ausdruck von Büchners politischer Gesinnung zu erklären.« (Hofmann 2009, S. 7) Das gilt gleichermaßen für weite Teile der marxistischen Literaturbetrachtung in der DDR. Eine solche Festlegung auf politisch engagierte, klassenkämpferische Literatur wird Büchners schriftstellerischem Genie sicherlich nicht gerecht. Gleichwohl bleibt das Politische ein wichtiger Teil seines Leben und seiner Dichtung und wird daher auch in diesen Unterrichtsvorschlägen eher betont als heruntergespielt.

Im Übrigen kann von einer kontinuierlichen Wirkungsgeschichte des »Hessischen Landboten« kaum die Rede sein. Als Gebrauchstext eignet er sich dazu, bei allen möglichen politischen Gelegenheiten herbeizitiert zu werden. Besonders das von Büchner gewählte Motto »Friede den Hütten! Krieg den Palästen!« – eine Übersetzung des vom französischen Revolutionsheer verwendeten Schlachtrufs »Guerre aux châteaux! Paix aux chaumières!«, der wohl auf den Schriftsteller Nicolas Chamfort (1741–1794) zurückgeht – hat auf diese Weise zweifelhafte Popularität erlangt. Diese ist so groß, dass es auch in abgewandelter Form noch jederzeit erkannt (wenn auch vielleicht nicht mit Büchner in Verbindung gebracht) wird.

Als Gebrauchstext fordert der »Hessische Landbote« andererseits, im Gegensatz zu literarischen Werken, nicht zu produktiver Auseinandersetzung heraus. Seine Einsatzmöglichkeiten und seine Wirkungsgeschichte bleiben somit auf das Feld der politischen Auseinandersetzung um soziale Gerechtigkeit beschränkt.

Überhaupt setzt ja die breitere Wirkungsgeschichte Büchners erst Jahrzehnte nach seinem Tod ein (vgl. hierzu Seite 96 dieses Hefts). In den ideologischen Auseinandersetzungen des 20. Jahrhunderts wurde Büchners Flugschrift immer wieder neu entdeckt. Ob das im 21. Jahrhundert so bleibt, ist noch nicht abzusehen.

Modul 1
»Der Hessische Landbote«

»Der Hessische Landbote« ist kein literarisches Werk, sondern eine politische Kampfschrift. Als »situationsbezogener und appellativer Text stellt er keine geschlossene fiktive Welt dar, die [...] werkimmanent erschlossen werden könnte«, wie Wolfgang Bühnemann zu Recht konstatiert hat (Bühnemann 2006, S. 1). Er bezieht sich auf die Wirklichkeit, auch wenn es sich um eine aus unserer Sicht fern vergangene Wirklichkeit handelt, und ist daher nur vor dem Hintergrund der geschichtlichen Ereignisse zu verstehen, sofern man sich nicht darauf beschränken will, am Text die Gattungsmerkmale der Textsorte Flugschrift zu überprüfen und ihn auf seine sprachlichen und rhetorischen Mittel hin zu untersuchen. Das aber wäre eine weitgehend zweckfreie Pflichtübung an einem toten Gegenstand, der die Schülerinnen und Schüler (im Folgenden: Schüler) notwendigerweise langweilen würde.

Erst die Einbettung des Textes in die geschichtlichen Ereignisse erweckt ihn wieder zum Leben. Ein solcher Ansatz hat auch in anderer Beziehung seinen Reiz: Die Schüler lernen in dem Verfasser des »Hessischen Landboten« einen jungen Menschen kennen, der nur wenige Jahre älter ist als sie und der sich mit jugendlicher Radikalität und imponierend klarsichtiger Analyse der gesellschaftlichen Kräfte seiner Zeit gegen die herrschende materielle Ungleichheit und Ungerechtigkeit wendet, obwohl er selbst keineswegs zu den sozial Benachteiligten gehört. Das kann zu zumindest partieller Identifikation und darüber hinaus zum Nachdenken über das eigene gesellschaftliche Engagement anregen. Auch wird, wenn man sich mit Büchners Zeit und Büchners Leben und Handeln beschäftigt, erst deutlich, was für eine Ausnahmestellung er innerhalb der deutschen Literatur einnimmt, in der »spätestens seit der Weimarer Klassik [...] die Abkehr vom politischen Tagesgeschäft als Voraussetzung für die Erlangung literarischer und künstlerischer Autonomie angesehen wurde« (Hofmann/Kanning 2013, S. 68).

Ganz anders Bücher, der sich während seines kurzen Lebens wohl auch nie in erster Linie als Autor betrachtete, sondern als von seinem Gerechtigkeitssinn zum revolutionären Handeln gezwungener Naturwissenschaftler, der nebenher literarische Werke verfasst, weil er auf diese Weise zum einen verarbeiten kann, was ihn als politischen Menschen innerlich bedrängt, weil er zum anderen so seine Haltung auch mit den Mitteln der Literatur zum Ausdruck bringen kann, und weil er zum Dritten diese großartige dichterische Fähigkeit in sich spürt, von der jedes seiner Werke zeugt und die den aufnahmebereiten Leser bis heute in ihren Bann schlägt. Bei Büchner wird man nie achselzuckend sagen können: Es ist ja bloß Literatur; mit der Wirklichkeit hat das ja wenig zu tun. Das könnte für manche Schüler eine interessante und bereichernde Erfahrung sein.

Aus einem solchen Ansatz ergibt sich allerdings ein unterrichtsmethodisches Problem: Man muss den Schülern zumuten, viel zu lesen, damit sie sich all die Kenntnisse aneignen, die notwendig sind, um Büchners Flugschrift – und anschließend sein unvollendetes Drama »Woyzeck«, also sein erstes und sein letztes Werk – als eine mutige politische Tat beziehungsweise, im Falle des Dramas, ein Stück engagierter Literatur wahrzunehmen. Hier bietet sich viel interessanter und auch spannender Lesestoff, aber es bleibt ein hoher Lektüreaufwand. Die Schüler Vermutungen anstellen oder in gemeinsamen Diskussionen erarbeiten zu lassen, was sie nicht wissen können, ist kein Ersatz und keine sinnvolle Alternative. Allenfalls könnte man sie auffordern, die Hintergründe eigenständig zu recherchieren. Die Gefahr ist jedoch groß, dass das Hintergrundwissen, das sie sich so aneignen würden, lücken- und fehlerhaft bliebe. Insgesamt wäre wohl der Aufwand (auch der Leseaufwand) größer und der Ertrag geringer als bei der Arbeit mit den in diesem Heft als Kopiervorlagen enthaltenen Informationen.

Man kann die Sache aber auch positiv wenden und als sinnvolle methodische Abwechslung betrachten (vgl. auch das Vorwort zu diesem Heft auf Seite 4): Da der Deutschunterricht mehr und mehr auf die Eigentätigkeit der Schüler setzt, auf ihre Ideen, ihre Kombinationsgabe, ihre Kreativität, wird die ebenfalls wichtige Fähigkeit, längere Texte zu konsumieren und größere

Zusammenhänge sowie zahlreiche Detailinformationen im Gedächtnis zu behalten, tendenziell wohl eher zu wenig trainiert. Die vorliegenden Unterrichtsvorschläge bieten – anhand sicherlich nicht langweiliger Gegenstände – die Möglichkeit, diesem Manko entgegenzuwirken. Außerdem wird es zumindest einem Teil der Schüler sicherlich gefallen, wenn sie im Deutschunterricht ausnahmsweise einmal nicht in erster Linie analysieren und interpretieren, sondern vielmehr einfach lesen sollen, um auf diese Weise ein Gesamtbild zu erhalten.

Am Ende des Moduls zum »Hessischen Landboten« werden im Übrigen Vorschläge gemacht, wie man die Beschäftigung mit der Flugschrift gegebenenfalls um kreative und produktionsorientierte Ansätze bereichern kann – allerdings eben nicht von vornherein, sondern als optionalen Zugang beziehungsweise abschließende Vertiefung.

1. Georg Büchners Leben

Als Einstieg verschaffen sich die Schüler einen Gesamtüberblick über Büchners kurzes, aber ereignisreiches und dramatisches Leben.

Arbeitsauftrag

■ Lesen Sie im Anhang der Textausgabe den Abschnitt »Leben und Werk im Überblick« und notieren Sie sich sechs Fragen, um das Wissen Ihrer Mitschüler zu testen. (Beispiel: *Frage:* Welche Ereignisse führten dazu, dass Büchner und seine Mitschüler sich zu politisieren begannen? *Antwort:* Die Pariser Juli-Revolution von 1830 und die dadurch veranlassten Bauernaufstände in Oberhessen; vgl. S. 152)

Textausgabe
→ Seiten 151–156

Einzelarbeit

Gruppenarbeit

Quiz

Erwartungen

■ Die Einzelarbeit eignet sich als Hausaufgabe. In der folgenden Unterrichtsstunde könnten die Schüler zwei Gruppen bilden, die sich zunächst jeweils auf ein Set von 20 Fragen und Antworten verständigen – wobei sie ihre Kenntnisse rekapitulieren – und anschließend gegeneinander antreten, indem sie sich abwechselnd ihre Fragen vorlegen. Wenn einige Fragen der einen Gruppe mit Fragen der anderen Gruppe identisch sind, schadet das nichts, es verhilft beiden Gruppen zu ein paar schnellen Erfolgserlebnissen. Die Lehrerin beziehungsweise der Lehrer (im Folgenden: der Lehrer) übernimmt den Part des Spielleiters oder Schiedsrichters und hält die Zahl der jeweils richtigen Antworten an der Tafel fest. Eventuell könnte er abschließend auch aktiv als Juror auftreten und entscheiden, welche Gruppe die besseren Fragen hatte. Das ist natürlich die Gruppe, die in ihren Fragen solche Informationen aufgegriffen hat, die sich zu merken besonders lohnenswert ist. So ist eine Frage wie die oben dem Arbeitsauftrag beigefügte sicherlich sinnvoller als etwa die Frage nach dem Vornamen von Büchners jüngstem Bruder (Alexander, vgl. S. 151).

2. Georg Büchner in Straßburg (1831–1833)

Im nächsten Schritt befassen sich die Schüler genauer mit Büchners Straßburger Studienzeit, in der sein politisches Denken wichtige Impulse erhielt. In diese Zeit fällt auch der gescheiterte Frankfurter Wachensturm vom 3. April 1833. Die im Text enthaltenen Informationen werden im Unterrichtsgespräch rekapituliert.

Arbeitsaufträge

■ Impulse beziehungsweise Fragen für das Unterrichtsgespräch:
- Wie unterschied sich nach 1830 das politische Klima in Frankreich und in Deutschland (auch geeignet für eine Zusatzrecherche beziehungsweise ein Kurzreferat)?
- Welche politischen Vorstellungen und Strategien französischer Oppositioneller machte Büchner sich zu eigen?
- Erläutern Sie, warum es zu dem Frankfurter Wachensturm kam, und schildern Sie seinen Verlauf.
- Fassen Sie zusammen, wie Büchner seinen Eltern seine politische Haltung darstellte und begründete.

Kopiervorlage
→ Seiten 34–36

Unterrichtsgespräch

Erwartungen

■ Die Schüler sollten bei der Beantwortung dieser und möglicher weiterer Fragen und Arbeitsaufträge nicht einfach Textpassagen vorlesen, sondern selbstständig formulieren und Zusammenhänge in gezielter Raffung der Ereignisse oder Bündelung der Zusammenhänge auf den Punkt bringen.

3. Louis-Auguste Blanquis Gesellschaftsanalyse

Der Jurist, Mediziner und unermüdliche Revolutionär Louis-Auguste Blanqui musste sich 1832 in Paris vor Gericht verantworten. Seine Verteidigungsrede erschien im gleichen Jahr auch in deutscher Sprache als Flugschrift in Straßburg. Büchner wird diese schnell berühmt gewordene Rede mit Sicherheit gekannt haben.

Arbeitsaufträge

Kopiervorlage → Seite 36

Einzelarbeit

gegebenenfalls Kurzreferate

Unterrichtsgespräch

■ ERSTER ARBEITSAUFTRAG: Informieren Sie sich – beispielsweise bei Wikipedia – über Louis-Auguste Blanqui (1805–1881) und seine politischen Vorbilder François Noël Babeuf (1760–1797), Henri de Saint-Simon (1760–1825) und Charles Fourier (1772–1837).

ZWEITER ARBEITSAUFTRAG: Erläutern Sie Blanquis Argumentation und seine Verteidigungsstrategie.

Erwartungen

■ Bei Zeitmangel oder einer weniger leistungsstarken Lerngruppe sollte man auf den ersten Arbeitsauftrag verzichten. Schaltet man ihn der Beschäftigung mit Blanquis Verteidigungsrede vor, so wird man dabei nicht allzu sehr ins Detail gehen. Es genügt vollkommen, wenn die Schüler sich die vier Namen merken und jeweils einige der Ansätze und Anregungen dieser politischen Vordenker kennen, um ein Gefühl dafür zu erhalten, welche Gesellschaftsvorstellungen und progressiven (teils auch absonderlichen) Ideen in der Zeit vor und nach 1800 aufgekommen waren, an die dann Spätere – wie auch Büchner – anknüpften. Man kann auch vier Freiwillige bitten, sich jeweils mit einem der vier Gesellschaftstheoretiker zu beschäftigen und ihre Mitschüler anschließend in Kurzvorträgen (die fünf Minuten nicht überschreiten sollten) zu informieren.

Blanquis Argumentation: Blanqui beklagt die Verkehrtheit der Verhältnisse, in der sich »Henker in die Maske der Schlachtopfer verstecken« würden (Z. 24f.). Die Armen würden von der Last der ihnen auferlegten Abgaben zu Boden gedrückt, und wenn sie sich darüber beklagten, heiße es, sie seien »Raubgesindel« (Z. 16f.) und hätten es auf den rechtmäßigen Besitz der Reichen abgesehen, deren Wohlleben sie in Wahrheit unter großen Entbehrungen erarbeiten würden. Das »Repräsentativ-System« (Z. 37) – also die parlamentarische Volksvertretung, die aber nur den Reichen die Möglichkeit gab, als Abgeordnete gewählt zu werden und im Parlament ihre Klientelinteressen zu vertreten – habe die Lage der Armen nur verschlimmert; und die »öffentliche Meinung« (Z. 48f.) sei ebenfalls ganz in den Händen der »Bevorrechteten« (Z. 50).

Blanquis Verteidigungsstrategie: Blanqui erklärt, er stehe »nicht vor Richtern, sondern vor Feinden« (Z. 13f.), denn seine Richter seien keineswegs unparteiisch (vgl. Z. 5f.), da sie zu den »Privilegierten« (Z. 20 und 21) zählten, deren verwerfliches Verhalten er öffentlich gebrandmarkt habe. Entsprechend hätten die Staatsanwälte (vgl. Z. 7) sich auch nicht an die »Rechtlichkeit und Vernunft« (Z. 8) der Geschworenen (vgl. Z. 1), sondern an ihre »Leidenschaften« und ihr »Interesse« (Z. 8f.) gewendet. Blanqui, dessen Vater Mitglied des Nationalkonvents gewesen war, dessen älterer Bruder, ein Professor der Volkswirtschaft, Direktor der Handelsschule zu Paris war und der selbst die Universität besucht hatte, der also aus einem gebildeten und materiell gesicherten Umfeld kam, stellt sich als Teil und als Stimme der französischen Proletarier dar, der großen Mehrheit des französischen Volkes (vgl. Z. 1f.). Das muss man jedoch nicht als Heuchelei empfinden, denn sein Lebensgang beweist, dass er sich tatsächlich mit der Sache der Armen und Benachteiligten identifizierte und bereit war, erhebliche persönliche Nachteile in Kauf zu nehmen, um für eine gerechtere Gesellschaft zu kämpfen. Büchner gleicht ihm in dieser Hinsicht.

4. Die Entstehung des »Hessischen Landboten«

Die Schüler erhalten durch einen längeren Text detaillierte Kenntnis von den Entstehungsumständen der Flugschrift. Die Arbeitsaufträge dienen der Strukturierung und Verarbeitung der vielen Informationen.

Arbeitsauftrag

- Lesen Sie den Text genau. Markieren Sie während des Lesens Stellen, die Ihnen besonders wichtig erscheinen. Notieren Sie anschließend in 25 eigenständig formulierten Hauptsätzen die aus Ihrer Sicht wichtigsten Informationen und Zusammenhänge. Verwenden Sie hierfür ein einzelnes Blatt.

Kopiervorlage
→ Seiten 37–41

Einzelarbeit

Arbeit in Kleingruppen

Erwartungen

- Die Schüler beurteilen und diskutieren ihre Arbeitsergebnisse gegenseitig. Dafür finden sie sich in Vierergruppen zusammen und geben einander ihre 25 Sätze zum Lesen, indem sie die Blätter dreimal im Uhrzeigersinn weiterschieben. Bei der Beurteilung der Arbeitsergebnisse ihrer Mitschüler verfahren sie folgendermaßen: Sie lesen die 25 Sätze einmal durch, um sich einen Überblick zu verschaffen, und dann ein zweites Mal, wobei sie jedem Satz eine Bewertung anfügen: eine ›3‹ für ›sehr relevant‹, eine ›2‹ für ›relevant‹ und eine ›1‹ für ›wenig relevant‹. Falls Sätze unklar oder ungelenk formuliert oder zu lang und kompliziert geraten sind (eventuell, weil die Vorgabe, nur Hauptsätze zu schreiben, missachtet worden ist), können und sollten auch sprachliche Verbesserungsvorschläge gemacht werden. Die Schüler gehen gemeinsam die mit Bewertungen und Anregungen versehenen Blätter durch und besprechen, warum manche Sätze besonders viele Punkte erhalten haben und andere besonders wenige. Sie erörtern auch ihr methodisches Vorgehen (zum Beispiel: sollte man bei einem fünfseitigen Text und der Vorgabe von 25 zusammenfassenden Sätzen von vornherein für jede Seite fünf Sätze vorsehen?) und überlegen, welche Kriterien ein möglichst gutes Gesamtergebnis erfüllen sollte (beispielsweise: wie wichtig ist es, dass die 25 Sätze, als Fließtext gelesen, einen in sich schlüssigen Zusammenhang bilden?).

Alternativ oder ergänzend kann man auch ein anderes Vorgehen wählen, um den langen Text zu strukturieren und inhaltlich zu erschließen. So kann man sich auf die Personen konzentrieren und die im Text zu ihnen gegebenen Informationen in einer Tabelle zusammentragen.

Vermutlich ist es dabei sinnvoll, nach der Sammlung der Belegstellen bei der Niederschrift der Kurzinformationen arbeitsteilig zu verfahren. Man kann die Schüler beispielsweise auffordern, sich wieder zu viert zu Kleingruppen zusammenzufinden, die Arbeit untereinander aufzuteilen und sich die Ergebnisse am Ende gegenseitig vorzustellen beziehungsweise sie für die drei anderen Gruppenmitglieder zu vervielfältigen.

Arbeitsauftrag

- Notieren Sie beim Lesen des langen Textes die namentlich erwähnten Personen und die Zeilen, in denen man etwas über sie erfährt. Legen Sie anschließend eine zweispaltige Tabelle an, die in einer schmalen linken Spalte die (alphabetisch geordneten) Namen und die (aus dem Text übernommenen oder ergänzend ermittelten) Lebensdaten der Personen enthält und in der breiteren rechten Spalte die wichtigsten Informationen zu der jeweiligen Person.

Kopiervorlage
→ Seiten 37–41

Einzelarbeit (gegebenenfalls arbeitsteilig)

Gruppenarbeit

Erwartungen

■ TABELLARISCHE ÜBERSICHT:

Name	Informationen
August Becker (1814–1871)	Theologiestudent in Gießen, enger Vertrauter und Helfer sowohl Weidigs (ab Anfang 1832) und Büchners (ab Spätherbst 1833), machte beide in Butzbach miteinander bekannt (im Januar 1834); fertigte am 25. März 1834 eine Reinschrift von Büchners Flugschrift an; gehörte im Mai 1834 zu den Gründungsmitgliedern der von Büchner ins Leben gerufenen Gießener Sektion der »Gesellschaft der Menschenrechte«; brachte Mitte Mai mit Gustav Clemm die Reinschrift zu Weidig nach Butzbach
Ludwig Becker (1808–1861)	Student in Gießen, von Herbst 1833 bis Anfang März 1834 als Mitbeteiligter am Frankfurter Wachensturm (3. April 1833) inhaftiert; im Mai 1834 Gründungsmitglied der von Büchner ins Leben gerufenen Gießener Sektion der »Gesellschaft der Menschenrechte«
Friedrich Georg von Bechtold (1800–1872)	entfernter Cousin Büchners, Regierungsrat im Ministerium des Innern und der Justiz in Darmstadt, leitete die beiden ergebnislosen polizeilichen Durchsuchungen bei dem Butzbacher Schreinermeister Kraus (Ende Juni 1834) und bei dem Offenbacher Buchdrucker Preller (2. August 1834)
Eugène Boeckel (1811–1896)	Freund Büchners aus der Straßburger Studienzeit, mit dem sich Büchner am 3. August 1834 in Frankfurt traf und der ihm dadurch ein willkommenes Alibi für seine Reise nach Offenbach am 2. August lieferte
Georg Büchner (1813–1837)	ging Ende Oktober 1833 nach Gießen, um dort sein Medizinstudium zu beenden; machte kurz danach die Bekanntschaft von August Becker, dem engsten Vertrauten der folgenden Monate; erholte sich Ende des Jahres und Anfang 1834 nach einem Anfall von Gehirnhautentzündung einige Wochen bei den Eltern in Darmstadt; lernte im Januar 1834 durch Beckers Vermittlung in Butzbach Weidig kennen; einigte sich mit diesem auf eine Zusammenarbeit, auch wenn sie politisch nicht einer Meinung waren; zerstritt sich im Frühjahr 1834 wegen politischer Differenzen mit Mitstudenten und alten Schulfreunden; wandte sich mehr und mehr von der Medizin ab und dem Studium der Naturwissenschaften und der Philosophie sowie der neueren Geschichte (Geschichte der Französischen Revolution) zu; war Anfang März erneut krank, nahm dennoch in Butzbach an einem Fest für die aus Friedberg entlassenen Häftlinge teil; lieh sich Mitte März von Weidig Wagners statistisches Handbuch des Großherzogtums aus; verfasste in Gießen die Flugschrift, die bis zum 25. März in Büchners Fassung fertig vorgelegen haben muss; reiste anschließend während der Semesterferien zu seiner (heimlichen) Verlobten nach Straßburg und Mitte April weiter zu den Eltern nach Darmstadt, wo er nach dem Vorbild entsprechender französischer Gruppierungen eine geheime »Gesellschaft der Menschenrechte« ins Leben rief; war Ende April wieder in Gießen; gründete im Mai auch dort eine Sektion der »Gesellschaft der Menschenrechte«; nahm am 3. Juli an einer Versammlung oppositioneller Gruppierungen aus Kurhessen und Hessen-Darmstadt bei der Ruine Badenburg (in der Nähe von Gießen) teil; akzeptierte widerwillig, dass dort die Verbreitung seiner Flugschrift in einer von Weidig redigierten Form beschlossen wurde, die nicht mehr voll seinen politischen Überzeugungen entsprach; brachte mit Schütz zusammen das Manuskript zu dem Offenbacher Buchdrucker Carl Preller (am 8. Juli); erfuhr am 1. August, dass Minnigerode am Morgen desselben Tages beim Versuch, Exemplare der gedruckten Flugschrift nach Gießen zu bringen, an einem der Stadttore verhaftet worden war; eilte daraufhin nach Butzbach und Offenbach und warnte Weidig und Preller (am 2. August); übernachtete bei entfernten Verwandten in Offenbach und traf sich am 3. August mit Boeckel in Frankfurt; war am 5. August zurück in Gießen, erfuhr dort, dass am Vortag sein Zimmer durchsucht worden war, suchte daraufhin den Universitätsrichter Georgi auf und stellte ihn zur Rede und wurde von diesem verhört, konnte dann aber unbehelligt gehen, obwohl seit dem Vortag ein Steckbrief von ihm kursierte und ein Haftbefehl gegen ihn vorlag; blieb auch in den folgenden Wochen unbehelligt, weil nichts Handfestes gegen ihn vorlag; kehrte auf Verlangen des Vaters Mitte September nach Hause zurück, um unter väterlicher Aufsicht und elterlichem Schutz dort das Wintersemester über zu bleiben.
Ludwig Büchner (1824–1899)	verfasste im Jahre 1850 eine biografische Skizze seines dreizehn Jahre zuvor verstorbenen älteren Bruders Georg, in der er eine Passage aus einem Brief August Beckers an Karl Gutzkow über das Verhältnis zwischen Büchner und Weidig zitierte

Gustav Clemm (1814–1866)	Student in Gießen, von Herbst 1833 bis zum 20. März 1834 als Mitbeteiligter am Frankfurter Wachensturm (3. April 1833) inhaftiert; Mitglied der von Büchner ins Leben gerufenen Gießener Sektion der »Gesellschaft der Menschenrechte«; brachte Mitte Mai 1834 mit August Becker die Reinschrift von Büchners Fassung der Flugschrift zu Weidig nach Butzbach
Georg Melchior Faber (geb. um 1807)	Küfermeister in Gießen, von Herbst 1833 bis zum 7. März 1834 als Mitbeteiligter am Frankfurter Wachensturm (3. April 1833) inhaftiert; Mitglied der im Mai 1834 von Büchner ins Leben gerufenen Gießener Sektion der »Gesellschaft der Menschenrechte«
Konrad Georgi (1799–1857)	Universitätsrichter in Gießen; ließ am 1. August 1834 nach der Verhaftung Minnigerodes das Zimmer von Jacob Friedrich Schütz durchsuchen, ohne dass ihm viel belastendes Material in die Hände fiel; dasselbe wiederholte sich drei Tage später bei der auf Anweisung des Darmstädter Ministeriums vorgenommenen Durchsuchung von Büchners Zimmer; erließ am 4. August Haftbefehl gegen Büchner und ließ einen Steckbrief Büchners anfertigen und nach Darmstadt und Frankfurt schicken; verhörte Büchner am 5. August, als dieser ihn nach seiner Rückkehr aufsuchte; ließ den Verdächtigen danach gehen und erstattete noch am gleichen Tag Bericht über sein Vorgehen, das von dem Leitenden Staatsminister du Thil gebilligt wurde
Karl Gutzkow (1811–1878)	Schriftsteller, sorgte 1835 für den Druck von Büchners erstem Drama »Dantons Tod«
Wilhelmine Jaeglé (1810–1880)	(heimliche) Verlobte Büchners, die dieser Anfang April 1834 in ihrer Heimatstadt Straßburg besuchte; lernte im September in Darmstadt die Familie ihres (nun nicht mehr heimlichen) Verlobten kennen
Philipp August Joseph Hoffmann (1807–1883)	Maler und Zeichner, später Theatermaler in Darmstadt, verschwägert mit Büchners Patenonkel; fertigte Ende 1833 mindestens ein Porträt Büchners an, vermutlich sogar zwei (ob das zweite, erst 2013 neu entdeckte, Büchner darstellt, ist nicht sicher)
Johann Konrad Kuhl (1794–1855)	Landwirt aus Butzbach, Freund Weidigs und Mitwisser vieler seiner illegalen oppositionellen Aktivitäten; geriet Anfang 1833 in finanzielle Schwierigkeiten und diente sich daraufhin den Regierungen des Großherzogtums Hessen, des Königreichs Württemberg und des Herzogtums Nassau erfolgreich als geheimer Informant an; verriet im März 1833 die Planungen zum Frankfurter Wachensturm (allerdings so spät, dass die Frankfurter Garnison nicht mehr rechtzeitig gewarnt werden konnte) und im Juli 1834 die an der Entstehung, Vervielfältigung und Verbreitung des »Hessischen Landboten« Beteiligten
Karl Minnigerode (1814–1894)	Schulfreund Büchners, studierte in Gießen Jura und schloss sich im späten Frühjahr 1834 Büchners »Gesellschaft der Menschenrechte« (Gießener Sektion) an; holte Ende Juli mit Schütz und Zeuner den »Hessischen Landboten« aus der Druckerei in Offenbach ab und wurde beim Versuch, einen Teil der Auflage am 1. August nach Gießen zu bringen, an einem der Stadttore verhaftet und danach ins Gefängnis nach Friedberg gebracht
Ludwig Minnigerode (1773–1839)	Präsident des Hofgerichts in Darmstadt, Vater von Büchners Schulfreund Karl Minnigerode
Carl Preller (1802–1877)	Buchdrucker in Offenbach, der gelegentlich für verschiedene oppositionelle Gruppierungen illegale Flugschriften druckte; stellte im Juli 1834 die erste Auflage des »Hessischen Landboten« her; wurde am Vormittag des 2. August von Büchner gewarnt, dass die Aktion aufgeflogen sei; eilte daraufhin nach Darmstadt, um die dortigen Helfer zu warnen, während zeitgleich (am Nachmittag des 2. August) seine Druckerei von der Polizei durchsucht wurde, ohne dass dabei Verdächtiges sichergestellt werden konnte
Georg Reuß (1795–1849)	Oberleutnant in der Armee des Großherzogtums Hessen, Georg Büchners Patenonkel
David Schneider (geb. um 1811)	Küfermeister in Gießen, von Herbst 1833 bis Anfang März 1834 als Mitbeteiligter am Frankfurter Wachensturm (3. April 1833) inhaftiert; Gründungsmitglied der im Mai 1834 von Büchner ins Leben gerufenen Gießener Sektion der »Gesellschaft der Menschenrechte«
Jacob Friedrich Schütz (1813–1877)	Student in Gießen, von Herbst 1833 bis zum 11. April 1834 als Mitbeteiligter am Frankfurter Wachensturm (3. April 1833) inhaftiert; Mitglied der von Büchner ins Leben gerufenen Gießener Sektion der »Gesellschaft der Menschenrechte«; wanderte vom 5. bis 8. Juli 1834 mit Büchner von Gießen nach Offenbach, wo die beiden dem Buchdrucker Preller das Manuskript des »Hessischen Landboten« übergaben; holte Ende Juli mit Minnigerode und Zeuner die gedruckte Auflage in Offenbach ab und brachte einen Teil der Exemplare nach Darmstadt; wurde dort am 2. August von Preller gewarnt, nachdem bereits am Tag zuvor sein Zimmer in Gießen von der Polizei (ohne Erfolg) durchsucht worden war

Karl Stamm (1812–1902)	Bekannter Büchners aus der gemeinsamen Schulzeit am Darmstädter »Pädagog«; Student in Gießen, Mitglied der Burschenschaft »Germania«, Anfang November 1833 wegen seiner angeblichen Beteiligung am Frankfurter Wachensturm (3. April 1833) verhaftet, im Frühjahr 1834 wieder freigelassen
August Stöber (1808–1884)	Freund Georg Büchners aus Straßburg
Karl du Thil (1777–1859)	Leitender Staatsminister des Großherzogtums Hessen-Darmstadt; sorgte dafür, dass dem geheimen Informanten Kuhl vom Großherzog finanzieller Lohn für seine Spitzeldienste und Straffreiheit zugesichert wurde; initiierte die polizeilichen und richterlichen Maßnahmen gegen die an der Entstehung und Verbreitung des »Hessischen Landboten« Beteiligten und ließ sich über die Fortschritte der Ermittlungen Bericht erstatten
Hermann Trapp (1813–1837)	ehemaliger Mitschüler Büchners, Medizinstudent in Gießen seit Frühjahr 1831, Teilnehmer am Hambacher Fest (Ende Mai 1832), Mitglied der Gießener Burschenschaften »Germania« und »Palatia«; machte Büchner im Herbst 1833 mit August Becker bekannt; wurde Anfang März 1834 von Büchner aufgefordert, eine politische Flugschrift zu verfassen; im Mai Gründungsmitglied der von Büchner ins Leben gerufenen Gießener Sektion der »Gesellschaft der Menschenrechte«
Georg Wilhelm Justin Wagner (1793–1874)	Verfasser einer vierbändigen »Statistisch-topographisch-historischen Beschreibung des Großherzogthums Hessen« (Darmstadt 1829–1831), die Büchner für seine Flugschrift nutzte; Cousin eines ehemaligen Lehrers von Büchner
Friedrich Ludwig Weidig (1791–1837)	Rektor der Schule in Butzbach und Kopf der oberhessischen Oppositionsbewegung; Mitorganisator des Frankfurter Wachensturms; nach dessen Scheitern an Bemühungen zur Befreiung der Inhaftierten beteiligt; Verfasser der illegalen Flugschriftenreihe »Leuchter und Beleuchter für Hessen (oder der Hessen Notwehr)«; lernte auf August Beckers Vermittlung hin im Januar 1834 Büchner kennen, der ihm politisch als zu radikal und rücksichtslos erschien, mit dem er aber gleichwohl eine Flugschriftenaktion verabredete; veranstaltete Anfang März in Butzbach ein Fest für die aus der Friedberger Haft Entlassenen; lieh Büchner Wagners statistisches Handbuch; bewarb sich im April 1834 auf eine Pfarrstelle; erhielt etwa Mitte Mai durch Becker und Clemm Büchners Flugschrift, die er ohne Rücksprache mit dem Verfasser redigierte, ergänzte und seinen eigenen strategischen Vorstellungen anpasste und für die er den Titel »Der Hessische Landbote« erfand; reiste in den folgenden Wochen viel umher, um Kontakte zu anderen Oppositionsgruppen zu pflegen und die Flugschriftenaktion vorzubereiten; lud zu der am 3. Juli bei der Ruine Badenburg stattfindenden Versammlung ein, auf der unter anderem die Verbreitung des »Hessischen Landboten« in Weidigs Bearbeitung beschlossen wurde; wurde am 1. August nach der Verhaftung Minnigerodes von Büchner in Butzbach aufgesucht und gewarnt, dass die Aktion aufgeflogen sei; wirkte ab September 1834 als Pfarrer in Ober-Gleen und organisierte im November den Druck der zweiten, leicht veränderten Auflage des »Hessischen Landboten«
Hermann Wiener (1813–1897)	ehemaliger Mitschüler Büchners am »Pädagog« in Darmstadt, später Student in Gießen, von Herbst 1833 bis Anfang März 1834 als Mitbeteiligter am Frankfurter Wachensturm (3. April 1833) inhaftiert; Gründungsmitglied der im Mai 1834 von Büchner ins Leben gerufenen Gießener Sektion der »Gesellschaft der Menschenrechte«
Carl Zeuner (1812–1883)	Spritzenmacher in Butzbach, ehemaliger Schüler und späterer Vertrauter Weidigs; holte Ende Juli 1834 mit Schütz und Minnigerode den »Hessischen Landboten« aus der Druckerei in Offenbach ab, um anschließend einen Teil der Auflage in oberhessischen Ortschaften auszulegen

Werden beide Strukturierungs- und Erschließungsmethoden des langen Informationstextes ausprobiert, so sollte anschließend diskutiert und abgewogen werden, welche der beiden Methoden aus welchen Gründen ein besseres Ergebnis gezeitigt beziehungsweise ein klareres Bild der Ereignisse vermittelt hat. Wie war es jeweils um das Verhältnis von Aufwand und Ertrag bestellt? Wird nur eine der beiden Methoden erprobt, so kann man immerhin die Alternativmethode vorstellen und überlegen, welche Vorzüge und Nachteile sie vermutlich gegenüber dem angewandten Verfahren gehabt hätte. Man kann auch gemeinsam darüber nachdenken, welche weiteren, vielleicht ganz anderen Vorgehensweisen zu einem guten Erfolg führen könnten.

5. Das Großherzogtum Hessen-Darmstadt

Da sich Büchners Flugschrift nicht nur allgemein mit der Ungerechtigkeit des Gesellschaftssystems und der Lebensverhältnisse im Zeitalter der Restauration und der beginnenden Industrialisierung, sondern sehr konkret auch mit der Situation im Großherzogtum Hessen-Darmstadt auseinandersetzt, müssen die Schüler auch hierzu Hintergrundwissen erwerben. Der erste Arbeitsauftrag kann mündlich relativ schnell erledigt werden; der zweite eignet sich als Hausaufgabe und kann bei Zeitmangel auch übersprungen werden.

Arbeitsauftrag

■ Schildern Sie in eigenen Worten die Umstände der Entstehung des Großherzogtums Hessen-Darmstadt und beschreiben Sie die Machtverhältnisse im Staat, wie sie durch die Verfassung von 1821 geregelt worden waren.

Kopiervorlage
→ Seite 42

Unterrichtsgespräch

Erwartungen

■ Die Schüler eignen sich die zahlreichen Einzelinformationen des Textes an. Bei der Darstellung der beiden angesprochenen Aspekte sollten sie den Text beiseitelegen und frei sprechen. Daher bietet sich das folgende Verfahren an: Nach einer angemessenen Vorbereitungszeit in Stillarbeit treten zwei Freiwillige vor den Kurs und fassen jeweils einen der beiden Aspekte kurz zusammen. (Man kann auch ein Zeitlimit setzen und den Kurzvortrag zum Beispiel auf zwei Minuten begrenzen.) Die Mitschüler, die den Text zu Hilfe nehmen können (oder auch nicht; das bleibt dem Lehrer überlassen), ergänzen oder berichtigen hinterher die Ausführungen. Ein sehr gelungener Kurzvortrag kann mit einer entsprechenden mündlichen Note belohnt werden. Bei einer weniger guten Zusammenfassung sollte besprochen werden, was zu verbessern wäre, aber keine Note gegeben werden, um die Bereitschaft aufrechtzuerhalten, sich auch künftig freiwillig für ähnliche Aufgaben zu melden.

Arbeitsauftrag

■ Zeichnen Sie eine Karte des Großherzogtums Hessen-Darmstadt in den 1820er- und 1830er-Jahren und tragen Sie darin die folgenden Städte und Ortschaften ein: Darmstadt, Gießen, Butzbach, Ober-Gleen / Alsfeld, Friedberg, Mainz, Worms, Offenbach und die Freie Stadt Frankfurt am Main. Deuten Sie auf Ihrer Karte auch die Territorien der Nachbarstaaten an, wenn auch nicht in deren ganzem Umfang, sondern nur als Teilgebiete im Grenzbereich zu Hessen-Darmstadt.

Kopiervorlage (zum Abgleich)
→ Seite 43

Einzelarbeit

Gruppenarbeit

Erwartungen

■ Die Schüler recherchieren im Internet nach geeigneten Vorlagen (an denen es nicht mangelt) und fertigen eine sauber gezeichnete Karte an. Dabei kommt es nicht darauf an, dass jede Ecke der Landesgrenzen genau und maßstabgetreu wiedergegeben ist; aber im Großen und Ganzen sollten die Umrisse der Landesteile und die Porportionen stimmen. Ausdrucke fertiger Karten werden nicht akzeptiert. Wenn Schüler sich fertige Karten ausdrucken und diese durchpausen, ist das nicht zu verhindern und auch nicht schlimm. Vorzuziehen wäre allerdings eine freihändig gezeichnete Karte. Die Schüler vergleichen anschließend in Gruppen von vielleicht jeweils sechs Schülern ihre Ergebnisse und einigen sich darauf, von wem die beste Karte stammt.

6. Friedrich Ludwig Weidig, der Mitautor von Büchners Flugschrift

Der folgende Text dient dem Zweck, Friedrich Ludwig Weidig, der gegen Büchners Willen zum Co-Autor des »Hessischen Landboten« wurde, ein eigenes persönliches Profil zu geben. Weidig ist eine interessante Figur, die auch unabhängig von Büchner Aufmerksamkeit verdient. Eine aufwendige Auswertung der Informationen zu Weidig ist nicht notwendig. Der Arbeitsauftrag (mündliche Fragen und Antworten) soll lediglich sicherstellen, dass die Schüler den Text wirklich gelesen haben.

Kopiervorlage
→ Seiten 44–45

Einzelarbeit (aufmerksame Lektüre)

Unterrichtsgespräch (Fragen und Antworten)

Arbeitsauftrag

■ Beantworten Sie die folgenden Fragen: 1. Was studierte Weidig und welchen Beruf übte er aus? – 2. Was verband Weidig mit dem »Turnvater« Jahn? – 3. Wann und warum geriet Weidig dauerhaft ins Visier der Strafverfolgungsbehörden des Großherzogtums? – 4. Wie reagierte Weidig auf die durch die französische Julirevolution des Jahres 1830 ausgelösten Unruhen im Großherzogtum? – 5. Wie lange war Weidig nach dem gescheiterten Frankfurter Wachensturm in Untersuchungshaft? – 6. Wie hieß die von Weidig verfasste Flugschriftenreihe, die Anfang 1834, also einige Monate vor dem »Hessischen Landboten«, verteilt wurde? – 7. Was hatte der Frankfurter Revolutionär Friedrich Funck mit dem Frankfurter Wachensturm zu tun? – 8. Wie lässt sich das Dilemma Weidigs als politischer Mensch in zwei Begriffen auf den Punkt bringen?

Erwartungen

■ 1. Theologie; Lehrer. – 2. Er richtete nach Jahns Vorbild den ersten Turnplatz im Großherzogtum Hessen ein. – 3. 1818; wegen seines Engagements innerhalb der hessisch-darmstädtischen Verfassungsbewegung. – 4. Er organisierte nach der Niederschlagung der lokalen Aufstände Sammlungen für die Familien der Opfer und bestimmte den Erlös eines von ihm herausgegebenen »Teutschen Gesangbuchs« für denselben Zweck. – 5. 49 Tage. – 6. »Leuchter- und Beleuchter für Hessen (oder der Hessen Notwehr)«. – 7. Nur so viel, als er zu den Gefangenen gehörte, die im Zuge der Aktion zunächst befreit worden waren, sich dann aber, als das Militär heranrückte und das Scheitern des Aufstandsversuchs offenbar wurde, freiwillig wieder den Behörden stellten. – 8. Er war Revolutionär und Traditionalist zugleich.

7. Gliederung und inhaltliche Analyse des »Hessischen Landboten«

Die Schüler verfügen nun über das notwendige Hintergrundwissen, um den »Hessischen Landboten« mit Verständnis und hoffentlich auch mit Interesse zu lesen. Sie erschließen den gut fünfzehn Seiten langen Text, indem sie ihn gliedern und inhaltlich zusammenfassen.

Textausgabe
→ Seiten 39–56

Einzelarbeit

Unterrichtsgespräch

Arbeitsauftrag

■ Lesen Sie den »Hessischen Landboten«. Nehmen Sie dabei auch die Erläuterungen neben dem Text und im Anhang der Textausgabe wahr. Gliedern Sie den Text nach dem ersten Lesen in Abschnitte, geben Sie den Abschnitten Überschriften und fassen Sie ihren jeweiligen Inhalt kurz zusammen.

Erwartungen

■ Als Erwartungshorizont dienen die vier Seiten »Gliederungsvorschlag und Inhaltsangabe« in der »Fachlichen Orientierung« (S. 13–16). Die von den Schülern verlangte schriftliche Zusammenfassung des Inhalts muss und soll natürlich nicht so umfangreich sein. Die ausführlichere Darstellung in der »Fachlichen Orientierung« kann dem Lehrer vielmehr als Leitfaden dienen, um das Unterrichtsgespräch, das die schriftliche Einzelarbeit ergänzen und vertiefen sollte, in inhaltlich ergiebiger Weise zu lenken.

8. Die sprachliche Gestaltung des Textes

Gerhard Schaub, der unter anderem eine Studienausgabe des »Hessischen Landboten« vorgelegt hat, hat darauf hingewiesen, wie sorgfältig die beiden Verfasser bei der sprachlichen Gestaltung dieser Flugschrift auf »das publikumsbezogene *aptum*, d.h. die Angemessenheit des Stils im Hinblick auf das im HL angesprochene bäuerliche Publikum«, geachtet haben (Georg Büchner/Ludwig Weidig: »Der Hessische Landbote«. Texte, Materialien, Kommentar. Herausgegeben von Gerhard Schaub. München und Wien: Carl Hanser Verlag 1976, S. 156f.). Die sprachliche Untersuchung der Flugschrift soll auf die ersten beiden (auf den Vorspann folgenden) Seiten beschränkt bleiben, um sich nicht zu mühselig und zäh zu gestalten. Sie erfolgt anhand der von Schaub herausgearbeiteten Kategorien.

Arbeitsauftrag

■ Der Germanist Gerhard Schaub hat gezeigt, dass Büchner und auch Weidig mit großem sprachlichen Geschick auf den Erfahrungs- und Bildungshorizont der bäuerlichen Landbevölkerung, an die sie sich mit ihrer Flugschrift wandten, eingegangen sind. Dies mache sich in Bezug auf die Lexik in der Verwendung von Extremwortschatz (1) sowie umgangssprachlichen Formulierungen bzw. volkstümlichen Wendungen (2) und in der Vermeidung von Fremdwörtern (3) bemerkbar; hinsichtlich der Syntax im Vorherrschen der Parataxe (4); in Bezug auf die Bildlichkeit im Einsatz von Metaphern und Vergleichen aus der bäuerlichen Sphäre (5); und in rhetorischer Hinsicht »in der bewussten Benutzung des Volks- und Bibeltons« (6).
Weisen Sie diese sechs sprachlichen Aspekte auf den ersten beiden Seiten der Flugschrift, die auf den »Vorbericht« und das Motto folgen, nach (S. 41, Z. 30, bis S. 43, Z. 26).

Textausgabe
→ Seiten 41–43

Einzel- oder Partnerarbeit

Unterrichtsgespräch

Erwartungen

■ 1. EXTREMWORTSCHATZ: »Bauern und Bürger« als »Gewürm« (S. 42, Z. 1 f.); »sein Leib ist eine Schwiele, sein Schweiß ist das Salz auf dem Tische des Vornehmen« (S. 42, Z. 10–12); »In Ordnung leben heißt hungern und geschunden werden.« (S. 43, Z. 7 f.); »Das Volk ist ihre Herde, sie sind seine Hirten, Melker und Schinder« (S. 43, Z. 18 f.); »Knechtschaft« (S. 43, Z. 22).

2. UMGANGSSPRACHLICHE FORMULIERUNGEN BZW. VOLKSTÜMLICHE WENDUNGEN: Zum Beispiel: »Im Großherzogtum Hessen sind [...] Einwohner, die geben [...]« (S. 42, Z. 13 f.); »Was ist denn nun das für gewaltiges Ding: der Staat?« (S. 42, Z. 29 f.).

3. VERMEIDUNG VON FREMDWÖRTERN: Die Erläuterung des Staatswesens (vgl. S. 42, Z. 29, bis S. 43, Z. 18) kommt ganz ohne Fremdwörter aus, sieht man einmal von dem aus dem Zusammenhang heraus leicht verständlichen Begriff »Legion« (›unüberschaubar groß‹; S. 43, Z. 15) ab. Möglicherweise war der aus der Soldatensprache stammende Begriff als Redewendung auch der Landbevölkerung geläufig. Die beiden anderen Fremdwörter tauchen nicht im Verfassertext auf, sondern sind Teil der zitierten Abgaben-Statistik: »Domänen« sind Staatsgüter, also im Besitz des Monarchen befindliche landwirtschaftliche Betriebe, deren Erträge der fürstlichen Familie zustehen und im Bedarfsfalle auch andere landesfürstliche Ausgaben decken; »Regalien« bezeichnen bewegliche und unbewegliche Dinge innerhalb des Staatsgebietes, über die sich der Monarch ein persönliches Eigentumsrecht vorbehält.

4. VORHERRSCHEN DER PARATAXE: Durchweg ist das Bemühen zu beobachten, alles so einfach wie möglich zu sagen, was auch in der Aneinanderreihung einfacher Hauptsätze seinen Niederschlag findet; vgl. etwa S. 42, Z. 2–12 und 25–33.

5. EINSATZ VON METAPHERN UND VERGLEICHEN AUS DER BÄUERLICHEN SPHÄRE: etwa: »das Volk« liegt vor den Vornehmen »wie Dünger auf dem Acker« (S. 42, Z. 5 f.); »Das Leben des Bauern ist ein langer Werktag; Fremde verzehren seine Äcker vor seinen Augen, sein Leib ist eine Schwiele, sein Schweiß ist das Salz auf dem Tische des Vornehmen« (S. 42, Z. 9–12).

6. BENUTZUNG DES VOLKS- UND BIBELTONS: vgl. S. 41, Z. 30, bis S. 42, Z. 2; »Seht nun, was [...]; seht was es heißt: [...]« (S. 43, Z. 3 f.); oder, mit bitterer Ironie: »Das Volk ist ihre Herde, sie sind seine Hirten, Melker und Schinder« (S. 43, Z. 18 f.).

Weitere sprachlich-rhetorische Mittel auf den beiden näher untersuchten Seiten sind:

- die *Antithese* in vielen Varianten: »die Bauern und Handwerker« vs. »die Fürsten und Vornehmen« (S. 41, Z. 31 f.), »er nimmt das Korn und lässt ihm die Stoppeln« (S. 42, Z. 8 f.); »sie herrschen frei und ermahnen das Volk zur Knechtschaft« (S. 43, Z. 21 f.). – Inhaltlich lässt sich die folgende »Antithesenreihe« ausmachen: »Schöpfungsbericht vs. Wirklichkeit; fünfter Schöpfungstag vs. sechster Schöpfungstag; Herr vs. Knecht; aufrecht stehend vs. am Boden kriechend; Sonntag vs. Werktag; Wohlleben vs. Mühsal; feiste Gesichter vs. Schwielenleib; [...] großherzoglicher Machtapparat vs. Volk; Schinder vs. Herde; Freiheit vs. Knechtschaft; Tränen vs. Schmalz; Parasitentum vs. Schweiß« (Bühnemann 2006, S. 49 und 53).
- die *Anapher*: »siehet es aus, als« und »Es sieht aus, als« (S. 41, Z. 30 f.), »sie wohnen«, »sie tragen«, »sie haben« (S. 42, Z. 3 f.), »Das Leben des Bauern ist«, »sein Leib ist«, »sein Schweiß ist« (S. 42, Z. 9–11).

Wolfgang Bühnemann weist noch auf einen weiteren argumentativen Kunstgriff (fast ein ›Taschenspielertrick‹) hin, der durch sprachlich-rhetorische Mittel unterstützt wird: Während die Klasse der Privilegierten, die im vierten Absatz (S. 43, Z. 9–26) in den Blick genommen werde, zuvor zwar nicht beziffert wurde, der Leser aber den Eindruck gewinnen musste, es handle sich um eine verschwindende Minderheit, die die Erträge der Arbeit der überwältigend großen Mehrheit an sich reiße, werde nun, um die Empörung weiter zu schüren, der gegenteilige Eindruck erweckt, »der Kreis der Profiteure« sei »unverhältnismäßig aufgebläht – eine Krake, die den Staat aussaugt. Von der Exekutive des Machtapparats, der Beamtenschaft, heißt es: ›Ihre Anzahl ist Legion‹. Stilistische Mittel der Verdeutlichung sind die Aufzählung (Enumeratio) und Wiederholung (Repetitio). Alle erdenklichen Funktionen mit dem Titelanhang ›-rat‹ werden aufgezählt – zwar eigentlich nur sechs, aber das ›u. s. w.‹ suggeriert, dass die Reihe noch lange fortgesetzt werden könnte. Vervielfachend tritt das ›Heer von Sekretären‹ hinzu, und auch hier wieder deutet das ›u. s. w.‹ die unabsehbare Fortsetzbarkeit der Reihe an. Die Zahl der Helfer und Helfershelfer scheint unendlich.« (Bühnemann 2006, S. 52 f.)

9. Die Gattung Flugschrift

Nach der inhaltlichen Beschäftigung mit dem »Hessischen Landboten« im siebten und achten Schritt wird im neunten Schritt die Textsorte in den Blick genommen. Dabei wird den Schülern noch deutlicher, als es ihnen ohnehin schon bewusst ist, dass es sich bei Büchners »Landboten« um einen appellativen Gebrauchstext handelt, der nicht wie ein literarischer Text aus sich heraus verstanden und interpretiert werden kann, sondern vielmehr eine Auseinandersetzung mit der (historischen) Wirklichkeit und den in ihm angesprochenen Problemlagen erfordert. Sie begreifen die Flugschrift als ein wichtiges Zeugnis einer geschichtlichen Epoche beziehungsweise gesellschaftlichen Konfliktsituation, die näher kennenzulernen auch heute noch interessant und aufschlussreich sein kann.

Arbeitsauftrag

Kopiervorlage → Seite 45

Textausgabe

- Setzen Sie sich mit den Definitionen und zusätzlichen Informationen zur Textsorte Flugschrift auseinander und erörtern Sie, inwiefern der »Hessische Landbote« die für eine Flugschrift typischen Gattungsmerkmale erfüllt.

Unterrichtsgespräch

Erwartungen

- »Der Hessische Landbote« weist viele der Merkmale auf, die in der von Hofmann zitierten Definition angeführt werden:

1. Er besteht *»aus mehr als einem Blatt«*. Hofmann merkt ergänzend noch an, dass sich eine *Flugschrift*, und so auch Büchners und Weidigs Schrift, von einem *Flugblatt* im Umfang unterscheide, was »eine relativ ausführliche und komplexe Argumentation« ermögliche, »die sich im Sinne der Eindringlichkeit auf anschauliche Beispiele stützen und durchaus eine gewisse Ausführlichkeit aufweisen kann« (Hofmann 2009, S. 11).
2. Als »geschlossene Einzelpublikation« (Hofmann 2009, S. 11) erfüllt er das Merkmal der *Selbstständigkeit.*
3. Weniger eindeutig ist der Befund beim Merkmal *»nicht periodisch«*: Der von Weidig stammende Titel »Der Hessische Landbote« suggeriert mit seinem Anklang an Zeitungsnamen – man denke an die beliebte Verwendung des Wortes »Kurier« wie etwa in »Südkurier«, einer regionalen Tageszeitung mit Sitz in Konstanz –, dass diese Flugschrift nur den Auftakt einer Reihe von ähnlichen Mitteilungen bildet. Diese Erwartung wird durch den Zusatz »Erste Botschaft« noch verstärkt. (Auch der Umstand, dass Weidig wenige Monate zuvor mit dem »Leuchter und Beleuchter für Hessen« eine eigene Flugschriften-Reihe gestartet hatte, könnte in diesem Zusammenhang erwähnt werden.)
4. Der übergeordnete Zweck der *Propaganda* und der *Agitation*, also der Veränderung des Bewusstseins und des Verhaltens, ist im »Hessischen Landboten« wiederum unverkennbar. Diese Einsicht in die überragende Bedeutung, die der Adressatenbezug und das Element des Rhetorischen

(um nicht zu sagen des Manipulativen) für die Textsorte Flugschrift hat, sollte als Warnung davor dienen, die inhaltlichen Aussagen der Flugschrift allzu wörtlich als Ausdruck der politischen Überzeugungen ihrer Verfasser zu verstehen. Das unterstreicht auch eine bemerkenswerte, oft zitierte Passage aus einem Brief Georg Büchners von Anfang Juni 1836 (aus Straßburg) an Karl Gutzkow (in Frankfurt), die an diesem Punkt ins Unterrichtsgespräch eingebracht werden sollte: *»Ich habe mich überzeugt, die gebildete und wohlhabende Minorität, so viel Konzessionen [Zugeständnisse] sie auch von der Gewalt für sich begehrt, wird nie ihr spitzes Verhältnis zur großen Klasse aufgeben wollen. Und die große Klasse selbst? Für die gibt es nur zwei Hebel, materielles Elend und religiöser Fanatismus. Jede Partei, welche diese Hebel anzusetzen versteht, wird siegen.«* (In neuer Rechtschreibung zitiert nach: http://buechnerportal.de/werke/briefe/etwa-1-juni-1836-an-karl-gutzkow-in-frankfurt-am-main/)

5. Was die *gesamte Öffentlichkeit* als Adressat einer Flugschrift angeht, so wird man dieses Merkmal mit Hinweis auf andere Flugschriften, die sich ebenfalls an Teilöffentlichkeiten wenden, überhaupt in Zweifel ziehen können; und in Bezug auf den »Hessischen Landboten« trifft es sicherlich nicht zu. Büchner wendet sich deutlich erkennbar nur an einen Teil der Bevölkerung, auch wenn dieser zahlenmäßig die große Mehrheit ausmacht. Weidigs Bemühen, die Liberalen mit anzusprechen oder zumindest nicht zu brüskieren (hierzu Näheres im nächsten, zehnten Schritt), führt zu einer potenziellen Ausweitung des Adressatenkreises auf die oppositionellen Kreise innerhalb der gebildeten und privilegierten Schichten; ausgeschlossen bleiben aber weiterhin die Nutznießer des von Büchner angeprangerten Systems, die Mitglieder der Großherzoglichen Regierung und die ihnen zuarbeitenden Beamten.

Indem Büchner, wie er es gut zwei Jahre später in dem zitierten Brief an Gutzkow rückblickend andeutete, beim Verfassen des »Hessischen Landboten« auf die »Hebel« »materielles Elend und religiöser Fanatismus« setzte, knüpfte er effektsicher an die Tradition der wirkungsstarken Flugblätter aus der Epoche der Reformation und des Bauernkrieges an. Hofmann betont dabei, dass Büchner nicht unmittelbar auf religiöse Propaganda setzte, sondern religiöse Bilder und Sprachformen »in sozialkritischer Absicht« eingesetzt habe (Hofmann 2009, S. 12 und 13). Hierzu gehört die Verwendung eines einfachen, verständlichen, anschaulichen und ›kernigen‹ Deutsch, wie es Luther in seiner Bibelübersetzung vorgemacht hatte. Das war die Sprache, die auch 300 Jahre später bei der ländlichen Bevölkerung die stärkste Resonanz auslöste, denn die Bibel in Luthers Übersetzung war oft das einzige Buch, das in den bäuerlichen Haushalten vorhanden war und in dem immer und immer wieder gelesen wurde. Die im Umfeld der Reformation entstandenen Flugschriften bedienten sich überdies mit besonderer Vorliebe und großer Wirkung »besondere[r] Wörter, die geeignet erschienen, Inhalte und Botschaften prägnant zusammenzufassen«. Solche Ausdrücke waren beispielsweise »der gemeine Mann« (›der einfache Mensch‹), »die Gottlosen« oder »die Tyrannen«; die Forschung spricht hier von »Fahnen- und Stigmawörtern« (Hofmann 2009, S. 13). Büchner und Weidig knüpften in ihrer Flugschrift auch hieran an (vgl. Abschnitt 8 dieses Moduls).

10. Büchners Intentionen als Autor der Flugschrift

Die Protokolle der Aussagen, die August Becker nach dem Tod Weidigs gegenüber dem Untersuchungsrichter zum »Hessischen Landboten« sowie zu Büchner und Weidig machte, bieten die Gelegenheit, die Ereignisse rund um die Flugschrift noch einmal aus anderer Perspektive zu rekapitulieren. Sie veranlassen die Schüler, sich in die Lage des Gefangenen hineinzuversetzen und diese Lage auch in die Bewertung seiner Angaben einfließen zu lassen. Becker äußerte sich in den zitierten Passagen einlässlich über die Intentionen, die Büchner mit seiner Flugschrift verfolgte. Auch von daher sind seine Aussagen von hohem Interesse. Inwieweit sie für bare Münze zu nehmen oder doch eher als taktisch motiviert zu bewerten sind, müssen die Schüler einschätzen. Das macht die Beschäftigung mit diesen Zeugnissen zu einer komplexen, aber auch reizvollen Aufgabe.

Der Arbeitsauftrag besteht aus vierzehn Erschließungsfragen, die im Rahmen eines Unterrichtsgesprächs beantwortet werden sollten. Dem vorausgehen könnte die schriftliche Beantwortung der Fragen in Einzelarbeit. Das wäre eine gute Übung, auf die bei Zeitmangel aber auch verzichtet werden kann. – Dem Erwartungshorizont zur vorletzten Frage sind Zusatzinformationen angefügt, die der Lehrer in geeigneter Weise ins Unterrichtsgespräch einfließen lassen kann.

Arbeitsauftrag

Kopiervorlage
→ Seiten 46–48

Einzelarbeit

Unterrichtsgespräch

■ Lesen Sie die Arbeitsblätter aufmerksam durch und beantworten Sie anschließend die folgenden vierzehn Fragen:
1. Was war, August Beckers Aussage zufolge, für Büchner die entscheidende Voraussetzung für das Gelingen eines Umsturzes? – 2. Warum waren die vor dem »Hessischen Landboten« erschienenen Flugschriften ungeeignet, die Massen zu mobilisieren? – 3. Warum drängte Büchner zufolge die Zeit, um einen revolutionären Umsturz herbeizuführen? – 4. Welchen Zweck verfolgte Büchner demnach aus Beckers Sicht mit seiner Flugschrift? – 5. Wie charakterisierte August Becker Büchner gegenüber dem Untersuchungsrichter? – 6. Worum drehte sich Becker zufolge die Auseinandersetzung zwischen Weidig und Büchner über die Tendenz der Flugschrift? – 7. Welches war die Hauptveränderung, die Weidig nach Beckers Aussage in Büchners Text vornahm? – 8. Von wem stammte Becker zufolge der »Vorbericht«, der der Flugschrift vorangestellt ist? – 9. Wie reagierte Büchner auf Weidigs Änderungen am Text der Flugschrift? – 10. Wer hat die Herstellung einer zweiten Auflage des »Hessischen Landboten« veranlasst? – 11. Welche eigene Erkenntnis hat sich Büchner laut Becker von seiner Flugschrift versprochen? – 12. Wie beurteilte Büchner laut Becker die Regierung des Großherzogtums Hessen-Darmstadt? – 13. Aus welchen Gründen verlor Büchner Becker zufolge seine politischen Hoffnungen? – 14. Inwiefern unterschieden sich die Auffassungen Büchners und Weidigs in Bezug auf Wahlen?

Erwartungen

■ 1. Dass man »die große Masse des Volkes« (Z. 23) für ein solches Vorhaben gewinne, denn nur »durch deren Überzahl und Gewicht« (Z. 24) sei es möglich, die Soldaten gleichsam zu erdrücken.

2. Weil sie »lauter Dinge« (Z. 31) behandelten, »um welche sich die *Bauern* [...] nicht kümmern, solange sie noch mit ihrer materiellen Not beschäftigt sind« (Z. 31–34).

3. Weil zu befürchten sei, dass die Fürsten die Zeichen der Zeit erkennen und die materielle Lage des Volkes durch eine Verminderung ohnehin unnötiger Staatsausgaben soweit erleichtern könnten, dass der großen Masse die Veränderung ihrer Situation aus eigener Kraft nicht mehr so besonders dringlich erscheine; diesen Zustand, der im Grunde die alten ungerechten in nur leicht gemilderter Form aufrechterhalte, habe in Österreich der Staatskanzler Metternich, der schlauste der reaktionären Politiker, bereits herbeigeführt.

4. Büchner wollte »*die materiellen Interessen* des *Volks* mit denen der *Revolution* [...] *vereinigen*« (Z. 77–79). Dies betrachtete er als den »einzigen möglichen Weg, die Letztere zu bewerkstelligen« (Z. 79 f.).

5. als einen Menschen, der andere mitreißen konnte und der zwar abwegige politische Vorstellungen hatte (dies ist wohl als taktisch motivierte Äußerung des Häftlings anzusehen, als Versicherung, dass er inzwischen von seinem ehemaligen revolutionären Irrglauben geheilt sei), aber gleichwohl »der liebenswürdigste Mensch« (Z. 108) gewesen sei und »das edelste Herz« (Z. 107) besessen habe.

6. Weidig wollte alle oppositionellen Kräfte zur Zusammenarbeit bewegen und glaubte daher, dass man die Wohlhabenden nicht so grundsätzlich angreifen dürfe, wie Büchner es in seinem Text getan hatte. Büchner hielt nichts von diesem Versuch, es allen potenziell oppositionellen Gruppierungen recht machen zu wollen. Er war davon überzeugt, dass die Interessen der Armen und die der Liberalen nie unter einen Hut zu bringen seien.

7. Er ersetzte die Bezeichnung die »*Reichen*« durch die Bezeichnung »die *Vornehmen*« (Z. 138) und strich auch sonst diejenigen Passagen, durch die sich die Liberalen hätten brüskiert fühlen können.

8. von Weidig

9. Er war »außerordentlich aufgebracht, [...] wollte sie nicht mehr als die seinige anerkennen« (Z. 173 f.) und äußerte gegenüber Weidig, »dass er ihm gerade das, worauf er das meiste Gewicht gelegt habe und wodurch alles andere gleichsam legitimiert werde, durchgestrichen habe« (Z. 175–177).
10. Weidig
11. Er betrachtete sie als Probe aufs Exempel, als Test, »inwieweit das *deutsche Volk* geneigt sei« (Z. 205), sich an einer Revolution zu beteiligen.
12. leidenschaftslos, ohne speziellen Hass; im Gegenteil habe er geäußert, sie sei im Vergleich mit denen der anderen Staaten des Deutschen Bundes eine der besseren. (Ob Becker hier die Wahrheit erzählt oder ob er versuchte, den toten Freund in einem milderen Licht erscheinen zu lassen und so dessen Eltern und Geschwister und mittelbar auch sich selbst zu schützen, muss offenbleiben.) Er habe nicht die Menschen gehasst, die die Macht in ihren Händen hielten, sondern nur »das *monarchische Prinzip*, welches er für die Ursache alles Elends hielt« (Z. 218 f.).
13. Büchner gab angeblich seine politischen Hoffnungen auf, als er gehört habe, dass die Bauern die meisten Exemplare der Flugschrift gleich bei der Polizei abgeliefert und dass auch die Patrioten (unklar bleibt, wer genau damit gemeint ist) seine Flugschrift abgelehnt hätten. Von der »*konstitutionelle*[n] landständische[n] Opposition« (Z. 228 f.) habe er sich von vornherein kaum etwas erwartet. Er habe lieber gewollt, dass die Verhältnisse so blieben, wie sie waren, als dass sich in Deutschland ein »Geldaristokratismus wie in Frankreich« (Z. 233 f.) herausbilde und immer stärkeren Einfluss gewinne. Seine – von seinen Gießener Freunden unterstützte – Absicht, auch in anderen deutschen Ländern die Massen mit Flugschriften zu mobilisieren, sofern der »Hessische Landbote« erfolgreich sein würde, habe er nach den entmutigenden Erfahrungen mit seiner Flugschrift aufgegeben.
ZUSATZINFORMATION: Wie viel Wahrheit in diesen Aussagen Beckers steckt, ist schwer zu beurteilen. Wahrscheinlich ist, dass sie zumindest bis zu einem gewissen Grad taktischer Natur waren. Bis auf die bei Minnigerode gefundenen Exemplare des »Landboten« sind offenbar im August und September trotz polizeilicher Verfolgungen die allermeisten Exemplare der Flugschrift vor allem in Dörfern um Butzbach und Gießen verteilt bzw. ausgelegt worden. In den in neuerer Zeit entdeckten Ermittlungsakten ist nur ein einziger Fall – aus Butzbach – dokumentiert, in dem ein Exemplar der Flugschrift bei der Polizei abgegeben worden ist. Überdies hat Becker selbst den »Hessischen Landboten« in einer nach seiner Haftentlassung entstandenen Schrift – »Die Volksphilosophie unserer Tage« (Neumünster bei Zürich 1843, dort S. 29) – als die einzige »für die unterste Volksklasse« geschriebene »deutsche politische Flugschrift« bezeichnet, »die zum Verständnis und Herz des Volks gelangt« sei, und zudem berichtet, Weidig habe damals viele »Bauern gesprochen«, »auf welche der Landbote einen ungewöhnlichen Eindruck gemacht habe« (zitiert nach: »Actenmäßige Darstellung der im Großherzogthume Hessen in den Jahren 1832 bis 1835 stattgehabten hochverrätherischen und sonstigen damit in Verbindung stehenden verbrecherischen Unternehmungen«. Darmstadt 1839, S. 54). Auch der Umstand, dass Weidig im Herbst beschloss, eine zweite – leicht veränderte – Auflage des »Hessischen Landboten« drucken zu lassen – die sogenannte November-Auflage –, spricht nicht dafür, dass die erste Auflage im Kreise der an der Flugschriftenaktion Beteiligten als Misserfolg betrachtet wurde.
14. Büchner meinte, dass nur freie und gleiche Wahlen, wie sie in den meisten nordamerikanischen Staaten verfassungsmäßig garantiert und praktiziert würden, die Entstehung einer Republik herbeiführen könnten, die diesen Namen verdiene; Weidig hielt dem entgegen, dass es zu einer Herrschaft des Pöbels – mit all seinen verderblichen Folgen – wie im Frankreich der Revolutionszeit kommen würde, wenn jedem das Wahlrecht eingeräumt werde. Büchner verurteilte diese Vorbehalte Weidigs gegenüber der politischen Zurechnungsfähigkeit der sogenannten einfachen Leute als dessen »Aristokratismus« (Z. 253).

Abgerundet wird die Beschäftigung mit Büchners Intentionen als Autor der Flugschrift durch ein kurzes Unterrichtsgespräch über eine Passage aus einem Brief Büchners an seine Eltern.

Kopiervorlage
→ Seite 48

Unterrichtsgespräch

Arbeitsauftrag

■ Fassen Sie Büchners Aussagen aus seinem Brief an seine Eltern vom Februar 1834 zusammen. Der Brief entstand in einer Zeit, als Büchner, wenige Wochen vor der Niederschrift seiner Flugschrift, in Gießen mit einigen Mitstudenten aneinandergeraten war und sich wegen seiner politischen Ansichten auch mit ehemaligen Schulfreunden entzweit hatte, wovon die Eltern offenbar erfahren hatten. Was wurde Büchner vorgeworfen und wie verteidigte er sich gegen diese Vorwürfe?

Erwartungen

■ Offenbar hatte Büchner einige seiner Kommilitonen und/oder seiner ehemaligen Schulfreunde als Dummköpfe bezeichnet und wurde daher beschuldigt, auf andere herabzusehen und sie zu verachten. Auch scheint man ihm vorgeworfen zu haben, ein Spötter zu sein. Büchner rechtfertigte sich, indem er gleichsam den Spieß umdrehte und erklärte, er verachte niemanden, aber er hasse diejenigen, die ihrerseits andere Menschen verachten würden. Verachtung und Herablassung sei lächerlich und dumm, »weil es in niemands Gewalt liegt, kein Dummkopf oder kein Verbrecher zu werden, – weil wir durch gleiche Umstände wohl alle gleich würden, und weil die Umstände außer uns liegen« (Z. 2–6). Er nahm für sich in Anspruch, viel echtes Mitgefühl für die Lage der Armen und Benachteiligten zu haben, und gab implizit zu verstehen, dass seinen Anschwärzern solche Empathie abgehe. Solchen »kalten, vornehmen Herzen bittere Worte« (Z. 27 f.) zu sagen, war aus seiner Sicht kein schlimmes Vergehen.

Der Brief lässt erkennen, dass Büchner das materielle Elend der armen Leute tatsächlich sehr zu Herzen ging (wie auch andere Stellen aus seinen Briefen an die Eltern zeigen) und dass er zugleich anderen gegenüber, die wie er zu den Privilegierten gehörten und deren politische Analyse und Haltung ihm oberflächlich oder auch eigennützig zu sein schien, streng und verletzend auftreten konnte.

11. Das weitere Schicksal Weidigs und anderer Beteiligter

Weidig setzte seinem Leben Anfang 1837 nach vielen Monaten systematischer Quälerei im Gefängnis selbst ein Ende. Sein Schicksal lernen die Schüler in der Darstellung von Arthur Wyß für die »Allgemeine Deutsche Biographie« (Band 41, 1896) kennen. – Anschließend erfahren sie, welchen Fortgang das Leben weiterer Personen nahm, die in die Flugschriften-Aktion verwickelt waren: August Becker, Jakob Friedrich Schütz, Hermann Trapp, Ludwig Becker, Karl Minnigerode, Carl Zeuner, Christian Gustav Clemm, Carl Flach und Carl Preller.

Diese biografischen Informationen sind natürlich verzichtbar, wenn es nur darum geht, den »Hessischen Landboten« kennenzulernen. Wenn aber Büchners Flugschrift als Kristallisationspunkt einer historischen Konfliktlage betrachtet werden soll, die das Verhältnis zwischen Arm und Reich in der ersten Hälfte des 19. Jahrhunderts beleuchtet, dann gehört es mit zur Sache, zu erfahren, wie sich diese Konfliktlage auf die Lebensverhältnisse und die Lebensläufe konkreter Menschen ausgewirkt hat; und da sich die Schüler im vierten Schritt bereits eingehend mit den hier noch einmal in den Blick genommenen Personen beschäftigt haben, kann man ein Interesse an deren weiteren Schicksalen wohl voraussetzen. Deutlich soll werden, wie tief die Beteiligung an der Flugschriften-Aktion in das Leben dieser Menschen eingegriffen hat. Dabei ist es nicht notwendig (und wäre vielleicht auch nicht angemessen), diese Zusatztexte durch Arbeitsaufträge oder Verständnisfragen erschließen zu lassen. Die Schüler sollten nach Möglichkeit veranlasst werden, sie zu lesen. Wie stark sie sich mit ihnen auseinandersetzen und von ihnen berühren lassen, bleibt dann ihnen überlassen.

Kopiervorlage
→ Seiten 49–50

Unterrichtsgespräch

Arbeitsauftrag

■ Lesen Sie, was Arthur Wyß am Ende des 19. Jahrhunderts in seinem Artikel über Friedrich Ludwig Weidig für die »Allgemeine Deutsche Biographie« über dessen Zeit im Gefängnis und Tod mitteilte. Überrascht Sie der Umstand, dass der Revolutionär Weidig knapp 60 Jahre nach seinem Tod in dieses repräsentative Nachschlagewerk zum Leben und Wirken bedeutender Persönlichkeiten der deutschen Geschichte aufgenommen worden ist?

Erwartungen

■ Dass Weidig in der »Allgemeinen Deutsche Biographie« mit einem eigenen Artikel gewürdigt wurde, kann man durchaus überraschend finden. Es spricht dafür, dass auch die ›offizielle Geschichtsschreibung‹ inzwischen zu einer Neubewertung seiner politischen Haltung und seines Wirkens gekommen war. Das zeigt auch der mitfühlende Ton der Darstellung und insbesondere der Schlusssatz, der zumindest mittelbar deutlich macht, dass Weidig während seiner Haftzeit Unrecht widerfahren ist, und ihm darüber hinaus das (wenn auch gewissermaßen unfreiwillige) Verdienst zuspricht, durch sein schreckliches Ende mehr als jeder andere dazu beigetragen zu haben, dass das geheime Strafverfahren in Deutschland abgeschafft wurde.

Arbeitsauftrag

■ Lesen Sie nun auch die kurzen Informationen darüber, wie sich die Lebensläufe weiterer an der Flugschriften-Aktion beteiligter Personen nach ihrer Verhaftung gestalteten. Tauschen Sie sich anschließend kurz über Punkte aus, die ihnen bei der Lektüre aufgefallen sind.

Kopiervorlage
→ Seiten 50–51

Unterrichtsgespräch

Erwartungen

■ Individuelle Ergebnisse. Auffallen könnte beispielsweise, dass sich die aus Butzbach stammenden ehemaligen Schüler von Weidig, Carl Zeuner und Carl Flach, gegenüber ihrem Mentor, der ihnen seinerseits so viel Vertrauen entgegengebracht hatte, ohne Rücksicht auf eigene Nachteile außerordentlich loyal verhielten. Die studentischen Revolutionäre fühlten sich dagegen offenbar weniger verpflichtet, füreinander einzustehen und einander zu schützen. – Auffällig ist natürlich auch der hohe Anteil an Auswanderungen in die USA, oft auf Druck der Obrigkeit.

12. Kreative Aufgabenvorschläge zur Vertiefung des Gelernten

Die Ereignisse um die Entstehung und Verbreitung des »Hessischen Landboten« sind so komplex und dramatisch, dass sie einen dankbaren Stoff für eine produktionsorientierte Aneignung beziehungsweise Umsetzung abgeben. Wenn die Schüler sich für eine solche die Beschäftigung mit der Flugschrift abrundende Arbeit aufgeschlossen zeigen, sollte man sie ermutigen, tatsächlich selbst produktiv zu werden. Sie können sich in die Gedanken und Gefühle einer oder mehrerer der vielen beteiligten Personen hineinversetzen und fiktive Briefe oder / und Tagebuchnotizen verfassen. (Es mangelt ein wenig an weiblichen Rollen, aber nicht gänzlich: So kann man Büchners Mutter zu Wort kommen lassen oder seine Verlobte in Straßburg oder Weidigs Frau, die auf Büchner einen so starken Eindruck gemacht hat; Jan-Christoph Hauschilds Band »Georg Büchners Frauen« enthält informative Abschnitte zu jeder dieser drei Frauen.) Man kann in Bühnenszenen erregte und vielleicht erbitterte politische Debatten nachzeichnen, die Auseinandersetzung zwischen Büchner und dem Universitätsrichter Georgi oder die Konfrontationen zwischen einzelnen Häftlingen und ihren Untersuchungsrichtern schildern. Man kann sich ausmalen, was in dem Verräter Kuhl und dem Überläufer Clemm vorgegangen ist, wie sie ihren Verrat vor sich und anderen gerechtfertigt haben und wie sie später mit ihrer Schuld lebten. Man kann ein Szenario für einen Spielfilm entwerfen. Mit Blick auf die Fähigkeiten, die im Deutschunterricht vornehmlich ausgebildet werden sollten, ist die Produktion von kreativen Texten der produktiven Gestaltung in anderen künstlerischen Medien (etwa Foto und Film oder Zeichnung) vorzuziehen; wenn die Schüler aber solche Projekte entwickeln und interessante, umsetzbare Ideen vorlegen, wird man sie vermutlich nicht ausbremsen wollen, sondern machen lassen.

Georg Büchner in Straßburg (1831–1833)

Das politische Klima nach 1830

Den ersten Teil seines Medizinstudiums absolvierte Büchner zwischen Herbst 1831 und Sommer 1833 in Straßburg. Da in Frankreich die Presse- und Meinungsfreiheit weniger eingeschränkt war als in den Staaten des Deutschen Bundes, war dort eine offenere Diskussion über die Mängel der politischen Verhältnisse möglich. Sozialrevolutionär gesinnte Vereinigungen übten scharfe Kritik an der bürgerlichen Verfassung der aus der Revolution von 1830 hervorgegangenen sogenannten Julimonarchie: Nur die Wohlhabenden würden von den in ihr festgeschriebenen Freiheitsgarantien profitieren. Tatsächlich wurde in diesen Jahren im Zuge »der voranschreitenden industriellen Revolution und einer nicht mehr durch den alten Ständestaat gehemmten wirtschaftlichen Entwicklung« die Massenarmut in vielen Ländern Europas »zu einem großen sozialen Problem« (Hofmann / Kanning 2013, S. 36).

Oppositionelle Clubs

Wie zu Zeiten der Französischen Revolution bildeten sich in Frankreich politische Clubs, in denen sich sozial engagierte und politisch unzufriedene Bürger vereinigten, Informationen austauschten, revolutionäre Programme entwickelten und teils auch gewaltsame Aktionen planten. Die wichtigste dieser Vereinigungen war zunächst die »Société des amis du peuple« (»Gesellschaft der Volksfreunde«), deren erklärtes Ziel eine Republik mit gleichem Wahlrecht für alle Bürger war. Ein prominentes Mitglied der »Société des amis du peuple« war Louis-Auguste Blanqui (1805–1881), der beharrlich erklärte, der Kampf der Bürger – der Liberalen – um weitere politische Teilhabe sei gegenüber der materiellen Not der breiten Masse der Bevölkerung vergleichsweise unbedeutsam. Die bestehende Gesellschaftsform komme einem mit sehr ungleichen Mitteln geführten Krieg der Reichen gegen die Armen gleich. Hier gelte es anzusetzen, diese Ungerechtigkeit sei zu beseitigen, um die Gesellschaft zu befrieden. Büchner war von den Positionen Blanquis beeindruckt und machte sie sich weitgehend zu eigen.

Als Anfang Juni 1832 Pariser Studenten den – erfolglosen – Versuch eines gewaltsamen Aufstands gegen die Monarchie unternahmen, wurde die Aktion der »Société des amis du peuple« angelastet. Die Strafverfolgungsbehörden begannen mit systematischen Ermittlungen gegen die Vereinigung, die sich unter diesem Druck bald auflöste. Als Nachfolgeorganisation entstand die »Société des droits de l'homme« (»Gesellschaft der Menschenrechte«), die eine lose und dezentrale organisatorische Struktur aufwies, um der Obrigkeit ihre Überwachung und den Zugriff auf sie zu erschweren. Büchner gründete nach seiner Rückkehr aus Straßburg in Darmstadt und Gießen geheime politische Gruppierungen nach eben diesem Vorbild.

Die Straßburger Studentenverbindung »Eugenia«

Politische Diskussionen wurden auch in der »Eugenia«, einer Verbindung Straßburger Theologiestudenten, geführt, an deren Zusammenkünften Büchner als ›Dauergast‹ regelmäßig teilnahm:

»Freund Büchner, Stud. Med., welchen die Brüder immer gern in ihrer Mitte sehn, hospitiert heute in Eugenia [...]. Das Gespräch betrifft größtenteils den Kampf der Freiheit in Deutschland [...]. – Es wird nicht gesungen, aber nicht untüchtig getrunken.« (Aus dem Protokoll der Sitzung vom 16. Februar 1832)

»Büchner spricht in etwas zu grellen Farben von der Verderbtheit der deutschen Regierungen [...].« (Aus dem Protokoll der Sitzung vom 24. Mai 1832)

»Der hospes perpetuus Büchner erscheint, aber ohne seinen medizinischen Kommilitonen, den Bruder Böckel, welcher den ganzen Abend ausbleibt. Es wird mit außerordentlicher Lebhaftigkeit über verschiedene Gegenstände, namentlich [...] über das Unnatürliche unsers gesellschaftlichen Zustandes, [besonders in Beziehung auf Reich u. Arm,] debattiert«. (Aus dem Protokoll der Sitzung vom 28. Juni 1832)

Auch in Briefen an die Eltern sprach sich Büchner über seine politische Einstellung aus. Als im Dezember 1832 ein militärischer Konflikt zwischen Frankreich und den Niederlanden auszubrechen drohte, kommentierte er die Ereignisse mit bitterem Sarkasmus: »Ich hätte beinahe vergessen zu erzählen, dass der Platz in Belagerungsstand gesetzt wird (wegen der holländischen Wirren). Unter meinem Fenster rasseln beständig die Kanonen vorbei, auf den öffentlichen Plätzen exerzieren die Truppen und das Geschütz wird auf den Wällen aufgefahren. Für eine politische Abhandlung habe ich keine Zeit mehr, es wäre auch nicht der Mühe wert, das Ganze ist doch nur eine Komödie. Der König und die Kammern regieren, und das Volk klatscht und bezahlt«.

Der Frankfurter Wachensturm

Der Frankfurter Wachensturm vom 3. April 1833 stellte den ersten Versuch eines gewaltsamen Umsturzes der Machtverhältnisse in den Staaten des Deutschen Bundes während der Zeit der Restauration und des Vormärz dar. Frankfurt war als Sitz des Bundestages, des politischen Zentralorgans des Deutschen Bundes, ein symbolisch bedeutsamer Ort. Die etwa 100 Teilnehmer des Wachensturms hegten die Hoffnung, dass ihre an sich recht bescheidene Aktion einen Flächenbrand auslösen werde. Diese Erwartung erfüllte sich nicht. Ein behördlicher Bericht aus dem Jahre 1834 stellt die Ereignisse folgendermaßen dar:

»Am 3. April 1833 abends um halb zehn Uhr wurden in der freien Stadt Frankfurt am Main die an den beiden Enden der Zeil-Straße gelegenen Wachhäuser, die Hauptwache und die Konstabler-Wache, gleichzeitig von einer Anzahl Bewaffneter überfallen, die Schildwachen und mehrere andere Frankfurter Linien-Soldaten [Infanteriesoldaten, Soldaten zu Fuß] teils getötet, teils verwundet, und die übrige in den Wachstuben versammelte Wachmannschaft von ihren in den Vorhallen hängenden Gewehren abgeschnitten und zerstreut. Sogleich wurden auch die in den Wach-Gebäuden wegen politischer Vergehen im Untersuchungs-Arreste befindlichen Gefangenen befreit, teilweise bewaffnet, und ebenso wie die durch den Tumult herbeigezogene Volksmenge aufgefordert, sich den Aufrührern anzuschließen. / Da aber diese Aufforderung ohne die erwartete Wirkung blieb; so vermochten sich die Aufrührer gegen das nach einiger Zeit aus der Kaserne heranrückende Bataillon Linien-Militär nicht zu behaupten, sondern wurden durch Letzteres von der Hauptwache ohne eigentlichen Widerstand und von der Konstabler-Wache nach einer kurzen, aber lebhaften Gegenwehr wieder vertrieben, so dass der ganze Aufstand – bei welchem übrigens, ohne die heimlich beiseite geschafften Toten und Verwundeten der Aufrührer, von beiden Seiten neun Personen getötet und vierundzwanzig meist schwer verwundet wurden –, nach Verlauf von ungefähr einer Stunde gedämpft war. Der Zweck dieses Aufstandes war der Anfang einer Revolution, welche sich über ganz Deutschland verbreiten, und, nach dem Umsturze aller bestehenden Regierungen, dessen Vereinigung in ein Reich mit republikanischer Verfassung bewirken sollte.« (Zitiert nach: Reinhard Görisch und Thomas Michael Mayer [Hrsg.]: Untersuchungsberichte zur republikanischen Bewegung in Hessen 1831–1834. Frankfurt am Main: Insel Verlag 1982, S. 41; vgl. Marburger Büchner-Ausgabe Band X.2, S. 141)

Der Angriff auf die beiden Frankfurter Wachgebäude wurde in erster Linie von Studenten aus Heidelberg und Würzburg ausgeführt. Oppositionell gesinnte Studenten der hessisch-darmstädtischen Landesuniversität Gießen waren eingeweiht, aber nur in kleiner Zahl aktiv beteiligt. Dagegen hatten der Butzbacher Schulrektor Friedrich Ludwig Weidig und einige Mitglieder des von ihm geleiteten Netzwerks an den Planungen des Aufstands mitgewirkt. Infolge der polizeilichen Ermittlungen wurden im Großherzogtum Hessen-Darmstadt zwischen Ende Mai und Herbst 1833 insgesamt dreizehn Personen verhaftet, die jedoch im Frühjahr 1834 mangels konkreter Beweise nach und nach wieder freigelassen wurden.

Büchners Reaktion auf den Wachensturm

Büchners Eltern schrieben ihrem ältesten Sohn sofort nach Bekanntwerden der Ereignisse; offenbar befürchteten sie, dass Georg mit der Sache zu tun haben könne. Büchner antwortete am 5. April 1833: »Heute erhielt ich Euren Brief mit den Erzählungen aus *Frankfurt*. Meine Meinung ist die: Wenn in unserer Zeit etwas helfen soll, so ist es *Gewalt*. Wir wissen, was wir von unseren Fürsten zu erwarten haben. Alles, was sie bewilligten, wurde ihnen durch die Notwendigkeit abgezwungen. Und selbst das Bewilligte wurde uns hingeworfen, wie eine erbettelte Gnade und ein elendes Kinderspielzeug, um dem ewigen Maulaffen [passiven, staunenden Gaffer] Volk seine zu eng geschnürte Wickelschnur vergessen zu machen. [...] Unsere Landstände sind eine Satire auf die gesunde Vernunft, wir können noch ein Säkulum [Jahrhundert] damit herumziehen, und wenn wir die Resultate dann zusammennehmen, so hat das Volk die schönen Reden seiner Vertreter noch immer teurer bezahlt, als der römische Kaiser, der seinem Hofpoeten für zwei gebrochene Verse 20,000 Gulden geben ließ. Man wirft den jungen Leuten den Gebrauch der Gewalt vor. Sind wir denn aber nicht in einem ewigen Gewaltzustand? Weil wir im Kerker geboren und großgezogen sind, merken wir nicht mehr, dass wir im Loch stecken mit angeschmiedeten Händen und Füßen und einem Knebel im Munde. Was nennt Ihr denn *gesetzlichen Zustand*? Ein *Gesetz*, das die große Masse der Staatsbürger zum frohnenden Vieh macht, um die unnatürlichen Bedürfnisse einer unbedeutenden und verdorbenen Minderzahl zu befriedigen? Und dies Gesetz, unterstützt durch eine rohe Militärgewalt und durch die dumme Pfiffigkeit seiner Agenten, dies Gesetz ist eine *ewige, rohe Gewalt*, angetan dem Recht und der gesunden Vernunft, und ich werde mit *Mund* und *Hand* dagegen kämpfen, wo ich kann. Wenn ich an dem, was geschehen, keinen Teil genommen und an dem, was vielleicht geschieht, *keinen Teil* nehmen werde, so geschieht es weder aus Missbilligung, noch aus Furcht, sondern nur weil ich im gegenwärtigen Zeitpunkt jede revolutionäre Bewegung als eine vergebliche Unternehmung betrachte und nicht die Verblendung derer teile, welche in den Deutschen ein zum Kampf für sein Recht bereites Volk sehen. Diese tolle Meinung führte die Frankfurter Vorfälle herbei, und der Irrtum büßte sich schwer. Irren ist übrigens keine Sünde, und die deutsche Indifferenz ist wirklich von der Art, dass sie alle Berechnung zu Schanden macht. Ich bedaure die Unglücklichen von Herzen. Sollte keiner von meinen Freunden in die Sache verwickelt sein?«

Tatsächlich waren neun ehemalige Mitschüler Büchners am Darmstädter »Pädagog« (wenn auch nur teilweise aus seinem Jahrgang) in die Vorbereitungen zum Frankfurter Wachensturm entweder aktiv eingebunden oder doch zumindest eingeweiht.

Als später im April Berichte über neuerliche Unruhen an der Universität Freiburg nach Darmstadt gelangten – bereits 1832 war es dort monatelang zu oppositionellen Aktionen der Studenten gekommen, woraufhin die badische Regierung die Universität für zwei Wochen geschlossen, zwei republikanisch gesinnte Professoren, den Historiker und Staatswissenschaftler Karl von Rotteck (1775–1840) und den Juristen Carl Theodor Welcker (1790–1869), aus ihren Ämtern entfernt und eine neue Universitätsverfassung erlassen hatte –, erkundigten sich die Eltern offenbar wiederum besorgt bei Georg nach seinen Plänen. Er antwortete (der Brief ist nicht datiert): »Wegen mir könnt ihr ganz ruhig sein; ich werde nicht nach Freiburg gehen, und ebenso wenig wie im vorigen Jahre, an einer Versammlung teilnehmen«. Ähnlich versicherte er in einem im Juni geschriebenen Brief, hier schon mit Blick auf den anstehenden Wechsel an die Universität Gießen zum Wintersemester 1833: »Ich werde zwar immer meinen Grundsätzen gemäß handeln, habe aber in *neuerer* Zeit gelernt, dass nur das notwendige Bedürfnis der großen Masse Umänderungen herbeiführen kann, dass alles Bewegen und Schreien der *Einzelnen* vergebliches Torenwerk ist. Sie schreiben, man liest sie nicht; sie schreien, man hört sie nicht; sie handeln, man hilft ihnen nicht. [...] Ihr könnt voraussehen, dass ich mich in die Gießener Winkelpolitik und revolutionären Kinderstreiche nicht einlassen werde.«

Louis-Auguste Blanqui: Prozess der Volksfreunde zu Paris

»Geschworne! man klagt mich an vor dreißig Millionen Franzosen (Proletaires gleich mir) gesagt zu haben, sie hätten das Recht *zu leben*. Wenn dies nun ein Verbrechen ist, so wäre es auf jeden Fall billig, mich nicht vor Männer zu laden, die Partei und Richter in derselben Sache sind. Nun bemerken Sie, meine Herren, dass das öffentliche Anklage-Amt sich nicht an Ihre Rechtlichkeit und Vernunft, sondern an Ihre Leidenschaften und an Ihr Interesse gewendet hat. Es ruft Ihre Strenge nicht auf gegen eine moral- und gesetzwidrige Tat, sondern es sucht Ihre Rache anzuflammen gegen etwas, das es Ihnen als Ihr Leben und Eigentum Bedrohendes vorstellt. Ich stehe also nicht vor Richtern, sondern vor Feinden; unnütz wäre es demnach, mich verteidigen zu wollen. [...]

Unaufhörlich klagt man die Proletaires als Raubgesindel an, das bereit sei, sich über die Besitztümer herzumachen. – Und warum? weil sie sich beklagen unter der Last von Auflagen und Abgaben, zu Nutz und Gunst der Privilegierten, erdrückt zu werden.

Die Privilegierten hingegen, die sich vom Schweiße der Armut mästen, diese sind legitime Besitzer, denen ein gieriger Pöbel mit Raub und Plünderung droht. –

Es ist nicht das erste Mal, dass sich Henker in die Maske der Schlachtopfer verstecken. – Wer sind denn diese Räuber, die solchen Fluches, solcher Qualen würdig wären? Dreißig Millionen Franzosen, die dem Fiskus anderthalb Milliarden und beinahe ebenso viel den Privilegierten zahlen. – Die Eigentümer aber, welche die ganze Gesellschaft mit ihrer Macht schützen soll, dies sind 2 oder 300,000 Müßige, welche ganz behaglich die Milliarden verzehren, die jene Räuber ihnen entrichten. Mir deucht, dies ist, nur unter einer andern Form, und zwischen andern Gegnern, der Krieg der Feudalbarone gegen die Kaufleute, die sie auf offenen Heerwegen anfielen und plünderten. – «

Das »Repräsentativ-System« sei die »[s]chreckliche Maschine, welche von 25 Millionen Bauern und 5 Millionen Handwerkern einen um den andern zermalmt, um ihr reinstes Blut abzuzapfen und in die Adern der Privilegierten umzugießen.«

[...]

»Das Volk schreibt keine Journale, schickt weder Adressen noch Bittschriften an die Kammern, dies wäre verlorne Zeit, ja, was noch mehr ist: Alle Stimmen, die in der politischen Sphäre einigen Widerklang finden, die Stimmen der Salons, der Handelshäuser, der Kaffeehäuser, kurz aller Orte, wo sich die sogenannte öffentliche Meinung bildet: alle diese Stimmen sind die der Bevorrechteten; keine, nicht Eine gehört dem Volke an! es ist stumm, es lebt sein Pflanzenleben, fern von diesen erhabenen Regionen; wo sein Schicksal abgekartet und bestimmt wird.»

Aus: Auguste Blanqui: Prozess der Volksfreunde zu Paris. Ein Vorbild des Ernstes und der Kraft. Straßburg: gedruckt bei der Witwe Silbermann [1832] (12 Seiten). Zitiert nach: Georg Büchner: Woyzeck. Erläuterungen und Dokumente. Hrsg. von Burghard Dedner. Stuttgart: Reclam Verlag 2000, S. 198–201

Die Entstehung des »Hessischen Landboten«

Herbst 1833

Büchner, der zwischen November 1831 und August 1833 den ersten Teil seines Medizinstudiums in Straßburg absolviert hatte und dort mit den sozialrevolutionären Vorstellungen französischer Oppositioneller wie Louis-Auguste Blanqui bekannt geworden war, ging Ende Oktober, kurz nach seinem 20. Geburtstag, nach Gießen, um sein Studium vorschriftsgemäß an der Landesuniversität des Großherzogtums Hessen-Darmstadt abzuschließen. Durch den ehemaligen Mitschüler in Darmstadt Hermann Trapp (1813–1837), der seit dem Frühjahr 1831 in Gießen Medizin studierte und als Teilnehmer des Hambacher Festes (27. Mai bis 1. Juni 1832) und Mitglied der Burschenschaften »Germania« und »Palatia« (seit dem Wintersemester 1832 auf 1833) ähnliche politische Vorstellungen wie Büchner vertrat, lernte dieser den Theologiestudenten August Becker (1814–1871) kennen, der bald sein engster Vertrauter wurde. Kurz nachdem Büchner in Gießen eintraf, wurden zwei Studenten unter dem Verdacht verhaftet, am Frankfurter Wachensturm beteiligt gewesen zu sein. Einen der beiden, Karl Stamm (1812–1902), ebenfalls ein Mitglied der »Germania«, kannte Büchner von der Schulzeit her.

Den Dezember verbrachte er im Elternhaus in Darmstadt, um sich von einer leichten Gehirnhautentzündung zu erholen. Am 9. Dezember schrieb er von dort an August Stöber (1808–1884), einen der Straßburger Freunde: »Du magst entscheiden ob die Erinnerung an 2 glückliche Jahre, und die Sehnsucht nach alldem, was sie glücklich machte oder ob die widrigen Verhältnisse unter denen ich hier lebe, mich in die unglückselige Stimmung setzen. Ich glaube s'ist beides. Manchmal fühle ich ein wahres Heimweh nach euren Bergen. Hier ist alles so eng und klein. Natur und Menschen, die kleinlichsten Umgebungen, denen ich auch keinen Augenblick Interesse abgewinnen kann. Zu Ende Oktobers ging ich von hier nach Gießen. 5 Wochen brachte ich daselbst halb im Dreck und halb im Bett zu. Ich bekam einen Anfall von Hirnhautentzündung; die Krankheit wurde im Entstehen unterdrückt, ich wurde aber gleichwohl gezwungen nach Darmstadt zurückzukehren um mich daselbst völlig zu erholen. Ich denke noch bis Neujahr hier zu bleiben und d. 5 od. 6. Januar wieder nach Gießen abzureisen. [...] Ich werfe mich mit aller Gewalt in die Philosophie [...]. Die politischen Verhältnisse könnten mich rasend machen. Das arme Volk schleppt geduldig den Karren, worauf die Fürsten und Liberalen ihre Affenkomödie spielen. Ich bete jeden Abend zum Hanf und zu d. Latern.«

2013 neu entdeckte – signierte und auf 1833 datierte – Zeichnung des späteren Darmstädter Theatermalers Philipp August Joseph Hoffmann (1807–1883), bei der es sich vielleicht um ein Porträt Georg Büchners handelt

Während des Aufenthalts im Elternhaus entstanden vermutlich die beiden einzigen professionellen Porträts von Büchner. Sie stammen von Philipp August Hoffmann, der mit Büchners Patenonkel, dem Oberleutnant Georg Reuß (1795–1849), verschwägert war. Ob das 2013 aufgefundene Bild Büchner zeigt, ist umstritten.

Januar 1834

In Offenbach fand am 9. Januar ein öffentliches Schauessen des hessisch-darmstädtischen Erbgroßherzogs und seiner Frau statt. Am nächsten Tag folgte ein festlicher Empfang in Darmstadt. Ludwig von Hessen (1807–1876) und Mathilde von Bayern (1813–1862) hatten am 26. Dezember in München geheiratet. Im »Hessischen Landboten« wird auf diese beiden Ereignisse angespielt (vgl. S. 47, Z. 28, bis S. 48, Z. 10).

Wohl noch im Januar machte August Becker Büchner mit dem Kopf der oberhessischen Oppositionsbewegung bekannt, dem Rektor der Schule in Butzbach Dr. Friedrich Ludwig Weidig (1791–1837). Becker unterstützte Weidig seit einem Jahr bei seiner politisch-konspirativen Arbeit: Er hatte in seinem Auftrag Flugschriften unters Volk gebracht und im März 1833 die Bauern seiner Heimatregion für die Sache des als Signal für einen allgemeinen Aufstand gedachten Frankfurter Wachensturms zu gewinnen versucht.

Nach dem Scheitern des Wachensturms hatte er sich an Weidigs Bemühungen um die Befreiung der in Friedberg Inhaftierten beteiligt. Anfang 1834 half er bei der Verteilung der von Weidig herausgegebenen illegalen Flugschriftenreihe »Leuchter und Beleuchter für Hessen (oder der Hessen Notwehr)« mit und knüpfte Kontakte zu Mitgliedern des verbotenen »Oberhessischen Pressvereins«. Dieser »Pressverein« war einer der vielen lokalen Ableger des Ende Januar 1832 im pfälzischen Zweibrücken gegründeten »Deutschen Press- und Vaterlandsvereins«, der sich mit seiner Zeitschrift »Deutsche Tribüne« (1832–1833) für Pressefreiheit und republikanische Verfassungen einsetzte und bald auf 116 Ortsgruppen mit etwa 5000 Mitgliedern kam. Bereits einen Monat nach seiner Gründung war er von der bayerischen Regierung verboten worden, lud aber noch im April zum Hambacher Fest ein. Hessen-Darmstadt erließ am 15. März 1832 ein Verbot der hessischen Ortsgruppen.

Becker zufolge traten die unterschiedlichen politischen Auffassungen zwischen Weidig und Büchner schnell zutage, sodass ihre Beziehung von Anfang an nicht spannungsfrei war. In seiner biografischen Skizze Georg Büchners aus dem Jahr 1850 zitierte Büchners jüngerer Bruder Ludwig eine entsprechende briefliche Äußerung August Beckers gegenüber dem Schriftsteller Karl Gutzkow (1811–1878), der 1835 für den Druck von Büchners erstem Drama »Dantons Tod« gesorgt hatte: »Ich habe den Büchner bei Weidig eingeführt. Er vertrug sich nicht gut mit ihm in politicis. Desto mehr enchantiert [bezaubert, angetan] war er von seiner Frau, einem überaus herrlichen Geschöpf. Er verlor sein natürliches Ungestüm, wenn sie dazu kam, und ward zahm, wie ein Hirsch, wenn er Musik hört.«

Februar und März 1834

Büchner fühlte sich in Gießen unwohl. Er geriet mit Mitstudenten in Streitereien über politische Fragen und verlor einen Teil seiner alten Freunde aus der Schulzeit. Mehr und mehr wandte er sich von der praktischen Medizin ab und naturwissenschaftlichen und philosophischen Themen zu. Er beschäftigte sich intensiv mit der Geschichte der Französischen Revolution. Anfang März erkrankte er wieder. Als Weidig Anfang März in Butzbach ein Fest für die aus der Friedberger Haft entlassenen Teilnehmer des Frankfurter Wachensturms veranstaltete – fast alle in diesem Zusammenhang verhafteten Oppositionellen waren damit wieder auf freiem Fuß –, nahm Büchner dennoch an der Feier teil. Kurze Zeit später weihte er drei der Haftentlassenen sowie seine beiden Freunde August Becker und Hermann Trapp in den zusammen mit Weidig gefassten Plan einer weiteren Flugschrift ein und forderte sie auf, selbst Flugschriften auszuarbeiten.

Mitte März suchte Büchner Weidig erneut in Butzbach auf und lieh sich von ihm den vierten Band von Georg Wilhelm Justin Wagners (1793–1874) »Statistisch-topographisch-historischer Beschreibung des Großherzogthums Hessen« (vier Bände, Darmstadt 1829–1831). Diesem Band entnahm er das statistische Material, das er seiner Argumentation in der Flugschrift zugrunde legte. Wagner war ein Cousin eines seiner früheren Gymnasiallehrer.

Zurück in Gießen, schrieb Büchner eine erste Fassung der Flugschrift nieder. Eine Bemerkung in einem aus diesen Tagen stammenden Brief an seine (heimliche) Verlobte in Straßburg Wilhelmine (Minna) Jaeglé (1810–1880) deutet darauf hin, dass er damit rechnete, als Verfasser einer illegalen Flugschrift ins Visier der Polizei zu geraten: »Student noch zwei Jahre; die gewisse Aussicht auf ein stürmisches Leben, vielleicht bald auf fremdem Boden!« In welche Richtung seine Gedanken und Sorgen gingen, zeigt auch ein Brief an die Eltern vom 19. März, in dem es heißt: »Wichtiger ist die Untersuchung wegen der Verbindungen; die Relegation [der Ausschluss] steht wenigstens dreißig Studenten bevor. Ich wollte die Unschädlichkeit dieser Verschwörer eidlich bekräftigen. Die Regierung muss aber doch etwas zu tun haben! [...] Die in Friedberg Verhafteten sind frei, mit Ausnahme von Vieren. – « Büchners Bemerkung bezieht sich auf ein Ermittlungsverfahren der Universitätsleitung gegen die Burschenschaften als Sammelbecken radikaler Kräfte, das kurz zuvor zum Abschluss gekommen war. Zum Rauswurf von politisch unbequemen Studenten, wie von Büchner vorhergesagt, kam es allerdings nicht.

Am 25. März schrieb Becker Büchners Fassung der Flugschrift sauber ab. (Büchner hatte eine sehr unleserliche Handschrift, was die Herausgeber seiner Werke bis heute vor große Schwierigkeiten stellt.) Unmittelbar danach reiste Büchner nach Straßburg ab, obwohl ihn die Eltern in Darmstadt erwarteten. Stattdessen setzte er sie schriftlich von der Existenz seiner Verlobten in Straßburg in Kenntnis. Der Vater reagierte zunächst heftig ablehnend und erbittert – später legte sich dann seine Empörung über die Heimlichkeiten des Sohns und Minna wurde, als sie im September nach Darmstadt zu Besuch kam, von der Familie als zukünftiges Familienmitglied willkommen geheißen.

April 1834

Im April bewarb sich Weidig auf eine Pfarrstelle, wovon er sich mehr Rückhalt bei der Bevölkerung und größeren Schutz vor staatlicher Verfolgung versprach.

Am 9. und am 13. April brachen in Lyon und Paris Aufstände sozialrevolutionärer Gruppierungen gegen die Zentralregierung los, die vom Militär aber relativ schnell unter Kontrolle gebracht wurden. Es kam zu

Ermittlungen und Verhaftungen und schließlich ein Jahr später in Paris zu einem Prozess gegen 121 Hauptangeklagte.

Mitte April traf Büchner aus Straßburg kommend bei seiner Familie in Darmstadt ein, wo er in den folgenden Tagen nach französischem Vorbild eine geheime »Gesellschaft der Menschenrechte« gründete, die er anschließend von Gießen aus leitete. Die Sektion hatte neben Büchner sechs weitere Gründungsmitglieder. Ende April war Büchner zurück in Gießen, wo bald darauf das Sommersemester begann.

Mai und Juni 1834

In Frankfurt unternahmen Mitglieder der dortigen »Union«, einer weiteren Untergrundorganisation, am 2. Mai den Versuch, die in der Konstablerwache inhaftierten politischen Gefangenen zu befreien. Der Versuch scheiterte und die dadurch ausgelösten polizeilichen Ermittlungen führten zur Zerschlagung der »Union«.

Büchner gründete auch in Gießen eine Sektion der »Gesellschaft der Menschenrechte«, deren wichtigste Aufgabe er darin sah, die breite Masse durch Flugschriften für die Sache der sozialen Revolution zu gewinnen. Gründungsmitglieder waren neben Büchner und seinen Freunden August Becker und Hermann Trapp drei der im Zusammenhang mit dem Frankfurter Wachensturm Inhaftierten, die Anfang März freigekommen waren: die Studenten Ludwig Becker (1808 bis 1861) und Hermann Wiener (1813–1897; dieser ein ehemaliger Mitschüler Büchners) sowie der um 1811 geborene Küfermeister David Schneider. Etwas später schlossen sich weitere Gleichgesinnte an, die wegen des Wachensturms in Friedberg eingesessen hatten: die Studenten Gustav Clemm (1814–1866; freigelassen am 20. März) und Jacob Friedrich Schütz (1813–1877; freigelassen am 11. April) sowie ein weiterer Küfermeister, der um 1807 geborene Georg Melchior Faber, der schon am 7. März aus der Haft entlassen worden war. Auch Büchners Schulfreund Karl Minnigerode (1814 bis 1894), der in Gießen Jura studierte, stieß noch hinzu. Sein Vater Ludwig Minnigerode war Präsident des Hofgerichts in Darmstadt.

Etwa Mitte Mai brachten August Becker und Gustav Clemm die Reinschrift von Büchners Flugschrift nach Butzbach zu Weidig. Dieser entfaltete in den folgenden Wochen eine rege Reisetätigkeit in der Region, um sich mit anderen Oppositionellen zu besprechen und den Druck der Flugschrift vorzubereiten. Auch Mitglieder der Gießener Sektion der »Gesellschaft der Menschenrechte« unternahmen konspirative Reisen, die dem gleichen Zweck dienten.

Ende Juni schickte der in Butzbach beschäftigungslos bei seiner Mutter lebende »Handlungsgehilfe« Carl Flach (1812–1885), ein ehemaliger Schüler Weidigs, der intensiv in die geheimen Aktivitäten des »Oberhessischen Pressvereins« eingebunden war, einen anonymen Brief an das Darmstädter Ministerium, in dem er mitteilte, im Keller des Butzbacher Schreinermeisters Kraus befinde sich eine illegale Druckerpresse, auf der Weidigs Flugschriftenreihe »Leuchter und Beleuchter für Hessen« gedruckt werde. Friedrich Georg von Bechtold (1800–1872), Regierungsrat im Ministerium des Innern und der Justiz und ein entfernter Cousin Büchners, wurde mit der Untersuchung beauftragt, die aber ergebnislos verlief. In einem Brief an die Eltern vom 2. Juli machte sich Büchner über die Episode lustig: »A propos, wisst ihr die hübsche Geschichte vom Herrn Kommissär, etc ...? Der gute Columbus sollte in X... bei einem Schreiner eine geheime Presse entdecken. Er besetzt das Haus, dringt ein. ›Guter Mann, es ist alles aus, führ' Er mich nur an die Presse.‹ – Der Mann führt ihn an die Kelter [Presse zur Weingewinnung]. ›Nein, Mann! Die Presse! Die Presse!‹ – Der Mann versteht ihn nicht, und der Kommissär wagt sich in den Keller. Es ist dunkel. ›Ein Licht, Mann!‹ – ›Das müssen Sie kaufen, wenn Sie eins haben wollen.‹ – Aber der Herr Kommissär spart dem Lande überflüssige Ausgaben. Er rennt, wie Münchhausen, an einen Balken, er schlägt Feuer aus seinem Nasenbein, das Blut fließt, er achtet nichts und findet nichts. Unser lieber Großherzog wird ihm aus einem Zivilverdienstorden ein Nasenfutteral machen.«

Juli 1834

Am 3. Juli fand im Garten des Ausflugslokals der bei Gießen gelegenen Ruine Badenburg eine Versammlung hessen-darmstädtischer und kurhessischer Oppositioneller statt, zu der Weidig eingeladen hatte. Zweck des Treffens war die Gründung eines geheimen überregionalen Pressvereins. Außerdem wurde über Büchners Flugschrift abgestimmt, die Weidig ohne Rücksprache mit diesem inzwischen überarbeitet und ergänzt hatte. Die Versammlung überging Büchners Protest gegen die Verfälschung seiner inhaltlichen Intentionen und stimmte für die Verbreitung des von Weidig so benannten »Hessischen Landboten« in dessen Bearbeitung. Büchner fügte sich widerwillig diesem Beschluss.

Zwei Tage später brachen er und Jacob Friedrich Schütz nach Offenbach zu dem Drucker Carl Preller auf, der schon verschiedentlich für Weidig und auch für die Frankfurter »Union« gearbeitet hatte. Die beiden gaben sich den Anschein, eine naturkundliche Exkursion zu unternehmen; Büchner versteckte das Manuskript in einer Botanisiertrommel. Nach dreitägiger Reise kamen sie am 8. Juli in Offenbach an, wo sie das Manuskript an Preller übergaben. Anschließend kehrte Büchner allein nach Gießen zurück.

Die von Preller gedruckte Auflage betrug zwischen 1200 und 1500 Exemplaren. Eine genaue Angabe fehlt. Am 31. Juli wurde diese Auflage von Schütz, Karl Minnigerode und dem Butzbacher Spritzenmacher Carl Zeuner (1812–1883), einem ehemaligen Schüler und Vertrauten Weidigs, in Offenbach abgeholt. Minnigerode brachte einen Teil der Exemplare nach Gießen, Schütz einen anderen nach Darmstadt und Zeuner sollte für die Verteilung der Flugschrift in verschiedenen oberhessischen Orten sorgen.

Die Aktion war jedoch wenige Tage zuvor bereits von dem Butzbacher Landwirt Johann Konrad Kuhl (1794–1855) an die Obrigkeit verraten worden. Kuhl war ein Freund Weidigs und Mitwisser vieler seiner politischen Aktivitäten. Anfang 1833 war er in erhebliche wirtschaftliche Schwierigkeiten geraten. In dieser Situation hatte er sich in Gießen an einen Beamten gewandt und mitgeteilt, dass eine Revolution in Planung sei, über die er Näheres mitteilen könne. Der Beamte hatte die Sache dem Ministerium in Darmstadt gemeldet und wenige Tage später hatte Kuhl auf Veranlassung des Leitenden Staatsministers Karl du Thil die Zusage des Großherzogs erhalten, der Staat werde sich ihm gegenüber erkenntlich zeigen und ihn aus aller Strafverfolgung heraushalten, wenn er nützliche Informationen liefere. Daraufhin hatte Kuhl – der sich mit ähnlichen Angeboten und ähnlichem Erfolg auch an den König von Württemberg und den Herzog von Nassau wandte – die Planungen für den Frankfurter Wachensturm (3. April 1833) verraten, jedoch so spät, dass die Frankfurter Behörden nicht mehr rechtzeitig vorgewarnt werden konnten. Nun, ein Jahr später, gab er Schütz und Minnigerode als Kuriere einer frisch gedruckten gefährlichen Flugschrift den Behörden preis. Wenig später verriet er auch, dass Büchner der Autor der Flugschrift sei, und nannte die Namen weiterer Mitglieder der »Gesellschaft der Menschenrechte«.

August und September 1834

Am 1. August wurde Minnigerode an einem der Gießener Stadttore verhaftet. Man fand 139 in Mantel und Stiefeln versteckte Exemplare des »Hessischen Landboten« bei ihm. Er wurde ins Gefängnis nach Friedberg gebracht. Das Zimmer des abwesenden Schütz wurde auf Anordnung des Universitätsrichters Konrad Georgi (1799–1857) durchsucht, ohne dass viel belastendes Material sichergestellt werden konnte.

Sobald Büchner von Minnigerodes Verhaftung erfuhr, eilte er nach Butzbach, um Weidig zu warnen, und von dort weiter nach Offenbach, wo er am Vormittag des 2. August bei Preller eintraf. Dieser brach sofort nach Darmstadt auf, um die dortigen Mitbeteiligten an der Flugschriften-Aktion von der Gefahr zu informieren. Am Nachmittag des 2. August wurden die Räumlichkeiten seiner Druckerei durch Polizeibeamte durchsucht. Geleitet wurde die Aktion, die ergebnislos blieb, wiederum von Büchners entferntem Cousin Friedrich von Bechtold. Büchner tarnte seine Reise als Verwandtenbesuch, indem er in Offenbach bei dem Pfarrerehepaar Becker – entfernten Verwandten der väterlichen Seite der Familie – übernachtete. Auch traf es sich günstig, dass er am 3. August zu einem schon früher verabredeten Treffen mit dem Straßburger Freund Eugène Boeckel (1811–1896) in Frankfurt weiterreisen konnte.

Am 5. August war er zurück in Gießen. Dort war am Vortag sein Zimmer durchsucht worden. Aufgrund der Denunziation von Kuhl hatte der Leitende Staatsminister du Thil den Universitätsrichter Georgi angewiesen, Büchner verhaften und seine Sachen versiegeln zu lassen: »Mit Bezug auf unser Reskript [Schreiben im Namen des Landesherrn] vom heutigen«, heißt es in dem Schreiben vom 2. August, »bemerken wir Ihnen weiter, dass nach den uns zugekommenen Anzeigen der Student Büchner zu Gießen der Verfasser der in Rede stehenden revolutionären Druckschrift sein soll. Wir halten es nicht allein wegen dieses gegen denselben vorliegenden Verdachtes, sondern auch um Kollusionen [geheimen Absprachen] vorzubeugen, für dringend nötig, dass derselbe alsbald verhaftet und seine Effekten [sein beweglicher Besitz] unter Siegel gelegt werden. Wir beauftragen Sie, dieses unverzüglich zu bewerkstelligen und davon das Gr. Hofgericht zu benachrichtigen.« Diese Anordnung traf erst am späten Abend des 3. August in Gießen ein. Bei der Durchsuchung von Büchners Zimmer am 4. August wurden Briefe beschlagnahmt. Zudem erließ Georgi Haftbefehl gegen Büchner und schickte sein »Signalement« (seinen Steckbrief) an das Ministerium in Darmstadt und das Polizeiamt der Stadt Frankfurt.

Der Steckbrief lautete: »*Signalement des stud. med. Georg Büchner von Darmstadt* / Alter: 20 Jahre. – Größe: 6 Schuh 9 Zoll hessisches Maß. – Haare: blond. – Stirn: sehr gewölbt. – Augenbrauen: blonde. – Augen: graue. – Nase: stark. – Mund: klein. – Bart: blond, etwas am Kinne und schwacher Schnurrbart. – Kinn: rund. – Angesicht: oval. – Gesichtsfarbe: frisch. – Besondere Zeichen: düsteren, nach der Erde gesenkten Blick, dem Anscheine nach kurzsichtig, trägt zuweilen eine Brille. Geht etwas einseitig. – Wahrscheinliche Kleidung: Runder schwarzer Hut; Rock: blautüchner, eine Art Polonaise mit Schnüren auf Brust und Rücken, sog. Blattlitzen; Beinkleider: unbekannt; Stiefeln: gewöhnlich.«

Nach seiner Rückkehr nach Gießen suchte Büchner am 5. August Georgi auf, um sich über die ihm widerfahrene Behandlung zu beschweren, und wurde bei dieser Gelegenheit von dem Universitätsrichter in Verhör genommen. Anschließend ließ Georgi ihn gehen. An die Eltern schrieb Büchner noch am selben Tag: »Auf einen vagen Verdacht hin verletzte man die heiligsten Rechte und verlangte dann weiter nichts, als dass ich mich über meine Reise ausweisen sollte!!! Das konnte ich natürlich mit der größten Leichtigkeit; ich habe Briefe von B., die jedes Wort bestätigen, das ich gesprochen, und unter meinen Papieren befindet sich keine Zeile, die mich kompromittieren [bloßstellen, belasten] könnte. Ihr könnt über die Sache ganz unbesorgt sein.« Ebenfalls noch am 5. August berichtete Georgi nach Darmstadt über den Verlauf des Verhörs: »Heute um 11 Uhr hat sich der Student Georg Büchner aus Darmstadt bei mir sistiert [eingestellt], darnach gefragt, warum in seiner Abwesenheit seine Effekten durchsehen und unter Siegel genommen worden seien. Ich habe ihm die Ursache in allgemeinen Umrissen angedeutet und ihn über Zweck und Veranlassung seiner mehrtägigen Abwesenheit zum Protokoll genommen.« Er halte Büchner zwar für dringend tatverdächtig, könne ihm aber vorläufig nichts nachweisen und habe ihn daher gehen lassen. Der Staatsminister du Thil billigte nach Erhalt des Berichts das Vorgehen Georgis. Dieser ließ Büchners Entlastungszeugen Boeckel suchen, der schließlich in Mainz aufgespürt und befragt wurde und Büchners Angaben über ihr Treffen in Frankfurt bestätigte.

Am 8. August schrieb Büchner erneut an die Eltern und versuchte, sie durch eine offensive Haltung davon zu überzeugen, dass er sich nichts hatte zu Schulden kommen lassen, und ihnen so ihre Sorgen zu nehmen: »Ich gehe meinen Beschäftigungen wie gewöhnlich nach, vernommen bin ich nicht weiter geworden. Verdächtiges hat man nicht gefunden, nur die französischen Briefe scheinen noch nicht entziffert zu sein; der Herr Universitätsrichter muss sich wohl erst Unterricht im Französischen nehmen. Man hat mir sie noch nicht zurückgegeben… Übrigens habe ich mich bereits an das Disziplinargericht gewendet und es um Schutz gegen die Willkür des Universitätsrichters gebeten. Ich bin auf die Antwort begierig. […] Das Gesetz sagt, nur in Fällen sehr *dringenden* Verdachts […] dürfe eine Haussuchung vorgenommen werden. Ihr seht, wie man das Gesetz auslegt. Verdacht, am wenigsten ein dringender, kann nicht gegen mich vorliegen, sonst müsste ich verhaftet sein; in der Zeit, wo ich hier bin, könnte ich ja jede Untersuchung durch Verabreden gleichlautender Aussagen und dergleichen unmöglich machen. Es geht hieraus hervor, dass ich durch nichts kompromittiert bin und dass die Haussuchung nur vorgenommen worden, weil ich nicht liederlich und nicht sklavisch genug aussehe, um für keinen Demagogen gehalten zu werden. Ein[e] solche Gewalttat stillschweigend ertragen, hieße die Regierung zur Mitschuldigen machen; […] hieße erklären, dass das verletzte Recht keine Genugtuung mehr erhalte. Ich will unserer Regierung diese grobe Beleidigung nicht antun. / Wir wissen nichts von Minnigerode; das Gerücht mit Offenbach ist jedenfalls reine Erfindung; dass ich auch schon da gewesen, kann mich nicht mehr kompromittieren, als jeden anderen Reisenden… – Sollte man, sowie man ohne die gesetzlich notwendige Ursache meine Papiere durchsuchte, mich auch ohne dieselbe festnehmen, in Gottes Namen! ich kann so wenig darüber hinaus, und es ist dies so wenig meine Schuld, als wenn eine Herde Banditen mich anhielte, plünderte oder mordete. Es ist Gewalt, der man sich fügen muss, wenn man nicht stark genug ist, ihr zu widerstehen; aus der Schwäche kann einem kein Vorwurf gemacht werden…«

Die Eltern wird dieser Brief kaum beruhigt haben; und so beorderte der Vater seinen Sohn, auch wenn dieser – aus ermittlungstaktischen Gründen und weil weiterhin keine konkreten Beweise gegen ihn vorlagen – in den folgenden Wochen seitens der Ermittlungsbehörden unbehelligt blieb, zurück ins Elternhaus, wo er auch das folgende Wintersemester verbringen sollte. Büchner kehrte Mitte September 1834 nach Darmstadt zurück.

Einige Tage zuvor, am 7. September, war Weidig auf seinen Antrag vom Frühjahr hin auf eine Pfarrstelle in Ober-Gleen versetzt worden. Seine Wirkungsstätte verlagerte sich damit von der westlichen in die nördliche Grenzregion Oberhessens. Seine Aktivitäten für die illegale Opposition erlitten dadurch aber keinen Abbruch. Auf seine Initiative hin druckte die Marburger Sektion des Pressvereins im November eine zweite Auflage von 400 Exemplaren des für diesen Anlass geringfügig überarbeiteten »Hessischen Landboten«. Sie wurde ab dem 25. November verteilt. Und auch Büchner, der mit dieser Neuauflage seiner Flugschrift nichts zu tun hatte, blieb in Darmstadt für die revolutionäre Sache tätig. So bemühte er sich im November zusammen mit den anderen Mitgliedern der Darmstädter Sektion seiner »Gesellschaft der Menschenrechte« um die Anschaffung einer geheimen Druckerpresse zur weiteren Agitierung der Bevölkerung.

Das Großherzogtum Hessen-Darmstadt

Das Großherzogtum Hessen-Darmstadt ging im August 1806 aus der Landgrafschaft Hessen-Darmstadt hervor. Den Anstoß hierzu bildete die Gründung des Rheinbunds im Monat zuvor. Auf Druck Napoleons schlossen sich 16 deutsche Staaten zu diesem Militärbündnis mit Frankreich zusammen und kündigten ihren Austritt aus dem Heiligen Römischen Reich Deutscher Nation an, das daraufhin von dem amtierenden Kaiser, dem Habsburger Franz II., am 6. August für aufgelöst erklärt wurde. Die Fürsten der größeren Staaten, die durch ihren Eintritt in den Rheinbund Napoleon als Herrn über Mitteleuropa anerkannt hatten, belohnte der Kaiser der Franzosen, indem er sie und die von ihnen beherrschten Territorien im Rang aufwertete. Hessen-Darmstadt wurde am 14. August zum Großherzogtum erhoben. Diesen Status konnte das Land auch nach dem Ende der napoleonischen Vorherrschaft über Deutschland und der Neuordnung der politischen Landkarte im Zuge des Wiener Kongresses (1814/1815) behaupten. Es bestand fortan aus drei Provinzen, von denen die kleinste und westlichste, Rheinhessen, die im Norden bis Mainz, im Süden bis Worms und im Westen bis Bingen reichte, zwischen 1806 und 1814 zu Frankreich gehört hatte; östlich von Rheinhessen lag die Provinz Starkenburg, die im Norden kurz unter der Freien Stadt Frankfurt und im Süden kurz über Mannheim endete und in deren ungefährer Mitte die Residenzstadt Darmstadt lag. Nördlich von Frankfurt, und damit territorial getrennt von Rheinhessen und Starkenburg, lag die dritte Provinz des Großherzogtums, das ländlich geprägte Oberhessen, dessen einzige größere Stadt Gießen war, der Sitz der hessischen Landesuniversität. An Hessen-Darmstadt angrenzende Staaten waren im Süden das Großherzogtum Baden sowie die pfälzischen Besitzungen des Königreichs Bayern, im Westen das Königreich Bayern und das Kurfürstentum Hessen (auch Hessen-Kassel genannt), im Norden ebenfalls das Kurfürstentum Hessen und im Osten das Herzogtum Nassau (auch Hessen-Nassau genannt) sowie die Westprovinzen des Königreichs Preußen.

Das Großherzogtum Hessen-Darmstadt war der neuntgrößte Mitgliedstaat des Deutschen Bundes und hatte 1828 knapp 720 000 Einwohner, von denen gut 270 000 in Oberhessen, gut 255 000 in Starkenburg und knapp 190 000 in Rheinhessen lebten. Von 1790 bis zu seinem Tod im Jahre 1830 herrschte in Hessen-Darmstadt der 1753 geborene Ludwig, zunächst als regierender Landgraf Ludwig X. und ab 1806 als Großherzog Ludwig I. Wie überall in Deutschland sahen sich die Patrioten, die in den Befreiungskriegen das Ende der französischen Vorherrschaft erfolgreich mit erkämpft hatten, auch in Hessen-Darmstadt zunächst in ihren Erwartungen enttäuscht, nun durch Verfassungen und Parlamente, die ihnen eine Teilhabe an der Macht garantierten, für ihren Einsatz belohnt zu werden. Unter dem Druck der unzufriedenen Bevölkerung, aber ohne deren Mitwirkung erließ der Großherzog schließlich im Frühjahr 1820 eine Verfassung, wodurch Hessen-Darmstadt als einer der ersten Mitgliedstaaten des Deutschen Bundes zu einer konstitutionellen Monarchie wurde. Die Verfassung sicherte dem Fürsten aber weiterhin eine starke Machtstellung zu. Als Staatsoberhaupt verfügte er über »alle Rechte der Staatsgewalt«, die Exekutive unterstand ausschließlich ihm. Seine Person blieb »heilig und unverletzlich«.

Die Volksvertretung bestand aus zwei Kammern: Der Ersten Kammer gehörten die Prinzen des regierenden Hauses an, ferner die Familienhäupter alter Adelsgeschlechter, der Erbmarschall (ein wichtiges Hofamt), der Bischof von Mainz als Vertreter der römisch-katholischen Kirche, ein Würdenträger der evangelischen Landeskirche, der Kanzler der Landesuniversität Gießen sowie bis zu zehn vom Großherzog ausgewählte besonders verdiente Staatsbürger. Die Zweite Kammer setzte sich aus sechs Vertretern des niederen, grundbesitzenden Adels und 44 gewählten Abgeordneten der Stände und Wahlbezirke zusammen. Aufgrund eines komplizierten dreistufigen Wahlsystems war aber dafür gesorgt, dass nur wohlhabende Grund- oder Kapitalbesitzer, reiche Kaufleute und Staatsbeamte gewählt werden konnten. Der Großherzog hatte das alleinige Recht, neue Gesetze auf den Weg zu bringen, und konnte bestimmen, wann die Volksvertreter zusammenkamen und ob sie überhaupt zusammenkamen. Beschlüsse des Parlaments erlangten nur Gültigkeit, wenn beide Kammern zustimmten. Immerhin erreichte die Opposition im Landtag durch ihre Weigerung, den Eid auf die Verfassung in ihrer Version vom Frühjahr 1820 abzulegen, dass ein revidierter Entwurf mit geringfügigen Zugeständnissen ausgearbeitet wurde, der im Dezember 1821 akzeptiert wurde. In der Verfassung waren bürgerliche Grundrechte wie die Freiheit der Person, des Eigentums, des Glaubens und der Meinung sowie die Gleichheit vor dem Gesetz verankert; ferner ein Mitspracherecht des Landtags bei Gesetzen und Steuern und Einsicht in die Staatsausgaben.

Ein Edikt von Februar 1820 sorgte dafür, dass die lokale Machtstellung des Adels (etwa durch Ausübung der niederen Gerichtsbarkeit) weitgehend erhalten blieb.

Das Großherzogtum Hessen-Darmstadt in der Zeit von 1816 bis 1866

Bildnachweis: Technisch-Grafische Abteilung Westermann. Schul-Atlas von 1861, Karte im Stahlstich, entworfen und bearbeitet von: Th. Frhrn. v. Liechtenstern und H. Lange

Friedrich Ludwig Weidig (1791–1837)

Die ersten zwölf Jahre seines Lebens verbrachte Weidig, der älteste Sohn eines Oberförsters, in Oberkleen, einem 15 Kilometer südwestlich von Gießen und sechs Kilometer westlich von Butzbach gelegenen Dorf. 1803 zog die Familie nach Butzbach um, wo Friedrich Ludwig die Lateinschule besuchte, bevor er auf das Großherzoglich Hessische Akademische Gymnasium in Gießen wechselte. Im Herbst 1808 nahm er in Gießen ein Studium der Theologie auf. Nach seinem Abschluss kehrte er im Frühjahr 1812 nach Butzbach zurück, wo er mit 21 Jahren eine Anstellung als Lehrer und Konrektor an der Knabenschule erhielt.

Während der Befreiungskriege gegen Napoleon trat er in die Landwehr des Großherzogtums Hessen-Darmstadt ein; 1814 richtete er nach dem Vorbild des »Turnvaters« Friedrich Ludwig Jahn (1778–1852) den ersten Turnplatz im Großherzogtum ein. Da die Turnbewegung in der bald darauf einsetzenden Restaurationszeit als Sammelpunkt oppositioneller, republikanisch gesinnter Kräfte galt, lief er damit Gefahr, sich politisch verdächtig zu machen; dies umso mehr, als er auch nach dem Verbot der Turnbewegung infolge der Karlsbader Beschlüsse vom Spätsommer 1819 fortfuhr, heimliche Turn- und Exerzierübungen abzuhalten.

Auch seine bereits im Spätherbst 1814 erfolgte Initiative, die Butzbacher »Lesegesellschaft« in eine patriotisch ausgerichtete »Deutsche Gesellschaft« umzuwandeln, in der aktuelle politische Literatur angeschafft, gelesen und diskutiert wurde, blieb nicht unbemerkt. 1818 engagierte er sich offen in der Verfassungsbewegung des Großherzogtums. Seither war er permanent im Visier der Strafverfolgungsbehörden. Verschiedentlich wurde in den folgenden Jahren gegen ihn ermittelt, aber strafbare Vergehen konnten ihm nie nachgewiesen werden. Seine Hingabe und seine Fähigkeiten als Lehrer standen ohnehin außer Frage. 1822 erwarb er in Gießen den Doktortitel der philosophischen Fakultäten. Aber auch danach dauerte es noch fast fünf Jahre, bis Anfang 1827 die längst überfällige Beförderung zum Rektor der Butzbacher Stadtschule ausgesprochen wurde. Durch die damit verbundene Aufbesserung seines Gehalts war er nun endlich, mit 36 Jahren, in die Lage versetzt, zu heiraten und eine Familie zu gründen.

Als es in der Folge der französischen Julirevolution von 1830 auch in anderen Teilen Europas und so auch im Großherzogtum Hessen – wo Bauern, Handwerksgesellen und Arbeiter Amtsgebäude stürmten und Akten verbrannten – zu Unruhen kam, die teils blutig niedergeschlagen wurden, organisierte Weidig Sammlungen zur materiellen Unterstützung der Hinterbliebenen. Auch der Erlös des von ihm 1831 herausgebrachten »Teutschen Gesangbuchs« sollte den Angehörigen der Opfer staatlicher Gewalt zugutekommen.

Vermehrt meldete sich Weidig von nun an auch in Zeitungen und Schriften der Liberalen (also der bürgerlichen Opposition) mit Artikeln zu Wort und knüpfte in zahlreichen Reisen Verbindungen zu politisch progressiven Gruppierungen im gesamten süddeutschen Raum. Er war in die Vorbereitungen des Hambacher Festes (27. Mai bis 1. Juni 1832) mit eingebunden und wurde, als der Deutsche Bund auf diese Großkundgebung republikanischer Gesinnung mit verschärfter Repression reagierte, ab Herbst 1832 zur Schlüsselfigur der revolutionären Bewegung in Oberhessen. Anders als zuvor befürwortete er nun einen gewaltsamen Umsturz mit dem Ziel eines deutschen Einheitsstaates in der Form einer konstitutionellen Monarchie. Einen verfrühten Versuch, einen solchen Umsturz herbeizuführen, stellte der Frankfurter Wachensturm vom 3. April 1833 dar. Er endete kläglich und warf die Oppositionsbewegung erheblich zurück. Weidig, der die Aktion maßgeblich mit vorbereitet hatte, wurde im Mai festgenommen und 49 Tage in Haft gehalten, kam dann aber, weil die Behörden nicht genug gegen ihn in der Hand hatten, wieder frei.

Er setzte den Kampf mit illegalen Flugschriften fort. Sein »Leuchter- und Beleuchter für Hessen (oder der Hessen Notwehr)«, dessen erste drei Nummern im ersten Quartal des Jahres 1834 erschienen, wurde in Frankfurt gedruckt, wo der geheime revolutionär-demokratische Handwerkerbund »Union« über die hierfür notwendige Ausrüstung verfügte. Dort erschienen auch andere Flugschriften, etwa das »Bauern-Conversations-Lexicon« von Friedrich Funck, einem 1804 als Sohn eines Lohnkutschers in Frankfurt zur Welt gekommenen Revolutionär, der in Heidelberg und Jena Theologie studiert, als Vertreter der Frankfurter Demokraten am Hambacher Fest teilgenommen und anschließend in geheimen politischen Versammlungen sowie der von ihm herausgebrachten Zeitschrift »Eulenspiegel« weiter zum Widerstand gegen die Obrigkeit aufgerufen hatte, woraufhin er am 12. November 1832 festgenommen und nach der Untersuchungshaft zu einer fünfmonatigen Gefängnisstrafe verurteilt worden war, die erst Ende September 1833 endete. Funck hatte zu den Häftlingen gehört, die im Zuge des Frankfurter Wachensturms zunächst befreit worden waren, sich dann aber, als militärische Verstärkung heranrückte und schnell deutlich wurde, dass die Aktion scheitern würde, selbst wieder den Behörden gestellt hatten. Das »Bauern-Conversations-Lexicon«, das er nach seiner Haftentlassung herausbrachte, sollte die hessische Landbevölkerung in einem größeren Zusammenhang über ihre Lage als ausgebeutete Klasse aufklären und sie dazu bewegen, sich aktiv zur Wehr zu setzen.

Demgegenüber glaubte Weidig, dass eine Revolution ohne die Mitwirkung des liberalen Bürgertums nicht erfolgreich sein könne, auch wenn dieses ›nur‹ um politische Macht, nicht aber um die materielle Existenz kämpfte. Zwar hatte sich Weidig im Zuge der jahrelangen Erfahrung, als ›Staatsfeind‹ in seinem beruflichen Fortkommen behindert und in seiner persönlichen Freiheit bedroht zu werden, radikalisiert und schreckte inzwischen vor der Möglichkeit des bewaffneten Kampfes und terroristischer Anschläge gegen Exponenten des unterdrückerischen Regimes nicht mehr zurück. Aber seine Vision gerechter gesellschaftlicher Verhältnisse war nicht nur vorwärtsgewandt, sondern beinhaltete auch Elemente einer in der modernen Lebenswelt des anbrechenden Industriezeitalters aus seiner Sicht verloren gegangenen und von ihm romantisch verklärten ›alten deutschen Sitte und Art‹. Weidig war Revolutionär und Traditionalist zugleich. Der eine Generation jüngere, zwanzigjährige Medizinstudent Büchner, dessen Bekanntschaft Weidig im Januar 1834 machte, dachte da nüchterner und radikaler.

Flugschrift

Michael Hofmann zitiert in seinem Beitrag über den »Hessischen Landboten« im »Büchner-Handbuch« (Stuttgart 2009, dort S. 11) eine bündige literaturwissenschaftliche Definition, derzufolge die Flugschrift »eine *aus mehr als einem Blatt* bestehende, *selbständige, nicht periodische* und *nicht gebundene Druck*schrift« ist, »die sich mit dem Ziel der *Agitation* (d.h. der Beeinflussung des Handelns) und/oder der *Propaganda* (d.h. der Beeinflussung der Überzeugung) an die *gesamte Öffentlichkeit* wendet (Köhler 1976, zit. n. Schwitalla 1999, 5)«.

Gustav Bebermeyer definiert die Flugschrift als eine »Druckschrift von nur wenigen Blättern oder Bogen, die in volkstümlicher Sprache aktuelle politische, kirchliche, soziale oder sonst allgemein interessierende Tagesfragen aufgreift, um die öffentliche Meinung im Sinne des Verfassers zu beeinflussen.« Als »wirksames Kampf- und Propagandamittel der Reformationszeit« habe die Flugschrift ihre erste Blütezeit gleich in ihren Anfängen erlebt, also »bald nach Erfindung und Verbreitung des Buchdrucks«. Damals habe sie »geradezu als *vox populi*«, als Stimme des Volkes, gegolten. Dass Flugschriften oft anonym erschienen, habe zum einen damit zu tun, dass die Verfasser oft Anlass genug hätten, persönliche Nachteile zu fürchten, sei zum anderen aber auch als ein strategischer Kniff zu verstehen: Indem er wie der Volksliederdichter in der Menge untertauche, übernehme der Flugschriftenautor die Funktion des »öffentliche[n] Sprachrohr[s]« (aus dem Artikel »Flugschrift« im »Reallexikon der deutschen Literaturgeschichte«. 2. Auflage. Band 1. Berlin und New York: Verlag Walter de Gruyter 1958, 2001, S. 464–468).

Silvia S. Tschopp wiederum weist in ihrem Artikel »Flugschrift« in dem von Volker Meid herausgegebenen »Sachlexikon Literatur« (Gütersloh und München: Bertelsmann Verlag 1992/1993; als Taschenbuch: München: Deutscher Taschenbuch Verlag 2000, S. 283–285) darauf hin, dass der Begriff »Flugschrift« erst Ende des 18. Jahrhunderts eingeführt worden sei, und zwar von dem streitbaren Publizisten Christian Friedrich Daniel Schubart (1739–1791) – den der württembergische Herzog Carl Eugen wegen Schubarts Angriffen auf seine Herrschaftsausübung und sein Privatleben zwischen 1777 und 1787 zehn Jahre lang auf dem Hohenasperg bei Ludwigsburg inhaftierte, wo der junge Schiller ihn 1781 besuchte. Zuvor habe man von »Relation« (Bericht), »Newe Zeitung«, »Pasquill« (Schmäh- bzw. Spottschrift) oder »Famosschrift« (Sensationsschrift) gesprochen. Mit der Ausbreitung periodisch erscheinender Presseerzeugnisse, also seit dem 18. Jahrhundert, sei die Produktion von Flugschriften zurückgegangen. Von da an hätten sich die Flugschriften »immer mehr zu einem Medium der Kritik an den jeweils herrschenden Verhältnissen entwickelt«; entsprechend zeichneten »im 18. u. 19. Jh.« »in erster Linie Gelehrte u. Revolutionäre für die Abfassung von F.en verantwortlich«. Kritik an der Obrigkeit sei aber schon in der Reformationszeit ein Merkmal vieler Flugschriften gewesen: »Die wichtigsten Programmschriften der Bauernbewegung werden als F.en veröffentlicht, u. die im Zusammenhang mit dem Bauernkrieg von 1525 intensivierte Auseinandersetzung um das Verhältnis zwischen Obrigkeit u. Untertanen findet ihren Niederschlag in einer Vielzahl von Publikationen.«

Zur Erreichung ihrer »propagandistisch-agitatorischen« Zwecke bediene sich die Flugschrift »unterschiedlichster Gattungen« wie »Traktat« (gedruckte Abhandlung), »Epistel« (Brief), »Dialog, Predigt, Gebet, Lied, Gedicht« oder »akadem. Rede«.

Protokolle der Verhöre von August Becker aus dem Jahre 1837

Verhör vom 1. September 1837

Man lässt den Angeklagten, *A. Becker*, vortreten und macht ihm zur Aufgabe, sich darüber zu erklären: *von wem die erste Idee zu Flugschriften ausgegangen sei*, worin deren *Zweck, Tendenz* bestanden und zu welcher Zeit die Abfassung solcher Schriften erfolgt sei. Derselbe erklärt hierauf diktierend Folgendes:

Den *Landboten* betreffend, so sei es mir erlaubt, den Verfasser desselben, Georg *Büchner*, in seinen eigenen Worten, deren ich mich noch ziemlich genau erinnere, hier für mich reden zu lassen; dies kann zugleich dazu dienen, wenigstens eine Seite von *Büchners* Charakter kennenzulernen. – Die Versuche, welche man bis jetzt gemacht hat, um die Verhältnisse Deutschlands umzustoßen, sagte er, beruhen auf einer durchaus knabenhaften Berechnung, indem man, wenn es wirklich zu einem Kampf, auf den man sich doch gefasst machen musste, gekommen wäre, den deutschen Regierungen und ihren zahlreichen Armeen nichts hätte entgegenstellen können als eine Handvoll undisziplinierte Liberale. Soll jemals die Revolution auf eine durchgreifende Art ausgeführt werden, so kann und darf das bloß durch die große Masse des Volkes geschehen, durch deren Überzahl und Gewicht die Soldaten gleichsam erdrückt werden müssen. Es handelt sich also darum, diese große Masse zu gewinnen, was vorderhand nur durch *Flugschriften* geschehen kann.

Die früheren Flugschriften, welche zu diesem Zweck etwa erschienen sind, entsprachen demselben nicht; es war darin die Rede vom Wiener Kongress, Pressfreiheit [...] u. dgl., lauter Dinge, um welche sich die *Bauern* (denn an diese, meinte *Büchner*, müsse man sich vorzüglich wenden) nicht kümmern, solange sie noch mit ihrer materiellen Not beschäftigt sind; denn diese Leute haben aus sehr naheliegenden Ursachen durchaus keinen Sinn für die Ehre und Freiheit ihrer Nation, keinen Begriff von den Rechten des Menschen u. s. w., sie sind gegen all das gleichgültig und in dieser *Gleichgültigkeit allein beruht* ihre angebliche *Treue* gegen die *Fürsten* und ihre Teilnahmlosigkeit an dem liberalen Treiben der Zeit; gleichwohl scheinen sie unzufrieden zu sein und sie haben Ursache dazu, weil man den dürftigen Gewinn, welchen sie aus ihrer saueren Arbeit ziehen, und der ihnen zur Verbesserung ihrer Lage so notwendig wäre, als Steuer von ihnen in Anspruch nimmt. So ist es gekommen, dass man bei aller parteiischen Vorliebe für sie doch sagen muss, dass sie eine ziemlich *niederträchtige Gesinnung* angenommen haben; und dass sie, es ist traurig genug, fast an keiner Seite mehr zugänglich sind als gerade am *Geldsack*. Dies muss man benutzen, wenn man sie aus ihrer Erniedrigung hervorziehen will; man muss ihnen zeigen und vorrechnen, dass sie einem Staate angehören, dessen Lasten sie größtenteils tragen müssen, während andere den Vorteil davon beziehen; [...] dass die Gesetze, welche über ihr Leben und Eigentum verfügen, in den Händen des Adels, der Reichen und der Staatsdiener sich befinden u. s. w., dieses Mittel, die Masse des Volkes zu gewinnen, muss man, fuhr *Büchner* fort, benutzen, solange es noch Zeit ist. Sollte es den Fürsten einfallen, den *materiellen Zustand des Volkes zu verbessern*, sollten sie ihren Hofstaat, der ihnen fast ohnedem unbequem sein muss, sollten sie die kostspieligen stehenden Heere, die ihnen unter Umständen entbehrlich sein können, vermindern, sollten sie den künstlichen Organismus der Staatsmaschine, deren Unterhaltung so große Summen kostet, auf einfachere Prinzipien zurückführen, *dann ist die Sache der Revolution*, wenn sich der Himmel nicht erbarmt, in *Deutschland* auf immer *verloren*. Seht die *Östreicher*, sie sind *wohlgenährt* und *zufrieden!* Fürst *Metternich*, der geschickteste unter allen, hat allen revolutionären Geist, der jemals unter ihnen aufkommen könnte, für immer in ihrem eigenen *Fett* erstickt. So sind die eigenen Worte des *Büchner* gewesen.

Die Tendenz der Flugschrift lässt sich hiernach vielleicht dahin aussprechen: Sie hatte den *Zweck, die materiellen Interessen* des *Volks* mit denen der *Revolution* zu *vereinigen*, als dem einzigen möglichen Weg, die Letztere zu bewerkstelligen. – Solche Mittel, die Revolution herbeizuführen, hielt Büchner für ebenso erlaubt und ehrbar als alle anderen. Wenigstens sagte er oft, der materielle Druck, unter welchem ein großer Teil Deutschlands liege, sei ebenso traurig und schimpflich als der geistige; und es sei in seinen Augen bei weitem nicht so betrübt, dass dieser oder jener Liberale seine Gedanken nicht drucken lassen dürfe, als dass viele tausend Familien nicht im Stand wären, ihre Kartoffeln zu schmelzen etc.

Ob ich mich hier gleich meistens der Worte *Büchners* bedient habe, so dürfte es doch schwer sein, sich einen Begriff von der Lebhaftigkeit, mit welcher er seine Meinungen vortrug, zu machen.

Man braucht nur vier Jahre (und halb so viel im Gefängnis) älter zu sein, als ich damals war, da *Büchner* solche Reden führte, um die *Sophisterei*, die sie enthalten, einzusehen; damals war ich fast blind dagegen, so wie andere, z. B. *Clemm*, Louis *Becker*, *Schütz*, denen allen *Büchner imponierte*, ohne dass sie es vielleicht selber gestehen mochten, sowohl durch die Neuheit seiner Ideen, als durch den Scharfsinn, mit welchem er sie vortrug. Wären solche Meinungen das Rühmlichste von *Büchner* gewesen, dann würde der Abscheu, den sie vielleicht in den Augen des Gerichts erregen, mit Recht auf diejenigen, welche genaueren Umgang mit ihm gepflogen, zurückfallen; allein er hatte bei alldem das edelste Herz und war für diejenigen, die ihn genau kannten, der liebenswürdigste Mensch etc.

[...]

In dem oben angegebenen Sinn schrieb *Büchner* die Flugschrift, welche von *Weidig Landbote* genannt worden ist etc. Noch muss ich erwähnen, dass *Büchner* [...] bei *Weidig* gewesen sein muss, um bei demselben eine Statistik vom Großherzogtum, die er bei seiner Arbeit benutzt hat, zu entlehnen; ich weiß wenigstens nicht, wie er sonst dazu gekommen sein soll [...]. Auch wusste *Weidig schon vorher* von der *Absicht Büchners*, etwas zu schreiben. Diese Schrift wurde durch *Clemm* und mich an *Weidig* überbracht. Er [...] sagte, dass bei solchen Grundsätzen kein ehrlicher Mann mehr bei uns aushalten werde. (Er meinte damit die Liberalen.) Ich erinnere mich dieser Einzelheiten noch sehr genau; überhaupt war *Weidig* in Allem der Gegensatz zu *Büchner*; er *(Weidig) hatte den Grundsatz, dass man auch den kleinsten revolutionären Funken sammeln müsse, wenn es dereinst brennen solle; er war unter den Republikanern republikanisch und unter den Konstitutionellen konstitutionell.* – *Büchner* war sehr unzufrieden mit dieser Bemerkung *Weidigs* und sagte, es sei keine Kunst, ein ehrlicher Mann zu sein, wenn man täglich Suppe, Gemüse und Fleisch zu essen habe. Indessen konnte *Weidig* der Flugschrift einen gewissen Grad von Beifall nicht versagen und meinte, sie müsse *vortreffliche Dienste* tun, wenn sie verändert werde. Dies zu tun, behielt er sie zurück *und gab ihr die Gestalt, in welcher sie später im Druck erschienen ist.* Sie unterscheidet sich von dem Originale namentlich dadurch, dass an die Stelle der *Reichen* die *Vornehmen* gesetzt sind und dass das, was gegen die s. g. [sogenannte] *liberale* Partei gesagt war, weggelassen und mit anderem, was sich bloß auf die Wirksamkeit der konstitutionellen Verfassung bezieht, ersetzt worden ist, wodurch denn der Charakter der Schrift *noch gehässiger* geworden ist. Das ursprüngliche Manuskript hätte man allenfalls als eine schwärmerische, mit Beispielen belegte Predigt gegen den Mammon, wo er sich auch finde, betrachten können, nicht so das Letzte. *Die biblischen Stellen, so wie überhaupt der Schluss*, sind von *Weidig*. [...] Es mag anfangs Juni 1834 gewesen sein, als *Schütz* und *Büchner* nach Offenbach reisten, um die erwähnte Schrift in Druck zu geben. Ungefähr einen Monat später gingen *Schütz* und *Minnigerode* an denselben Ort, um sie abzuholen. Wer sie gedruckt und wo diese Leute bei dieser Gelegenheit logiert, kann ich nicht angeben. Carl *Zeuner* hat damals einen Pack von der Flugschrift nach Butzbach gebracht. Ich war gerade in seinem Haus, als er zurückkehrte und ich brachte sie in der Tasche in die Wohnung des *Weidig* etc.

Vorgelegt wird die Flugschrift, betitelt: ›Der Hessische Landbote. Erste Botschaft. Mit Vorbericht.‹ – *Becker* erklärte darüber:

Das Manuskript dieser Flugschrift habe ich bei *Büchner* ins Reine geschrieben, weil seine eigene Hand durchaus unleserlich war. Es ist nachher in die Hände *Weidigs* gekommen, wie eben gesagt, aus welchen, so viel ich weiß, es *Schütz* und *Büchner* empfangen haben, um es in die Druckerei nach Offenbach zu tragen. Ich habe indessen nur das ursprüngliche Manuskript, wie es *Büchner* geliefert hat, abgeschrieben. Ich kann auch hier noch anführen, dass *der Vorbericht ebenfalls von Weidig* verfasst worden ist. *Büchner* war über die Veränderungen, welche *Weidig* mit der Schrift vorgenommen hatte, außerordentlich aufgebracht, er wollte sie nicht mehr als die seinige anerkennen und sagte, dass er ihm gerade das, worauf er das meiste Gewicht gelegt habe und wodurch alles andere gleichsam legitimiert werde, durchgestrichen habe etc.

Verhör vom 6. Juli 1837

Zum weiteren Verhör wird August *Becker* vorgeführt. Derselbe fährt in seiner Erklärung [...] weiter fort:

Später hat *Weidig* eine *neue Auflage des Landboten* besorgen lassen. Ich wusste von dieser Absicht nichts und weiß deshalb auch nicht anzugeben, wie das Manuskript nach Marburg gekommen ist. Doch war ich gerade in Obergleen um die Zeit, als der Druck fertig sein sollte, und ich wurde von *Weidig nach Marburg geschickt*, um einen Teil der Exemplare zu holen. [...]

A. *Becker* hat all diese Angaben später nicht bloß wiederholt, sondern noch mehr spezialisiert. Zum Beweise folgende Stellen aus dem Schlussverhöre:

Verhör vom 1. November 1837.

Frage. Der Landbote war seinem Inhalte nach hauptsächlich fürs Großherzogtum Hessen bestimmt. Demungeachtet war, wie Sie sich auch selbst schon ausgesprochen haben, der Zweck der Ausbreitung von Flugschriften umfassender. Durch Aufreizung des Volkes in unserem Lande konnte für die gewünschte allgemeine deutsche Freiheit wenig genützt werden; es mussten daher offenbar weitere Mittel in Aussicht genommen worden sein, um jenen Hauptzweck zu erreichen, und worin haben dieselben wohl bestanden? – *Antw. Büchner*, der bei seinem mehrjährigen Aufenthalte in Frankreich das deutsche Volk wenig kannte, wollte, wie er mir oft gesagt hat, sich durch diese Flugschrift überzeugen, inwieweit das *deutsche Volk* geneigt sei, an einer *Revolution* Anteil zu nehmen. Er sah indessen ein, dass das gemeine Volk eine Auseinandersetzung seiner Verhältnisse zum deutschen Bund nicht verstehen und einem Aufruf, seine angeborenen Rechte zu erkämpfen, kein Gehör geben werde; im Gegenteil glaubte er, dass es nur dann bewogen werden könne, seine gegenwärtige Lage zu verändern, wenn man ihm seine naheliegenden Interessen vor Augen lege. Dies hat *Büchner* in der Flugschrift getan. Er hatte dabei durchaus keinen ausschließlichen Hass gegen die *Großherzoglich Hessische* Regierung; er meinte im Gegenteil, dass sie *eine der besten* sei. Er hasste weder die Fürsten noch die Staatsdiener, sondern nur das *monarchische Prinzip*, welches er für die Ursache alles Elends hielt. – Mit der von ihm geschriebenen Flugschrift wollte er vorderhand nur die Stimmung des Volks und der deutschen Revolutionärs erforschen. Als er später hörte, dass die Bauern die meisten gefundenen Flugschriften auf die Polizei abgeliefert hätten, als er vernahm, dass sich auch die Patrioten gegen seine Flugschrift ausgesprochen, gab er alle seine politischen Hoffnungen in Bezug auf ein Anderswerden auf. Er glaubte nicht, dass durch die *konstitutionelle* landständische Opposition ein wahrhaft freier Zustand in Deutschland herbeigeführt werden könne. Sollte es diesen Leuten gelingen, sagte er oft, die deutschen Regierungen zu stürzen und eine allgemeine Monarchie oder auch Republik einzuführen, so bekommen wir hier einen Geldaristokratismus wie in Frankreich, und lieber soll es bleiben, wie es jetzt ist. Um nun auf die Frage selbst zurückzukommen, muss ich noch bemerken, dass *Büchner* und seine Freunde in Gießen die Absicht hatten, wenn der *Versuch* mit dieser ersten Flugschrift *gelinge*, dahinzuwirken, dass *auch in andern Ländern* ähnliche Schriften verfasst würden. Dies ist aber nicht geschehen, da der Versuch so ungünstig ausgefallen war.

Fr. Teilte *Weidig* diese Ansichten *Büchners*? – *Antw.* Zum Teil; doch stimmte er in manchem mit *Büchner* überein. So erinnere ich mich, dass *Büchner* einst Streit über Wahlzensus mit ihm hatte. *Büchner* meinte, in einer gerechten Republik, wie in den meisten nordamerikanischen Staaten, müsse jeder ohne Rücksicht auf Vermögensverhältnisse eine Stimme haben, und behauptete, dass *Weidig*, welcher glaubte, dass dann eine Pöbelherrschaft, wie in Frankreich, entstehen werde, die Verhältnisse des deutschen Volks und unserer Zeit verkenne. *Büchner* äußerte sich einst in Gegenwart des *Zeuner* sehr heftig über diesen Aristokratismus des *Weidig*, wie er es nannte, und *Zeuner* beging dann später die Indiskretion, es dem *Weidig* wieder zu sagen. Hierdurch entstand ein Streit zwischen *Weidig* und *Büchner*, welchen ich beizulegen mich bemühte und welcher die Ursache ist, dass ich diese Einzelheiten behalten habe etc.

Erläuterungen:

Z. 86: *betrübt:* betrüblich
Z. 96: *Sophisterei:* Spitzfindigkeit, Haarspalterei, auf geschickte Weise betrügerische Argumentation
Z. 105f.: *genaueren Umgang mit ihm gepflogen:* seine engeren Bekannten und vertrauten Freunde waren
Z. 148f.: *anfangs Juni 1834:* richtig wäre: Anfang Juli 1834
Z. 154: *logiert:* übernachtet haben
Z. 176f.: *legitimiert:* beglaubigt, gerechtfertigt
Z. 189: *spezialisiert:* spezifiziert, im Einzelnen ausgeführt, durch Details in ihrer Glaubwürdigkeit erhärtet
Z. 207: *das gemeine Volk:* die ›einfachen‹, ungebildeten Menschen

Quelle: Friedrich Noellner: Actenmäßige Darlegung des wegen Hochverraths eingeleiteten gerichtlichen Verfahrens gegen Pfarrer D. Friedrich Ludwig Weidig, 1844, S. 420–426

Brief Georg Büchners aus Gießen an seine Eltern in Darmstadt, geschrieben im Februar 1834

[…] *Ich verachte niemanden*, am wenigsten wegen seines Verstandes oder seiner Bildung, weil es in niemands Gewalt liegt, kein Dummkopf oder kein Verbrecher zu werden, – weil wir durch gleiche Umstände wohl alle gleich würden, und weil die Umstände außer uns liegen. Der *Verstand* nun gar ist nur eine sehr geringe Seite unsers geistigen Wesens und die Bildung nur eine sehr zufällige Form desselben. Wer mir eine solche Verachtung vorwirft, behauptet, dass ich einen Menschen mit Füßen träte, weil er einen schlechten Rock anhätte. Es heißt dies, eine Rohheit, die man einem im Körperlichen nimmer zutrauen würde, ins Geistige übertragen, wo sie noch gemeiner ist. Ich kann jemanden einen Dummkopf nennen, ohne ihn deshalb zu *verachten*; die Dummheit gehört zu den allgemeinen Eigenschaften der menschlichen Dinge; für ihre Existenz kann ich nichts, es kann mir aber niemand wehren, alles, was existiert, bei seinem Namen zu nennen […]. Man nennt mich einen *Spötter.* […] Ich habe freilich noch eine Art von Spott, es ist aber nicht der der Verachtung, sondern der des Hasses. Der Hass ist so gut erlaubt als die Liebe, und ich hege ihn im vollsten Maße gegen die, *welche verachten.* […] Die Lächerlichkeit des Herablassens werdet Ihr mir doch wohl nicht zutrauen. Ich hoffe noch immer, dass ich leidenden, gedrückten Gestalten mehr mitleidige Blicke zugeworfen, als kalten, vornehmen Herzen bittere Worte gesagt habe. – […]

Zitiert nach: http://buechnerportal.de/werke/briefe

Arthur Wyß über Friedrich Ludwig Weidigs Haftzeit und Tod

Am 1. August 1834 wurde auf Anzeige eines Butzbacher Eingeweihten, Kuhl, der Student Minnigerode verhaftet, als er zahlreiche Exemplare des Landboten in Gießen einschmuggeln wollte. Andere Verhaftungen folgten. Trotzdem wurde die Verbreitung der Flugschriften fortgesetzt, auch Anschläge zur Befreiung der Gefangenen gemacht. Tieferen Einblick in dieses Treiben erlangte das Gericht erst, als am 21. April 1835 der stark beteiligte Gießener Student Gustav Clemm ein umfassendes Geständnis ablegte. Schon in der ersten Morgenfrühe des folgenden Tages wurde W., die Seele des Ganzen, zu Obergleen in Haft genommen, zunächst ins Gefängnis nach Friedberg, zwei Monate später aber mit den übrigen politischen Gefangenen in das Darmstädter Arresthaus verbracht, das er lebend nicht verlassen sollte. Die Untersuchung wurde dem Hofgerichtsrat Georgi übertragen. Mit diesem war W. schon früher in Streit geraten, er erblickte in ihm einen persönlichen Feind und reichte sofort ein Ablehnungsgesuch wegen Befangenheit gegen ihn ein. Damals wie später ohne Erfolg. Georgi, eine von W. grundverschiedene Natur, brauchte die weitgehenden Machtmittel, welche das bestehende Recht ihm an die Hand gab, mit brutaler Härte, doch ist nicht bekannt, dass er seine Befugnisse überschritten hätte. Aus einem Anfall von Säuferwahnsinn, den er am 30. Januar 1837 hatte, sind bedeutsame Schlüsse auf die von ihm geleitete Untersuchung gezogen worden; in den Protokollen erscheint sein geistiger Zustand normal. Bei den Verhören leugnete W. hartnäckig und mit großer Gewandtheit jede Verschuldung; er gab nichts bestimmt zu, wenn er sich nicht aus den gemachten Vorhalten, die er möglichst herauszulocken suchte, überzeugt hatte, dass der Untersuchungsrichter sichere Beweismittel besitze, und auch dann wusste er den Dingen geschickt eine harmlose Wendung zu geben. [...] Die Folgen seines Verhaltens waren scharfe Disziplinarstrafen wegen Lügen und ungebührlichen Benehmens, bestehend in Kettentragen, Sprengertragen, Anschließung an die Zellenwand. Auch an Bedrohung mit Prügeln fehlte es nicht, und es lag nur an dem Einspruch der Ärzte und an dem Widerstand des über die Anwendung dieser Strafe entscheidenden Hofgerichts zu Gießen, wenn solche Drohungen nicht zur Tat wurden. W. litt in der Haft zeitweilig an Sinnestäuschungen, er hörte Rufe seiner Angehörigen, sah Särge gefüllt mit gefälschten Verhörprotokollen und glaubte, dass seine heimliche Hinrichtung bevorstehe. Der Untersuchungsrichter erklärte das alles für Verstellung. Erst im August 1836 ließ W. sich zu einigen Zugeständnissen herbei, die jedoch im Grund nicht erheblich waren. Noch zur Zeit seines Todes war seine Überführung nicht so weit gediehen, dass nach dem Maßstab eines strengen Beweisverfahrens seine Verurteilung hätte erfolgen können. Nach seinem Ableben erst kam es zu eingehenden Geständnissen seiner Gesinnungsgenossen, die über seine Wirksamkeit mehr Licht verbreiteten. Während der letzten Monate vor seinem Tode waren in der Hauptsache keine Verhöre mehr mit ihm angestellt worden, weil man erst anderweitig neuen Stoff zu seiner Überführung sammeln wollte. Er mochte in seinem Kerker noch mehr wie früher das Gefühl haben, ein lebendig Begrabener zu sein, wie er sich oft genannt hat. Gesuche um vorläufige Entlassung aus der Haft waren wiederholt abgeschlagen worden, zuletzt vom obersten Gerichtshof, wovon ihm am 28. Januar 1837 Kenntnis gegeben wurde. [...] Als der Gefangenwärter ihm am 23. Februar morgens 7½ Uhr das Frühstück bringen wollte, fand er die Zelle voll Blutspuren und W. selbst auf dem Bette ausgestreckt mit gefalteten Händen in seinem Blute liegend, Wasserflasche und Waschschüssel in Scherben am Boden. Der erschrockene Mann schloss sofort wieder ab und lief, ohne sonst jemand ein Wort zu sagen, zu Georgi, den er nicht zu Hause traf. Um 8 Uhr erschien Georgi, besichtigte den Tatbestand, ließ darauf die Zelle wieder verschließen und sandte nach den Ärzten. Bis diese zur Stelle waren, war es 10 Uhr geworden und W. am Verscheiden. Er hatte sich mit einer Scherbe seiner Wasserflasche die Adern an Armen und Füßen geöffnet und die Luftröhre oberhalb des Kehlkopfes bis auf den hinteren Teil des Schlundes durchschnitten. An die Wand hatte er mit Blut geschrieben: »Da mir der Feind jede Verteidigung versagt, so wähle ich einen schimpflichen Tod von freien Stücken«. Es wurde festgestellt, dass die gefährlichste der Wunden, die W. sich beigebracht hatte, der Schnitt in den Hals, erst nach der früheren Besichtigung durch Georgi die von den Ärzten vorgefundene Größe und Tiefe erlangt haben konnte. Das wäre zu verhindern gewesen, wenn man dem Verwundeten nach dem Gebot der Menschlichkeit sofort einen Wärter beigegeben hätte. Aber man nahm ihm nicht einmal das Werkzeug seiner Tat, die Glasscherbe. Bei der Untersuchung der Leiche fanden sich auf der äußeren Seite des rechten Oberschenkels kleine, bereits verheilte, oberflächliche, in der Tiefe aber mit Sugillation verbundene Wunden, von welchen die Ärzte angaben, dass sie sich als Folge von Farrenschwanzhieben vollkommen erklären ließen, während eine andere Möglichkeit ihrer Entstehung nicht ermittelt werden könne. Der Untersuchungsrichter hatte allerdings kurz vor Weidigs Tod seinen Antrag auf körperliche Züchtigung erneuert, das Hofgericht aber darauf noch keine Verfügung erlassen. Auch ohne dass man das Äußerste annimmt, bleibt genug des Jammers.

Was W. wollte, war ein einiges Deutschland, sei es in Gestalt einer Republik oder eines Kaisertums mit parlamentarischen Formen und freier Presse. Die Mittel, durch die er zum Ziel zu gelangen suchte, waren die eines Verschwörers, der dem Umsturz die Wege bereitet. Eine ideal angelegte Natur, fühlte er sich abgestoßen von der Wirklichkeit, und die Jahre steigerten seine Abneigung zu grimmigem Hasse gegen die bestehenden Verhältnisse. Eine Frucht hat das Blut des unglücklichen Mannes gezeitigt: Zur Abschaffung des geheimen Strafverfahrens in Deutschland hat nichts so viel beigetragen, wie der Tod Weidigs.

Erläuterungen:

Z. 39: *Sprengertragen:* Der Sprenger ist »in den Kriminalgerichten ein Marterinstrument, welches aus einer eisernen Stange mit vier Schellen bestehet, wovon die beiden mittlern an die Beine über den Knöchel gelegt, mit den Schellen an jedem Ende aber beide Hände gefesselt werden« (Adelung, Grammatisch-kritisches Wörterbuch der Hochdeutschen Mundart)

Z. 97: *Sugillation:* flächenhafter Hautblutung

Z. 99: *Farrenschwanzhieben:* Ochsenziemerhieben

Artikel »Weidig, Friedrich Ludwig« von Arthur Wyß in: Allgemeine Deutsche Biographie, herausgegeben von der Historischen Kommission bei der Bayerischen Akademie der Wissenschaften, Band 41 (1896), S. 450–453, Digitale Volltext-Ausgabe in Wikisource, URL: https://de.wikisource.org/w/index.php?title=ADB:Weidig,_Friedrich_Ludwig&oldid=2509119 (16. Mai 2018)

Die weiteren Schicksale der Helfer von Büchner und Weidig

August Becker besuchte Weidig im Herbst 1834 häufig in Ober-Gleen, nachdem dieser dort Pfarrer geworden war, und half, die zweite, im November gedruckte Auflage des »Hessischen Landboten« unters Volk zu bringen. Im April 1835 wurde er verhaftet, nachdem Gustav Clemm ihn belastet hatte, bald aber aus Mangel an Beweisen wieder freigelassen. Wenig später wurde er erneut verhaftet und nun jahrelang in Untersuchungshaft gehalten. Bis zu Weidigs Tod verweigerte er die Aussage, danach kooperierte er mit den Strafverfolgungsbehörden und machte gegenüber dem ihm zugewiesenen Untersuchungsrichter Friedrich Noellner detaillierte Aussagen über Weidig, den sechs Tage vor diesem in Zürich verstorbenen Büchner und die Entstehung des »Hessischen Landboten«. Ende 1838 wurde er zu neun Jahren Zuchthaus verurteilt, kam aber bereits Anfang 1839 in den Genuss einer Amnestie und ging nach Zürich, wo er einen deutschen »Handwerkerbildungsverein« ins Leben rief.

1848 kehrte er nach Gießen zurück, arbeitete als Redakteur und war 1849 bis 1853 Mitglied des hessischen Landtags. Anschließend wanderte er über die Schweiz in die Vereinigten Staaten aus, wo er in New York, Washington, Baltimore und Cincinnati wiederum als Redakteur tätig war. Am amerikanischen Bürgerkrieg (1861–1865) nahm er als Feldprediger teil. Er starb 1871 im Alter von 57 Jahren in Cincinnati.

Jakob Friedrich Schütz, der die Verteilung des »Hessischen Landboten« im Raum Darmstadt übernommen hatte, wurde nach dem Verrat Kuhls und der Verhaftung Minnigerodes rechtzeitig gewarnt und floh noch im August 1834 nach Straßburg. Nach Jahren des Exils in Brüssel kehrte er 1848 nach Deutschland zurück und gehörte als Mitglied der radikalen Fraktion Donnersberg der Nationalversammlung in Frankfurt an.

1850, nach dem Scheitern des Paulskirchenparlaments, ging er nach Australien und von dort 1856 weiter in die USA. Die letzten Jahre seines Lebens verbrachte er als amerikanischer Konsul in Rotterdam, wo er 1877 mit 63 Jahren starb.

Hermann Heinrich Christoph Trapp setzte sich im Herbst 1834 nach Zürich ab, wo er im Juli 1836 seine medizinische Promotion abschloss. Er war in Zürich Mitglied einer Sektion des »Schweizerischen Jungen Deutschland« und wandte sich nun gegen seinen ehemaligen Mitschüler und Freund Büchner. Im August 1835 erkundigte er sich bei Karl Gutzkow, der damals eine große literarische Wochenschrift plante und hierfür nach Beiträgern suchte, ob er bereit sei, eine negative Rezension von Büchners Drama »Dantons Tod« (für dessen Veröffentlichung Gutzkow gesorgt hatte) abzudrucken. Als Büchner im Oktober 1836 nach Zürich kam und in ein Haus zog, in dem neben anderen Flüchtlingen aus Deutschland auch Trapp wohnte, suchte sich dieser ein anderes Quartier. Trapps Doktorvater eröffnete ihm die Perspektive, eine Forschungsreise nach Westafrika zu unternehmen. Trapp sagte zu, fiel aber am 3. Mai 1837 derselben Typhusepidemie zum Opfer wie zweieinhalb Monate zuvor Büchner. Beide wurden 23 Jahre alt.

Ludwig Christian Becker, ein weiteres Mitglied von Büchners Gießener Sektion der »Gesellschaft der Menschenrechte«, floh wie Büchner im Frühjahr 1835 nach Straßburg und wurde ab Ende September in der Heimat steckbrieflich gesucht. Nach seiner Übersiedlung in die Schweiz arbeitete er als Lehrer im Kanton Basel-Land. Dort starb er 1861 im Alter von 52 Jahren.

Karl Friedrich Ernst Minnigerode war nach seiner Festnahme am 1. August 1834 zuerst in Friedberg und ab Juni 1835 in Darmstadt inhaftiert. Büchner quälte das Schicksal des Freundes, den er in seinen Briefen aus dem Exil mehrfach erwähnt. Als sich Minnigerodes Gesundheit im Gefängnis immer weiter verschlechterte, wurde er 1837 aus der Haft entlassen. 1839 erhielt er Amnestie unter der Auflage, dass er die Heimat verließ. Er ging in die Vereinigten Staaten und wurde dort zunächst Lehrer für alte Sprachen in Philadelphia und anschließend Professor für klassische Literatur am William and Mary College in Williamsburg (Virginia). Er heiratete und wurde Vater von neun Kindern. Ab 1848 war er Prediger der amerikanischen Episkopalkirche, ab 1853 wirkte er in Norfolk (Virginia). Während des Bürgerkriegs gehörte er zum engeren Kreis von Präsident Jefferson Davis, dem Oberhaupt der Konföderierten (der Südstaaten), und Robert E. Lee, dem prominenten Südstaaten-General. Später war er Rektor der Pauluskirche in Richmond (Virginia). Er starb 1894 im Alter von 80 Jahren.

Carl Zeuner, der Ende September 1834 in Ober-Gleen von Weidig den Auftrag erhielt, eine Druckerpresse zu beschaffen, wurde Ende 1834 verhaftet und lange festgehalten. Erst 1837, mehrere Monate nach Weidigs Tod, erkärte er sich bereit auszusagen und wurde danach zu einem wichtigen Zeugen, wobei er Weidigs politische Haltung und Aktivitäten unbeirrt verteidigte. Wegen Teilnahme am Frankfurter Wachensturm und der Verbreitung des »Hessischen Landboten« und anderer Flugschriften wurde er Ende 1838 zu neun Jahren Zuchthaus verurteilt. Um ebenfalls in den Genuss der bald darauf gewährten allgemeinen Amnestie zu gelangen, musste er sich verpflichten, in die Vereinigten Staaten auszuwandern. Über sein weiteres Schicksal ist kaum etwas bekannt. Er starb nach 1883.

Christian Gustav Clemm, der in Gießen zunächst Theologie, dann Chemie und zuletzt Kameralwissenschaften (Verwaltungslehre) studiert und nach dem Frankfurter Wachensturm vom 30. Juli 1833 bis zum 20. März 1834 in Friedberg eingesessen hatte, anschließend Mitglied in Büchners Gießener Sektion der »Gesellschaft der Menschenrechte« geworden war und das Vertrauen Weidigs und Büchners genossen hatte, half im Herbst 1834 bei der Vorbereitung der zweiten Auflage des »Hessischen Landboten«. Als er sich in Emilie von Grolmann (1818–1890), eine Verwandte des ehemaligen Leitenden Staatsministers des Großherzogtums Karl von Grolman (1775–1829), verliebte und sich entschloss, um ihre Hand anzuhalten, wendete er sich von seinen bisherigen Überzeugungen und politischen Freunden ab und verriet zwischen dem 20. März und dem 2. Mai 1835 in verschiedenen Aussagen alle Personen, die etwas mit der Entstehung, dem Druck und der Verbreitung des »Hessischen Landboten« zu tun gehabt hatten. Kurz darauf wurde er erneut verhaftet, aber nach einem Gnadengesuch und aufgrund eines ärztlichen Gutachtens im August 1835 unter Auflagen wieder freigelassen. Gleichwohl wurde auch ihm der Prozess gemacht und Ende 1838 erhielt er mit zehn Jahren Zuchthaus die höchste Strafe aller Angeklagten. Aber auch für ihn galt die bald danach ausgesprochene Amnestie. Er heiratete Emilie, promovierte 1845 in Göttingen im Fach Chemie und wurde danach technischer Direktor einer chemischen Fabrik bei Heilbronn, die zu einer von seinem Bruder geleiteten Fabrik in Mannheim gehörte. Später wurde er Direktor einer ähnlichen Fabrik im nordbömischen, etwa 50 Kilometer südlich von Dresden gelegenen Aussig. Nach seiner Entlassung im Jahre 1859 ging er nach Dresden, wo er 1866 im Alter von 51 Jahren starb.

Carl Flach wurde im April 1835 verhaftet und schwieg bis zum Tod seines ehemaligen Lehrers Weidig beharrlich, wurde danach aber zu einem wichtigen Zeugen der Anklage. Ende 1838 wurde er zu zwei Jahren Zuchthaus verurteilt, kam aber durch die bald folgende Amnestie ebenfalls frei. Über sein weiteres Leben ist wenig bekannt. Er starb 1885 mit 73 Jahren.

Carl Preller, der in Eisenach geborene Sohn des Hofkonditors von Weimar, der mit einer Tochter des Darmstädter Hof- und Verlagsbuchhändlers Leske verheiratet war, blieb, nachdem bei der Durchsuchung seiner Druckerei in Offenbach am 2. August 1834 nichts Belastendes hatte sichergestellt werden können, gleichwohl weiterhin im Visier der Ermittlungsbehörden. Im Frühjahr 1835 wurde er verhört und kurzfristig in Haft genommen. Anfang August floh er vor der drohenden erneuten Verhaftung in die Schweiz und wurde ab dem 10. August steckbrieflich gesucht.

In der Schweiz lebte er in den folgenden Jahren als zeitweilig illegaler, zeitweilig geduldeter politischer Flüchtling und war für Druckereien der Geheimorganisationen »Junge Schweiz« und »Junges Deutschland« tätig. 1846 kehrte er nach Deutschland zurück und ließ sich in Mainz (das seit 1816 zum Großherzogtum gehörte) nieder, wo er 1877 mit 75 Jahren starb.

Bildnachweis: Originalzeichnung von Helmut Ackermann (1936–2017) zu Büchners Dramenfragment »Woyzeck«, entstanden im Herbst 2017 für dieses Heft

Fachliche Orientierung zu »Woyzeck«

1. Entstehung

Georg Büchners Briefe enthalten keine direkten Hinweise auf die Entstehungsgeschichte seines letzten, unvollendet gebliebenen Theaterstücks. Bis Ende Mai 1836 war er allerdings mit der Übersetzung seiner zoologischen Dissertation ins Französische (»Mémoire sur le système nerveux du barbeau«) beschäftigt. Den Juni über schrieb er die erste Fassung des Lustspiels »Leonce und Lena«, mit dem er sich an einem vom Cotta-Verlag Anfang des Jahres ausgeschriebenen Lustspiel-Wettbewerb beteiligte. (Der Verlag schickte ihm sein Paket, das zwei Tage nach Einsendeschluss eintraf, ungeöffnet zurück.) Büchner hoffte, das Lustspiel zusammen mit einem weiteren Stück in einem Band veröffentlichen zu können, wie aus einem Brief vom 2. September an den Bruder Ludwig hervorgeht. Darin schreibt Büchner, er sei gerade dabei, »sich einige Menschen auf dem Papier totschlagen oder verheiraten zu lassen, und bitte den lieben Gott um einen einfältigen Buchhändler und ein groß Publikum mit so wenig Geschmack, als möglich.« Während das Stichwort »sich [...] verheiraten« auf »Leonce und Lena« anspielt, bezieht sich das andere Stichwort »sich [...] totschlagen« sicherlich auf das Stück, das erst nach Büchners Tod den Titel »Woyzeck« erhalten hat. An diesem zweiten für den Dramenband vorgesehenen Werk hat Büchner offenbar ab Juli 1836 gearbeitet. Bis zu seiner Übersiedlung von Straßburg nach Zürich am 18. Oktober scheinen die ersten beiden der vier überlieferten Handschriftenfolgen entstanden zu sein. Noch im September schrieb er an die Eltern: »Ich habe *meine zwei Dramen* noch nicht aus den Händen gegeben, ich bin noch mit manchem unzufrieden und will nicht, dass es mir geht, wie das erste Mal. Das sind Arbeiten, mit denen man nicht zu einer bestimmten Zeit fertig werden kann, wie der Schneider mit seinem Kleid.«

Die Entstehung der dritten – nur zwei Einzelszenen enthaltenden – und der vierten Handschriftenfolge – des sogenannten Hauptentwurfs – fällt wohl in die Zeit vom 5. November 1836 (an diesem Tag hielt Büchner an der Universität Zürich seine Probevorlesung »Über Schädelnerven«) bis zum 2. Februar 1837 (dem Tag, an dem das Fieber ausbrach, mit dem die tödlich verlaufende Typhuserkrankung einsetzte). – Ergänzende Informationen finden sich auf Seite 105 der Textausgabe (»Zur Textgestalt«) und auf dem Arbeitsblatt »Die Erstellung der Lesefassung aus den Handschriftenfolgen« (Seite 105 dieses Hefts).

2. Hinweise zur Thematik

Büchner greift in seinem Stück mehrere zeitgenössische Mordfälle auf. Die beiden Fälle, aus denen er die meisten direkten Anregungen bezogen hat, werden im fünften Modul genau betrachtet. Da Büchner sich ab der zweiten Entwurfsstufe (H 2) entschied, seiner Hauptfigur den Namen des am 27. August 1824 in Leipzig hingerichteten Mörders Woyzeck zu geben, ist sein Stück naheliegenderweise seit jeher als Kommentar zu diesem Kriminalfall betrachtet worden, der seinerzeit in der Öffentlichkeit viel Aufmerksamkeit erregt hatte. Das Gericht hatte den Leipziger Stadtphysikus Hofrat Dr. Clarus beauftragt, ein Gutachten über die Zurechnungsfähigkeit des Angeklagten zu erstellen. Clarus kam nach dem Studium der Akten und nach fünf Gesprächen mit Woyzeck zu dem Schluss, dieser sei voll zurechnungsfähig gewesen, als er am 2. Juni 1821 seine zeitweilige Geliebte Johanna Christiane Woost ermordete. Daraufhin wurde Woyzeck am 11. Oktober 1821 zum Tode verurteilt. Da aber immer wieder Zweifel an der Schuldfähigkeit des Täters aufkamen, wurde die Hinrichtung lange aufgeschoben. Clarus wurde Ende 1822 mit einem zweiten Gutachten beauftragt, in dem er zum gleichen Ergebnis kam. Nach weiteren Verzögerungen wurde die Todesstrafe gut drei Jahre nach der Tat vollstreckt. Die Gutachten von Clarus wurden von Fachkollegen, aber auch in einer breiteren Öffentlichkeit kontrovers diskutiert. Im Kommentarband 7,2 der »Marburger Ausgabe« ist diese Auseinandersetzung ausführlich dokumentiert. Büchner, dessen Vater ebenfalls in Strafprozessen als medizinischer Sachverständiger aufgetreten war, kannte vermutlich eine Reihe von Zeugnissen dieser Kontroverse um die (bei Clarus untergründig virulente) Frage, ob psychische Störungen als Folgen moralischer Defekte oder als ›echte‹ Erkrankungen zu betrachten seien. Sein Stück kann als Beitrag zu dieser Debatte und als ›Gegengutachten‹ zu den Gutachten von Clarus betrachtet werden, wie es in der Büchnerforschung auch verschiedentlich geschehen ist.

Durch den engen Bezug zu dem Mordfall Woyzeck/Woost ist, neben dem zentralen Thema der Beziehungstat, auch das Milieu, in dem die Handlung angesiedelt ist, und die Herangehensweise des Autors an sein Thema vorgegeben. Büchner stellt einen ›Pauper‹, einen Armen vom untersten Rand der Gesellschaft, ins Zentrum seines Stücks, und zeigt, wie dieser von den gesellschaftlichen Verhältnissen und ihren Repräsentanten zugerichtet wird, bis er sich, körperlich aufs Äußerste geschwächt, in einer Extremsituation (der Untreue der Mutter seines Kindes) nicht mehr anders zu helfen weiß, als die Dinge durch Gewalt vermeintlich wieder ins Lot zu bringen. Dabei erkennt er nicht, dass er – objektiv unfähig, seiner Familie und sich zu einem besseren Leben zu verhelfen – seine Aggression in hilfloser Verzweiflung gegen ein noch schwächeres Glied in der Hierarchie der gesellschaftlichen Machtverhältnisse richtet und tötet, was er am meisten liebt. Büchner zeigt Woyzeck als Opfer, ohne seine Täterschaft zu leugnen. Die Schuld aber liegt nicht bei ihm, sondern bei den Verhältnissen. Damit rücken die Themenbereiche ›Armut und Arbeit‹, ›Militär‹, ›Philosophische und religiöse Paradigmen‹, ›Sexualität‹, ›Menschenexperiment‹, ›Pathologie und Zurechnungsfähigkeit‹ sowie ›Grenze zwischen Mensch und Tier‹ als »Analysefelder« der jüngeren Forschung ins Blickfeld (vgl. den Überblicksartikel von Harald Neumeyer zu »Woyzeck« im »Büchner-Handbuch« des Metzler-Verlags, dort S. 108–115). Die meisten dieser Aspekte werden in den Modulen 2 bis 5 aufgegriffen, wenn auch meist in einfacheren Worten und für den schulischen Literaturunterricht adäquateren Zusammenhängen, etwa bei der Charakterisierung der Figuren.

3. Gliederungsvorschlag mit Inhaltsangabe

Da das zweiseitige Arbeitsblatt auf den Seiten 100 und 101 eine Inhaltsangabe des Stücks bietet, wird hier auf eine weitere Zusammenfassung verzichtet. Eine sinnvolle Gliederung wird durch die offene Struktur und den Fragmentcharakter des Werkes sowie nicht zuletzt durch seine Kürze erschwert. Allerdings hilft die Beschäftigung mit der Entstehungsgeschichte beziehungsweise den überlieferten Handschriftenfolgen (vgl. Seite 105), aber auch mit den Themenfeldern des Stücks, zwei (wenn auch ineinander verwobene) Handlungskomplexe zu unterscheiden: die Handlungselemente, welche sich der Beziehungstat zuordnen lassen, und die, welche die Lebensbedingungen der Armen und Woyzecks Zurichtung durch die Verhältnisse beleuchten.

4. Besonderheiten der Gestaltung

In Büchners Dramenfragment verbinden sich Elemente des geschlossenen und des offenen, des traditionellen und des modernen Dramas (vgl. Modul 2). Gleichermaßen scheinen noch Merkmale des bürgerlichen Trauerspiels des 18. Jahrhunderts durch, während doch das ästhetisch Neue eindrucksvoll überwiegt und »Woyzeck« zum Vorläufer sowohl des sozialen Dramas als auch des dokumentarischen Theaters werden lässt (vgl. die Module 4 und 5). In diesen Zusammenhang gehört, dass Büchner eine gleichermaßen naturalistische als auch auf neuartige Weise literarisch verdichtete Sprache ins Drama seiner Zeit einführt (vgl. vor allem Modul 3).

5. Wirkung

»Woyzeck« hat als letztes von Büchners Werken erst mit einiger Verspätung das Licht der Öffentlichkeit erblickt. Zu Beginn des 21. Jahrhunderts gehört das Stück zum Bestand der Weltliteratur. Diese Entwicklung wird im abschließenden sechsten Modul skizziert.

Modul 2
»Woyzeck«: Inhalt und Thematik

Anders als bei der Beschäftigung mit dem »Hessischen Landboten« steht bei der Auseinandersetzung mit Büchners unvollendetem letzten Theaterstück »Woyzeck« gleich der Dramentext im Mittelpunkt. Vorausgeschaltet wird lediglich eine Information und Reflexion zum für das Verständnis von Büchners Drama grundlegenden Begriff der Schuldunfähigkeit.

1. Schuldunfähigkeit

Die Auseinandersetzung mit dem juristischen Begriff der Schuldunfähigkeit erfolgt zunächst auf der Grundlage heutiger Definitionen. Dadurch wird die Brücke zwischen der im Drama dargestellten und reflektierten geschichtlichen Situation und der heutigen Lebenswelt geschlagen.

Arbeitsaufträge

Kopiervorlage
→ Seite 99

Einzelarbeit

Gruppenarbeit

Unterrichtsgespräch

■ Georg Büchners unvollendetes letztes Drama, das später nach der Hauptfigur »Woyzeck« genannt wurde, schildert in Anlehnung an einen aufsehenerregenden Rechtsfall aus den 1820er-Jahren einen Mordfall, eine typische Beziehungstat: Ein Mann tötet aus Eifersucht eine Frau, mit der er zwar nicht verheiratet ist, aber ein gemeinsames Kind hat und in einem eheähnlichen Zustand lebt. Im Mordprozess des historischen Woyzeck hatte die Frage der Schuld- beziehungsweise Zurechnungsfähigkeit des Täters eine wichtige Rolle gespielt. Auch Büchner scheint dieser Aspekt an dem Fall besonders interessiert zu haben und manche Interpreten des Stücks haben Büchners Drama geradezu als ein mit den Mitteln der Literatur operierendes Plädoyer zugunsten des Angeklagten aufgefasst.

ERSTER ARBEITSAUFTRAG: Notieren Sie eine aus Ihrer Sicht überzeugende Definition von Schuldunfähigkeit bei Gewaltverbrechen. Tauschen Sie sich in Kleingruppen über Ihre unterschiedlichen Konzeptionen von Schuldunfähigkeit aus.

ZWEITER ARBEITSAUFTRAG: Informieren Sie sich mithilfe des ersten Textes auf dem Arbeitsblatt darüber, wie Schuldunfähigkeit im heutigen deutschen Strafgesetzbuch definiert und eingegrenzt wird. Überlegen Sie, ob Sie sich dieser Definition anschließen können oder ob Sie in einzelnen Aspekten andere Grenzziehungen vornehmen würden. Entwickeln Sie Fälle, in denen Ihnen die Grenzziehungen des Strafgesetzbuchs problematisch vorkommen, weil sie entweder zu großzügig oder zu eng gefasst sind. Erörtern Sie auch, ob die Grenzziehungen des deutschen Strafrechts eindeutig oder von Fall zu Fall auslegungsbedürftig sind, welche Vorteile oder Nachteile dies mit sich bringt und ob es sinnvolle Alternativen gäbe. Greifen Sie dabei, wenn es sich anbietet, auf Ihre eigenen Definitionen von Schuldunfähigkeit zurück und stellen Sie sie zur Diskussion.

DRITTER ARBEITSAUFTRAG: Lesen Sie im zweiten Text des Arbeitsblatts, was die erfahrene forensische Psychiaterin Nahlah Saimeh über die Frage der Schuldunfähigkeit denkt. Gehen Sie die einzelnen Positionen Saimehs durch und setzen Sie sich mit ihnen auseinander.

Erwartungen

■ ERSTER ARBEITSAUFTRAG: Individuelle Lösungen. Die Definitionen der Schüler sollten nicht zu ausführlich geraten, damit die anschließende Erörterung in Kleingruppen überschaubar bleibt. Darauf sollte schon bei der Erteilung des Arbeitsauftrags hingewiesen werden. Beim Nachdenken über Schuldunfähigkeit werden die Schüler sich entscheiden müssen, ob sie nur vom Täter ausgehen oder auch die Situation des Opfers (bzw. der Hinterbliebenen) und die Interessen der Allgemeinheit mit berücksichtigen wollen. Diese Optionen könnten bereits Gegenstand einer kontroversen und ergiebigen Diskussion werden.

ZWEITER ARBEITSAUFTRAG: Strittig werden wohl vor allem einzelne Aspekte der zweiten und der vierten Kategorie sein. Große Ermüdung und Erschöpfung können sicherlich nicht generell als Gründe für Schuldunfähigkeit gelten. Die in Klammern gesetzten Erläuterungen zu den in der rechten Spalte aufgeführten Formen von Persönlichkeitsstörungen sollten nicht für sich genommen als Beispiele für Schuldunfähigkeit verstanden werden; sie dienen nur der näheren Beschreibung. Sicherlich würde ein Gericht einen pathologischen Kaufzwang nicht als Grund betrachten, um die Schuldfähigkeit eines Gewalttäters auch nur zu mindern; und auch seine fehlende Achtung vor sozialen Normen und geltenden Gesetzen wird keinen Täter entschuldigen. Die von den Schülern konstruierten Fälle, anhand derer die Grenzziehungen des deutschen Strafgesetzbuchs problematisiert werden können, sollten sich daher auf die Oberkategorien (Psychosen, Alkoholismus, Drogensucht, Verlust der Steuerungsfähigkeit, paranoide Persönlichkeitsstörung, schizoide Persönlichkeitsstörung und so fort) beziehen. Ein Ergebnis der Diskussion wird sicherlich sein, dass die meisten der genannten Kriterien nur einen Rahmen setzen und weiterer Abwägung bedürfen, dass sie also nicht geeignet sind (und dies auch gar nicht sein können), ohne Prüfung des Einzelfalls zu einer eindeutigen Klärung der Frage der Schuldunfähigkeit zu kommen. Selbst beim Vorliegen einer geistigen Behinderung wird wohl keine pauschale Bewertung möglich sein. Sinnvolle Alternativen zu einem solchen innerhalb des vorgegebenen Rahmens von Fall zu Fall abwägenden Verfahren scheint es nicht zu geben, auch wenn das bedeutet, dass die Beurteilung des Täters nicht unerheblich von der Person des forensischen Gutachters und des Richters abhängt.

Dritter Arbeitsauftrag: Liste der von Nahlah Saimeh vertretenen Positionen:

- Gewalt ist »oftmals nichts anderes als biografisches Scheitern« (Z. 21 f.).
- Alle Menschen sind »von Natur aus« zu »schrecklichen Taten« »fähig« (Z. 22 f.).
- Die »allermeisten Täter« sind »schuldfähig. Auch psychisch Kranke können schuldfähig sein.« (Z. 25–27)
- »Schuldunfähig ist, wessen Denken und Erleben nicht mehr mit der Realität in Einklang zu bringen ist. Oder wessen Persönlichkeit so schwerwiegend gestört ist, dass seine gesamte Lebensführung aus den Fugen gerät.« (Z. 27–31)
- Die gegenwärtige Gesellschaft droht ihre Kultur des zivilisierten Miteinanders und der Achtung demokratischer Werte und Gesetze einzubüßen (vgl. Z. 36–39).
- Gegenüber Hass, Gewalt und allen Formen der Radikalisierung darf keinerlei Toleranz geübt werden (vgl. Z. 41–43).
- Die Gesellschaft muss sich sehr bemühen, »keine Verlierer zu produzieren«. Nur wer sich als Teil der Gesellschaft fühlt, weil man ihm zuhört, wird »gewaltfreie Wege« finden, mit der aus Frustrationen und Demütigungen erwachsenden Aggression umzugehen (Z. 43–48).

Die Schüler benennen diese Positionen und äußern sich zu ihnen. Manche der Positionen, etwa die vorletzte, werden kaum auf Widerspruch stoßen. Man muss sich, wenn ein allgemeiner Konsens besteht, dann nicht lange bei ihnen aufhalten. Andere Positionen Saimehs könnten dagegen durchaus Widerspruch hervorrufen, etwa die zweite. Man könnte argumentieren, dass ihr ein zu pessimistisches Menschenbild zugrunde liege. Ob man Nahlah Saimehs These aufgrund ihrer langjährigen beruflichen Erfahrung als Autoritätsargument ein starkes Gewicht zubilligen will oder im Gegenteil zum Schluss kommt, diese Sicht sei einseitig und durch eine berufsbedingte Deformation beziehungsweise Verengung der Wahrnehmung (aufgrund der tagtäglichen Beschäftigung mit Menschen, die tatsächlich zu schrecklichen Taten fähig waren) zu erklären, bleibt der Bewertung der Schüler überlassen. Überhaupt soll ihnen das Recht auf einen eigenen Standpunkt zugebilligt werden, den sie dann aber auch möglichst überzeugend vertreten sollten.

2. Eine Inhaltsangabe des Dramas

Nach diesen Vorüberlegungen erhalten die Schüler den Auftrag, das Stück zu lesen. Das kann aufgrund seiner Kürze im Zuge einer einzigen Hausaufgabe erledigt werden. Anschließend verfassen sie eine Inhaltsangabe. Das klingt leichter, als es ist, denn weil Büchner starb, bevor er das Stück beenden konnte, bleibt nicht nur der Handlungsablauf im Ganzen fragmentarisch, sondern auch die überlieferten Szenen liegen zum Teil sicherlich nur in Entwurfsstufen vor. Die vorliegende Edition, die den aktuellen Erkenntnisstand führender Büchnerexperten wiedergibt (vgl. hierzu die näheren Angaben auf Seite 106 der Textausgabe), verleugnet diesen Charakter des Unfertigen nicht. Aus ihm ergeben sich manche Verständnisschwierigkeiten. Hinzu kommt die faszinierende Knappheit der Dialoge, die wohl in einer vom Autor hergestellten Endfassung erhalten geblieben wäre. Sie lässt an vielen Stellen Raum für unterschiedliche Deutungen der Gefühle, Motivationen und Aussageabsichten der Figuren und der Bewertung der jeweiligen Situationen und Konstellationen. Das künstlerische Wunder dieses Textes ist, dass bei so viel scheinbar gedankenlos Dahingesprochenem, halb unsinnigem Geschwätz und missglückenden Versuchen eines verstörten Gemüts, sich seinen Mitmenschen verständlich zu machen, alle Figuren ein unverwechselbares Profil aufweisen, auch wenn es oft schwerfällt, ihren konkreten Äußerungen einen eindeutigen Sinn abzugewinnen. So ist Büchners »Woyzeck« im Ganzen prägnant wie kaum ein anderes Drama, im Einzelnen aber nicht selten dunkel und deutungsoffen. Das macht das Verfassen einer Inhaltsangabe zu einer anspruchsvollen Aufgabe, die den Schülern vor Augen führt, an welchen Punkten der Dramentext uneindeutig bleibt oder auch Verständnisschwierigkeiten bietet.

Der Lehrer entscheidet, ob er den Schülern diese Vorüberlegungen mitteilt, damit sie besser verstehen, warum sie eine Inhaltsangabe des kurzen Stücks verfassen sollen und was dabei auf sie zukommt und von ihnen verlangt wird. Zur Ergebniskontrolle steht eine zweiseitige Kopiervorlage mit einer Musterlösung zur Verfügung. Diese Musterlösung muss natürlich auch nicht in allen ihren Details akzeptiert werden. Dass man auch manches wenigstens geringfügig anders verstehen und darstellen kann, liegt in der Natur der oben skizzierten Besonderheiten dieses Stücks. Ob und wann die Musterlösung im Unterricht zum Einsatz kommt, ist gut zu überlegen. Vermutlich ist es sinnvoll, erst einmal in Kleingruppen oder im Plenum die Inhaltsangaben der Schüler zu diskutieren. Bei 27 Szenen bietet es sich an, dass die Schüler reihum (oder nach einem anderen Prinzip: wer gerade gelesen hat, kann beispielsweise den nächsten Schüler benennen, der lesen soll) jeweils die Zusammenfassung einer Szene vorlesen. Diese Zusammenfassung wird kurz diskutiert und danach geht man zur nächsten Szene über. Bei einem solchen Verfahren kann der Lehrer die Musterlösung nur für seinen eigenen Gebrauch verwenden oder aber am Ende als zusammenhängende Version und Ergebnissicherung ausgeben.

Wenn man den Schülern nicht zumuten will, eine vollständige Inhaltsangabe zu schreiben, kann man natürlich auch arbeitsteilig verfahren: Ein Teil der Schüler übernimmt die Szenen 1 bis 7 (S. 5–16), der zweite Teil die Szenen 8 bis 14 (S. 16–26) und der dritte Teil die Szenen 15 bis 27 (S. 27–36). Alle Schüler sollten aber in jedem Fall das ganze Stück gründlich gelesen haben.

Arbeitsauftrag

- Verfassen Sie eine Inhaltsangabe von Büchners Drama.

Erwartungen

- Als Musterlösung dient die zweiseitige Kopiervorlage.

Textausgabe

Kopiervorlage
→ Seiten 100–101

Einzelarbeit (Hausaufgabe)

Einzelarbeit (gegebenenfalls arbeitsteilig)

Unterrichtsgespräch oder Gruppenarbeit

3. Zwölf Zeichnungen zu »Woyzeck« von Helmut Ackermann

Eine andere beziehungsweise zusätzliche Möglichkeit, sich den Inhalt des Stücks aktiv anzueignen, bieten Zeichnungen des Künstlers Helmut Ackermann. Ackermann, von dem auch die 25 Holzschnitte stammen, die das Heft dieser Reihe »Module und Materialien für den Literaturunterricht« zu Hermann Hesses Roman »Der Steppenwolf« enthält (diese in Deutschland bislang so gut wie unbekannten Illustrationen waren eine Auftragsarbeit für eine 1977 erschienene amerikanische Prachtausgabe des Romans), hat auf Bitte des Verfassers dieser Unterrichtsvorschläge im Herbst 2017 eine Serie von Zeichnungen zu »Woyzeck« für das vorliegende Heft angefertigt. Diese 26 Zeichnungen sind seine letzten Arbeiten. Am 6. Dezember 2017 starb Helmut Ackermann im Alter von 81 Jahren in seiner Heimatstadt Memmingen.

Die Schüler erhalten auf drei Blättern insgesamt zwölf der Zeichnungen. Sie bringen sie in die richtige Reihenfolge und benennen den Handlungsmoment. Die Aufgabe eignet sich auch als schriftlicher Test zur Überprüfung der Textkenntnisse.

Arbeitsauftrag

Kopiervorlage
→ Seiten 102–104

Textausgabe

Einzelarbeit

Besprechung der Ergebnisse

■ Bringen Sie die zwölf Illustrationen zu Büchners »Woyzeck« in die richtige Reihenfolge, benennen Sie den jeweiligen Moment der Handlung und notieren Sie, gleichsam als Bildunterschrift, ein passendes Zitat aus dem Stück.

Erwartungen

■ 1. Abbildung I: Woyzeck und Andres schneiden vor der Stadt Stöcke (Szene 1). / »Andres, das waren die Freimaurer, ich hab's, die Freimaurer, still!« (S. 5, Z. 9f.)
2. Abbildung K: Der Tambourmajor führt den Zapfenstreich an der Wohnung Maries vorbei (Szene 2). / »Er steht auf seinen Füßen wie ein Löw.« (S. 6, Z. 9)
3. Abbildung C: Die Nachbarin Margreth behauptet, Marie mache den vorbeiziehenden Soldaten schöne Augen (Szene 2). / »Ihre Auge glänze ja noch.« (S. 6, Z. 20)
4. Abbildung J: Marie, das Kind auf dem Schoß, betrachtet sich in einem zerbrochenen Handspiegel (Szene 4). / »Unsereins hat nur ein Eckchen in der Welt und ein Stückchen Spiegel und doch hab ich einen so rote[n] Mund als die großen Madamen mit ihren Spiegeln von oben bis unten«. (S. 11, Z. 16–19)
5. Abbildung D: Woyzeck rasiert den Hauptmann (Szene 5). / »Woyzeck, ich kann kein Mühlrad mehr sehn, oder ich werd melancholisch.« (S. 13, Z. 5f.)
6. Abbildung H: Der Tambourmajor umwirbt Marie (Szene 6). / »Wild Tier.« (S. 15, Z. 17)
7. Abbildung B: Der Doktor maßregelt Woyzeck (Szene 8). / »Ich hab's gesehn Woyzeck; er hat auf Straß gepisst, an die Wand gepisst wie ein Hund.« (S. 16, Z. 25f.)
8. Abbildung G: Woyzeck assistiert dem Professor/Doktor bei dessen Vorlesung (Szene 10). / »Herr Professor sie beißt.« (S. 22, Z. 7)
9. Abbildung E: Die Großmutter erzählt das Märchen vom armen Kind (Szene 19). / »Es war einmal ein arm Kind und hat kein Vater und keine Mutter war alles tot und war niemand mehr auf der Welt.« (S. 30, Z. 25–27)
10. Abbildung A: Woyzeck lässt nach der Tat das Messer fallen (Szene 20). / »Bist du tot? Tot! Tot!« (S. 32, Z. 9)
11. Abbildung F: Nach der Tat tanzt Woyzeck wild im Wirtshaus und singt laut (Szene 22). / »Frau Wirtin hat 'ne brave Magd / Sie sitzt im Garten Tag und Nacht«. (S. 33, Z. 7f.)
12. Abbildung L: Käthe entdeckt das Blut an Woyzecks Hand (Szene 22). / »Aber was hast du an deiner Hand.« (S. 33, Z.31)

4. Die vier Manuskriptteile und deren inhaltliche Akzentsetzungen

Anhand eines Arbeitsblatts erfahren die Schüler, wie die Lesefassung des Stücks (vgl. S. 105f. der Textausgabe) aus den vier überlieferten Handschriftenfolgen zusammengesetzt ist. Vor dem Hintergrund dieser Informationen machen sie sich Gedanken darüber, welche Absichten Büchner mit dem Stück verfolgte und wie sich diese im Laufe des Arbeitsprozesses modifizierten.

Statt das Arbeitsblatt zu vervielfältigen und auszugeben, kann man die Schüler auch im Rahmen eines Lehrervortrags mit dem Zustandekommen der vorliegenden Lesefassung vertraut machen. Die Schüler vergegenwärtigen sich das Mitgeteilte, indem sie ihre Textausgabe jeweils an den erwähnten Stellen aufschlagen und sich gegebenenfalls neben den Szenentiteln knappe Notizen machen. Hierfür werden im Lehrervortrag kleine Pausen eingelegt. – Vermutlich aber ist die Arbeit mit der Kopiervorlage vorzuziehen, die die Schüler auch später noch einmal konsultieren können.

Der erste Arbeitsauftrag wird in Einzelarbeit erledigt, der zweite kann Gegenstand einer Gruppenarbeit oder eines Unterrichtsgesprächs sein. Diesen zweiten Arbeitsauftrag kann man auch ganz weglassen, wenn die Zeit ein wenig drängt. Der dritte Arbeitsauftrag sollte im Rahmen einer Partner- oder einer Gruppenarbeit angegangen werden und dann in ein Unterrichtsgespräch münden, in dem gemeinsame Ergebnisse erzielt und gesichert werden.

Arbeitsaufträge

■ ERSTER ARBEITSAUFTRAG: Vollziehen Sie die Erläuterungen auf dem Arbeitsblatt anhand Ihrer Textausgabe nach.

ZWEITER ARBEITSAUFTRAG: Überlegen Sie, ob Ihnen die Platzierung der beiden Szenen aus H3 in der vorliegenden Lesefassung oder in der von Henri Poschmann erstellten Lesefassung mehr einleuchtet. Nennen Sie die Vor- und Nachteile, die aus Ihrer Sicht mit den jeweiligen Platzierungen der beiden Szenen verbunden sind. Überlegen Sie, ob Sie einen eigenen abweichenden Vorschlag für die Platzierung der Szenen machen möchten. Wenn ja, so begründen Sie Ihre Entscheidungen.

DRITTER ARBEITSAUFTRAG: Verschaffen Sie sich unter »http://buechnerportal.de/werke/woyzeck/« einen Überblick über die vier Handschriftenfolgen, die den eigentlichen Text von Büchners Fragment gebliebenem Drama bilden. Charakterisieren Sie die einzelnen Entwurfsstufen in knapper Weise und fassen Sie Ihre Ergebnisse zusammen, indem Sie darlegen, wie die Absichten, die Büchner mit dem Stück verfolgte, sich im Laufe des Arbeitsprozesses veränderten.

Kopiervorlage
→ Seite 105

Textausgabe

Internet (Georg Büchner Portal)

Einzelarbeit

Gruppenarbeit oder Unterrichtsgespräch

Partner- oder Gruppenarbeit und Unterrichtsgespräch

Erwartungen

■ ERSTER UND ZWEITER ARBEITSAUFTRAG: Im ersten Arbeitsauftrag geht es lediglich darum, die Informationen systematisch zu verarbeiten und ein genaues Bild davon zu gewinnen, wie die Lesefassung aus Büchners Manuskripten hervorgegangen ist. Der zweite Arbeitsauftrag bietet die Gelegenheit, sich in die Situation des Bühnenautors beziehungsweise des späteren Herausgebers (der sich bemüht, den Intentionen des Autors gerecht zu werden) hineinzuversetzen und dramaturgische Aspekte gegeneinander abzuwägen. Dieser Arbeitsauftrag bereitet auch den folgenden Unterrichtsschritt vor, in dem die Frage erörtert wird, ob »Woyzeck« eher ein »offenes« oder eher ein »geschlossenes Drama« darstellt (vgl. S. 60–63 dieses Hefts).

DRITTER ARBEITSAUFTRAG: Roland Borgards, Professor für Neuere Deutsche Literaturgeschichte an den Universitäten Würzburg (bis März 2018) und Frankfurt (ab April 2018) sowie Mitherausgeber des Büchner-Handbuchs bei Metzler (2009), schreibt hierzu in dem von ihm verfassten Band der »Schroedel Interpretationen« zu »Woyzeck«:

»Es gibt grundsätzlich zwei Möglichkeiten, die Geschichte von Büchners ›Woyzeck‹ zu erzählen, je nachdem, ob man sich an den transkribierten Manuskripten [...] oder an einer Lesefassung orientiert. Geht man von den Handschriften aus, dann müsste man gleich mehrere Geschichten erzählen, die unterschiedlich verlaufen, in denen Handlungen unterschiedlich motiviert werden, deren Hauptfiguren unterschiedlich heißen und die sogar unterschiedlich enden.

Die erste Handschriftenfolge (H1) skizziert ein Eifersuchtsdrama: Ein Soldat namens Louis ermordet aus Eifersucht seine Geliebte Margreth. Die zweite Handschriftenfolge (H2) erzählt von sozialer Macht und Ohnmacht: Ein Soldat namens Franz Woyzeck wird von einem Doktor und einem Hauptmann medizinisch und militärisch drangsaliert. Die dritte Handschriftenfolge (H3) bietet zwei freischwebende Szenen: In der einen hält ein Professor einen improvisierten Vortrag, bei dem Woyzeck als Gehilfe auftritt; in der anderen spricht Woyzeck mit seinem Kind und einem Idioten. Die letzte Handschriftenfolge (H4) beginnt mit einer Kombination aus Eifersuchts- und Sozialdrama. Die Geliebte heißt nun Marie; die militärischen und medizinischen Belastungen Woyzecks werden nun stärker mit dem Thema des Wahnsinns verknüpft. Zu einem Mord kommt es in dieser vierten Handschriftenfolge allerdings nicht. Die Handlung bricht vorher ab.

Aus heutiger Perspektive hat diese offene Form, diese in sich vielfältige und widersprüchliche Handlungsfolge einigen Reiz. Die Literatur des 20. Jahrhunderts und auch das Kino unserer Zeit haben vielfach mit solchen offenen Formen experimentiert. Doch es ist wenig wahrscheinlich, dass Büchner, hätte er den ›Woyzeck‹ vollenden können, es bei einer derartigen Offenheit und Unbestimmtheit belassen hätte. Deshalb bietet eine Lesefassung einen Vorschlag, auf welche Weise Büchner aus seinen mehrfachen Ansätzen eine einheitliche Geschichte hätte formen können. Ausgangspunkt für solche Lesefassungen ist stets die letzte Handschriftenfolge (H4), deren Lücken und vor allem deren fehlendes Ende dann aus den anderen Handschriften ergänzt werden. Daraus ergibt sich eine Abfolge von 27 Szenen.« (Roland Borgards: Georg Büchner: Woyzeck. Braunschweig: Bildungshaus Schulbuchverlage 2009, S. 29 f.)

Die vier überlieferten Manuskripte legen den Schluss nahe, dass Büchner in seinem Stück zunächst die Geschichte eines Mordes aus Eifersucht erzählen wollte und dass er im Zuge der Arbeit an dem Drama den Eindruck gewann, dies sei ein zu eindimensionaler Ansatz und Begründungszusammenhang. Deshalb begann er das Bild breiter anzulegen, indem er das soziale Umfeld des späteren Täters, seine Lebens- und Arbeitsbedingungen stärker mit einbezog und seine Zurichtung durch die Gesellschaft und den militärischen Dienst sowie die militärischen Hierarchien vorführte. Er zeigte den Mörder als einen seelisch verstörten Menschen und deutete an, wie es zu dieser seelischen Verstörung gekommen war. Er ließ den Täter als Opfer der gesellschaftlichen Zustände erscheinen.

5. Offenes oder geschlossenes Drama?

Anhand der nach wie vor erkenntnisfördernden Unterscheidung zwischen ›geschlossener‹ und ›offener Dramenform‹ (Volker Klotz: »Geschlossene und offene Form im Drama«, 1960) denken die Schüler weiter über die Tektonik (den Aufbau) und die Dramaturgie von Büchners »Woyzeck« nach. Den dramentheoretischen Hintergrund entnehmen sie, soweit er ihnen nicht auch so präsent ist, dem Arbeitsblatt mit seinen vier kurzen Informationstexten zur ›Geschlossenen Dramenform‹, ›Klassischen Dramenform‹, ›Offenen Dramenform‹ und ›Modernen Dramenform‹. Der zweite und der vierte Text dienen dabei in erster Linie der Horizontbildung, die Arbeitsaufträge beziehen sich vorrangig auf das Begriffspaar der ›geschlossenen‹ und ›offenen Dramenform‹.

Arbeitsaufträge

Kopiervorlage
→ Seite 106

Textausgabe

Einzel- oder Partnerarbeit

Unterrichtsgespräch

■ ERSTER ARBEITSAUFTRAG: Büchners »Woyzeck« wird oft als Wegbereiter des modernen Dramas und als eines der frühesten Beispiele der offenen Dramenform bezeichnet. Vielen gilt das Stück geradezu als Prototyp des offenen Dramas. Nennen Sie Aspekte, die für diese Auffassung sprechen. Gehen Sie dabei auf die Handlung des Stücks, die Behandlung von Zeit und Raum, das Dramenpersonal, die Komposition und die Handhabung der Sprache ein.

ZWEITER ARBEITSAUFTRAG: Vor dreißig Jahren hat der Büchnerexperte Burghard Dedner, der spätere Herausgeber der heute wichtigsten Büchner-Ausgabe, einen Aufsatz »Die Handlung des ›Woyzeck‹: wechselnde Orte – ›geschlossene Form‹« veröffentlicht. Darin beschreibt er einen zeitlichen Ablauf für die Handlung des Stücks, in dem die Abfolge von Untreue, Eifersucht und Verbrechen als aufs Äußerste zusammengedrängt erscheint. Büchners Text wirkt in dieser Sicht auf einmal wie ein Drama der geschlossenen Form. Zeigen Sie, wie der zeitliche Ablauf der Dramenhandlung in größtmöglicher Verdichtung aussehen könnte.

DRITTER ARBEITSAUFTRAG: Dedner erklärte in seinem Aufsatz, Büchner arbeite im »Woyzeck« mit originellen dramatischen Formelementen, die sich mit den Stichworten »Hetze« und »Tendenz zur Simultaneität« bezeichnen ließen. Geben Sie Beispiele, wo diese beiden Formelemente in »Woyzeck« angewandt sind.

VIERTER ARBEITSAUFTRAG: Überlegen Sie, wie sich die Wirkung des Stücks verändert, wenn man es nicht als Beispiel der offenen Form, sondern als zeitlich dicht gedrängte, in sich weitgehend geschlossene und unter den Vorzeichen von »Hetze« und »Simultaneität« stehende Dramenhandlung betrachtet.

FÜNFTER ARBEITSAUFTRAG: Erörtern Sie gemeinsam, wo der von Dedner in seinem Aufsatz aus dem Jahre 1988 vertretene Ansatz an seine Grenzen stößt. Argumentieren Sie möglichst unter ständiger Bezugnahme auf den Dramentext.

Erwartungen

■ ERSTER ARBEITSAUFTRAG: Die Elemente, die Büchners Stück fast als Musterfall der offenen Dramenform erscheinen lassen, hat Roland Borgards in der »Schroedel Interpretation« zu »Woyzeck« (siehe Seite 59f. dieses Hefts) beispielhaft prägnant benannt und erläutert, sodass an dieser Stelle erneut dankbar auf seine (hier leicht gekürzt wiedergegebene) Darstellung zurückgegriffen wird:

»Die *Handlung* des Stücks lässt sich als offen beschreiben: Sie setzt sehr unvermittelt ein. Sie schwankt unentschieden zwischen Eifersuchts- und Sozialdrama. Manche Handlungsfäden werden zwar eingeführt, dann aber unvermerkt wieder fallen gelassen, etwa das gespannte Verhältnis zwischen den Nachbarinnen Marie und Margreth. Auch das Ende bleibt – in allen Versionen – seltsam unbestimmt und offen. Für den Zusammenhang der Szenen sorgt zunächst einmal Woyzeck als zentrales Ich. Er steht als isolierte Person im Mittelpunkt der Handlung und hält so das Geschehen zusammen. Eine Gegenfigur mit vergleichbarem Gewicht gibt es nicht. [...]

Auch die *Zeit* wird im Stück scheinbar recht offen behandelt. Zumindest auf den ersten Blick ist unklar, wie lange die Handlung dauert [...]. Zudem hat die Zeit eindeutig eine eigene Qualität: Die Eile, von der Woyzeck durchweg geplagt ist, ist an seinem Zusammenbruch aktiv beteiligt. So wird die Zeit zum eigenständigen dramatischen Akteur. Auch Momente reiner Gegenwart werden inszeniert, etwa in der Tanz- und in der Mordszene [...].

Mit Blick auf den *Raum* wird die Offenheit der Form besonders augenfällig. Mit jedem Szenenwechsel ist auch ein Ortswechsel verbunden. Immer wieder übernimmt der Raum eine bedeutungstragende Funktion. Es ist immer ein bestimmter, symbolisch aufgeladener Raum, in dem sich die Dinge ereignen. So findet sich Woyzeck allein und verlassen auf dem freien Feld, als er von seinen Stimm-Halluzinationen überfallen wird (13. Szene); er ist eingesperrt in die Enge des Wirtshauses, als es zur Konfrontation mit dem Tambourmajor kommt (15. Szene); er steht fast buchstäblich bis zum Hals im Wasser, als er die Tatwaffe zu beseitigen versucht (25. Szene). Immer sagt der Raum etwas aus [...]. Wie die Zeit, so wird auch der Raum zum eigenständigen dramatischen Akteur. Fast könnte man sagen: Der Raum mordet mit.

Auch das *Personal* des Stücks ist typisch für die offene Form. Es agieren sehr viele Figuren, oft auch in anonym bleibenden Gruppen wie den Jahrmarktsbesuchern oder den trinkenden Handwerkern. Das Physische wird betont: Es wird rasiert, gepisst, geblutet, geschwitzt, geheult. Die Körper sprechen: Woyzeck etwa läuft durch die Gegend ›wie ein offenes Rasiermesser‹ (9. Szene). Die Gefühle sind in Unordnung; Triebe und Unbewusstes steuern die Handlungen.

Entsprechendes gilt für die *Komposition*. Sie scheint assoziativ, offen. Das Ganze besteht aus einem lockeren Geflecht einzelner Aktionen. Übergreifende Gliederungseinheiten wie den Akt gibt es nicht. Die kleine Einheit ist dominant und wird autonom: Jede einzelne Szene hat genug ästhetische Kraft, um ganz für sich allein stehen zu können. Zwischen den Szenen gibt es dennoch ein Netz von Wiederholungen und Variationen (etwa in den vier Dialogen zwischen Woyzeck und Andres in der 1., 11., 14. und 18. Szene).

In das Bild passt schließlich auch die Behandlung der *Sprache*. Den Figuren ist eine je eigene Sprechweise zugeordnet. Erkennbar sind hier Dialekt, Soziolekt und Ideolekt. Der Dialekt verweist auf eine regional bestimmte Gegend, allerdings nicht auf den Ort, an dem sich der historische Mord zugetragen hat, sondern auf den Ort, an dem Büchner selbst gelebt hat, auf Hessen, so etwa bei Marie: ›Bist doch nur en arm Hurenkind und machst deiner Mutter Freud mit deim unehrliche Gesicht.‹ (2. Szene) Der Soziolekt verweist auf den sozialen Stand der sprechenden Figuren, so etwa in der distinguierten Sprache des Doktors: ›Woyzeck, der Mensch ist frei, in dem Menschen verklärt sich die Individualität zur Freiheit.‹ (8. Szene) Der Ideolekt schließlich bezeichnet die individuell geprägte, je einmalige Sprechweise, so etwa bei Woyzeck: ›[...] Sehn Sie so ein schönen, festen grauen Himmel, man könnte Lust bekommen, einen Kloben hineinzuschlagen und sich daran zu hängen, nur wegen des Gedankenstrichels zwischen ja, und nein [...]‹ (9. Szene). Immer wieder benutzt Woyzeck ganz eigentümliche Metaphern, die keineswegs auf Allgemeingültigkeit zielen, sondern auf die Einmaligkeit und Besonderheit seiner Situation. Die Syntax zerbricht dabei zuweilen in unstimmige Splitter: ›Sehn Sie Herr Doktor, manchmal hat man so 'nen Charakter, so 'ne Struktur. Aber mit der Natur ist's was anders, sehn Sie mit der Natur *(er kracht mit den Fingern)* das ist so was, wie soll ich doch sagen, z. B.‹ (8. Szene).

Büchners Drama ist also in mehrfacher Hinsicht ein Paradebeispiel der offenen Form: Es scheint einen streng logisch organisierten, einheitlichen Handlungszusammenhang durch ein offenes Gefüge nur schwach verbundener Einzelhandlungen zu ersetzen. Es bietet autonome Einzelszenen, die weder zwingend aus dem Vorhergehenden abzuleiten sind noch zwingend in das Folgende münden. Es pluralisiert den Raum, der Aspekte der sozialen Determination anzeigt und so zum dramatischen Subjekt, zum handelnden Akteur aufsteigt. Es inszeniert eine gedehnte, gestreckte, gepresste, springende Zeit, die steuernd und determinierend auf die Figuren einwirkt und so gleichfalls zum dramatischen Subjekt, zum handelnden Akteur avanciert. Es zeigt sprechende Körper; die Figuren handeln mehr aus ihrer Physis heraus, weniger aus kalkulierten Vernunftgründen. Und schließlich hat die Vielfalt der Sprachen mit Dialekt, Soziolekt und Ideolekt eine bedeutungstragende Funktion.« (Borgards 2009, S. 41–44)

Zweiter Arbeitsauftrag: Die ersten drei Szenen (vgl. S. 5–10) könnten sich am Abend des ersten Tags der Dramenhandlung ereignen, wenn man voraussetzt, dass Woyzeck nach dem abendlichen Appell noch einmal die Kaserne verlassen darf, um mit Marie den Jahrmarkt zu besuchen. Die Szenen 4 bis 8 (vgl. S. 11–18) könnten alle auf den Vormittag des nächsten Tages fallen, die Szenen 9 bis 13 (vgl. S. 18–26) auf den Nachmittag und Szene 14 auf den Abend desselben Tages. Die restliche Handlung würde sich am darauffolgenden Tag abspielen, die Szenen 15 bis 18 (vgl. S. 27–29) tagsüber und die Szenen 19 bis 27 (vgl. S. 30–36) am Abend und in der Nacht; wobei die Schlussszene 27 oder auch die beiden letzten Szenen 26 und 27 wohl besser am nächsten Morgen zu denken sind, wenn Woyzecks Kind auf ist und die Möglichkeit besteht, ihm einen Lebkuchen zu kaufen. Die Handlung würde sich bei einem solchen zeitlichen Ablauf – wie Dedner ihn in seinem Aufsatz konstruiert – auf gut zwei Tage und drei Nächte zusammendrängen.

Dritter Arbeitsauftrag: Dass Woyzeck äußerlich wie innerlich gehetzt ist, wird nicht nur unausgesprochen deutlich – anhand seiner schier unaufhörlichen fremdbestimmten Tätigkeiten, seiner Unruhe und Fahrigkeit, seiner Unfähigkeit, seine Gedanken zu ordnen und in Ruhe auszusprechen –, sondern auch explizit mitgeteilt. Abgangsformeln wie »Wir müssen fort« (Andres zu Woyzeck in Szene 1), »Ich muss fort« und »Ich muss hinaus« (Woyzeck in den Szenen 2, 4 und 11) bezeugen dies ebenso wie die gehässige Bemerkung des müßiggängerischen Hauptmanns zu Woyzeck, er sehe »immer so verhetzt aus« (Szene 5, S. 14, Z. 23).

Die von Dedner angesprochene »Tendenz zur Simultaneität« fördert den Eindruck, dass sich die Ereignisse überstürzen, dass es als Beobachter fast nicht mehr möglich ist, ihnen zu folgen, weil man dazu eigentlich zur gleichen Zeit an verschiedenen Orten sein müsste. Auf der Bühne erscheint dieses zeitliche Nebeneinander notgedrungen als ein Nacheinander: So zieht der Zapfenstreich, dessen Trommeln Woyzeck und Andres in der ersten Szene draußen vor der Stadt gehört haben, in der zweiten Szene an Maries Wohnung vorüber. So hören Spaziergänger, die in der Nähe des Tatorts vorbeikommen (Szene 21), die Todeslaute Maries (Szene 20). So hält sich Woyzeck nach der Tat vermutlich zur gleichen Zeit im Wirtshaus auf (Szene 22), in der sich die Nachricht vom Mord in der Stadt verbreitet (Szene 23). Dieses Nacheinander des eigentlich Gleichzeitigen verstärkt noch den Eindruck des dicht Gedrängten der Ereignisse.

Vierter Arbeitsauftrag: Wenn man sich die Ereignisse der Dramenhandlung nach Dedners Vorschlag als dermaßen dicht zusammengedrängt vorstellt, so ergibt sich dadurch mit Blick auf Woyzecks Mordtat sicherlich eine entlastende Wirkung. Woyzeck scheint in kürzester Zeit in einen Strudel der Eifersucht zu geraten. Aufgrund seines Dienstes und seiner vielen Nebentätigkeiten sowie aufgrund seiner körperlichen Schwächung durch die vom Doktor an ihm durchgeführte Erbsendiät, ferner aufgrund der ihm aufgezwungenen Gehetztheit seiner Existenz und der dadurch mitverursachten inneren Ruhelosigkeit hat er im Grunde gar keine Chance, zur Besinnung zu kommen, Abstand zu gewinnen und seine Lage in Ruhe zu überdenken. Er wird vom Sturm der Ereignisse und seiner eigenen Gefühle mitgerissen und begeht die Tat nicht mit kaltem Vorsatz, sondern gleichsam in Trance beziehungsweise als Marionette eines ihm von außen – durch die systematische Abnutzung seiner Widerstandskraft, die Brechung seiner Individualität, die Kränkung seiner Männlichkeit, die wahnhaften Stimmen in seinem Kopf – aufgezwungenen Willens. Diese überlegene, aus verschiedensten Quellen gespeiste Kraft, die von Woyzeck Besitz ergreift, ihn zum Mörder werden lässt und so in Schuld und Verderben stürzt, kann man als modernes Äquivalent der jenseitigen Schicksalsmächte des klassischen Dramas begreifen. Eine solche Betrachtungsweise – dass hier, wenn auch in zeitgemäß-diesseitiger Verkappung, das übermächtige Schicksal der alten Tragödie aufscheint, das den Helden bricht – drängt sich gewissermaßen auf, sobald man das Stück in die Nähe des Typus der geschlossenen Dramenform rückt.

Fünfter Arbeitsauftrag: Manche Aspekte der Dramenhandlung und Äußerungen einzelner Dramenfiguren legen es nahe, den von Dedner konstruierten dichten Ereigniszusammenhang zumindest etwas zu relativieren:

1. Der Umstand, dass Woyzeck im zweiten Teil der zweiten Szene mit keinem Wort den Jahrmarkt und die Möglichkeit erwähnt, diesen mit Marie zu besuchen, lässt es zweifelhaft erscheinen, dass dieser Besuch noch am selben Abend stattfindet. Zudem macht Woyzeck in den ersten beiden Szenen einen besonders verstörten Eindruck, wie auch die Reaktionen von Andres und Marie zeigen. Dass er in einem solchen Zustand daran denkt, mit Marie den Jahrmarkt zu besuchen, erscheint schwer vorstellbar.
2. Unwahrscheinlich ist auch, dass Marie schon am Morgen nach dem Besuch des Jahrmarkts im Besitz eines Schmucks ist (vgl. Szene 4), den ihr der Tambourmajor geschenkt hat. Dieser ist offenkundig ein Prahlhans und kommt vermutlich gern schnell zur Sache. Aber ein oder zwei weitere Begegnungen werden vermutlich stattgefunden haben, bevor es zur Übergabe des Geschenks gekommen ist. Auch Woyzecks Behauptung »Ich hab ihn gesehn« (Szene 7, S. 16, Z. 11) spricht, wenn sie sich denn auf eine tatsächliche Beobachtung bezieht, dafür, dass sich Marie bereits mehrere Male mit dem Tambourmajor getroffen hat und einmal, vielleicht in einer Seitenstraße, dabei von Woyzeck bemerkt worden ist; andernfalls wäre der Zufall schon sehr groß. Das gleiche Argument lässt sich, und wohl mit noch größerer Berechtigung, auf die Szene 9 anwenden, in der der Hauptmann Woyzeck mit Andeutungen über Maries Untreue quält. Wie aber soll der Hauptmann von dem Verhältnis zwischen dem Tambourmajor und Marie erfahren haben, wenn diese sich erst am Abend des vorherigen Tages kennengelernt haben?
3. Wenn der Sonntag (vgl. Szene 11), an dem Marie dem Tambourmajor in ein Tanzlokal vor der Stadt gefolgt ist, wo Woyzeck sie beobachtet (vgl. Szene 12), der zweite Tag der Handlung ist, dann trifft Marie ihren neuen Liebhaber an diesem Tag bereits zum dritten Mal (vgl. Szene 6) oder, wenn sie die Ohrringe gleich am ersten Abend auf dem Jahrmarkt erhalten haben sollte (aber wie sollte das zugehen, da sie in Woyzecks Begleitung war?), zumindest zum zweiten Mal. Das ist nicht gut denkbar, zumal angesichts des schlechten Gewissens, das sie am Ende der vierten Szene quält, weil sie Woyzeck hintergeht.
4. Man kann sich ebenfalls schwer vorstellen, dass Woyzecks Eifersucht sich in so kurzer Zeit so stark entwickelt; und auch die inneren Stimmen, die ihn drängen, Marie zu töten, der Entschluss, die Tatwaffe zu beschaffen, und die Gewissheit, mit dem eigenen Leben abgeschlossen zu haben (die in Szene 18 deutlich wird, als Woyzeck Andres seine für diesen nützlichen Besitztümer vermacht), entstehen vermutlich nicht innerhalb von einigen Stunden. All dies kann sich schnell entwickeln, aber wohl doch nicht *so* schnell.
5. Hierzu passt, dass Marie in Szene 17 reue- und vielleicht auch sorgenvoll bemerkt: »Der Franz ist nit gekommen, gestern nit, heut nit« (S. 28, Z. 32). Diese Äußerung steht im direkten Widerspruch zu Dedners Annahme, die Handlung des Stücks ereigne sich im Wesentlichen innerhalb von zwei Tagen.

Dass der Handlungsverlauf des Dramas in keiner der vier Handschriftenfolgen Büchners vollständig ausgeführt und daher notgedrungen immer eine Konstruktion späterer Herausgeber ist, kommt noch hinzu. Dedners Vorschlag, »Woyzeck« nicht als lose Szenenfolge, sondern als dicht gedrängten Handlungszusammenhang zu betrachten, ist sicherlich anregend und entspricht Büchners wahrscheinlichen inhaltlichen Absichten überraschend gut. Aber vieles spricht doch dafür, von einem etwas – um ein paar Tage – längeren Handlungszeitraum auszugehen.

Modul 3
»Woyzeck«: die Figuren und ihre Sprache

In diesem Modul wird die textimmanente Analyse des Stücks fortgesetzt. Hier werden nun die wichtigsten Personen beschrieben und gedeutet. Dabei behalten die Schüler die übergreifenden Zusammenhänge und Themen des Stücks mit im Blick. Helmut Ackermanns Zeichnungen verlagern die Betrachtung jeweils abschließend auf die Ebene produktiver Rezeption und dienen als Brücke, um auch persönlichen Lektüreeindrücken Raum zu geben und zu eigener künstlerischer Auseinandersetzung anzuregen.

1. Woyzeck

Die eingehende Beschäftigung mit der Hauptfigur des Stücks bildet den Anfang. Der erste Arbeitsauftrag lässt sich im Rahmen eines Unterrichtsgesprächs recht schnell erledigen. Der zweite sollte dagegen im Sinne eines Klausurtrainings sorgfältig schriftlich ausgeführt werden. Die Rückmeldung kann im Rahmen einer Partnerarbeit erfolgen. Der dritte Arbeitsauftrag eignet sich für alle in der Marginalspalte aufgeführten Sozialformen.

Arbeitsaufträge

Kopiervorlage → Seite 107

Textausgabe

Einzelarbeit

Partnerarbeit

Unterrichtsgespräch

■ Erster Arbeitsauftrag: Überlegen Sie, woran sich zeigt, dass Woyzeck die Hauptfigur des Stücks ist.

Zweiter Arbeitsauftrag: Beschreiben Sie Woyzecks Persönlichkeit und untersuchen Sie sein sprachliches Verhalten und sein Verhältnis zu seiner Umwelt.

Dritter Arbeitsauftrag: Beschreiben Sie, welchen Eindruck Helmut Ackermanns Porträt von Woyzeck auf Sie macht. Überlegen Sie, wie Sie sich Woyzecks Aussehen und Wirkung auf andere beim Lesen des Stücks vorgestellt haben. Welche Akzente würden Sie setzen, wenn Sie ein Porträt Woyzecks anfertigen sollten?

Erwartungen

■ Erster Arbeitsauftrag: Dass Woyzeck die Hauptfigur des Stücks ist, wird allein schon durch den Umstand deutlich, dass er in 22 von 27 Szenen auf der Bühne präsent ist. Nur in den Szenen 6, 17, 21, 23 und 26 ist er nicht anwesend. Die kurze sechste Szene zeigt Marie mit dem Tambourmajor. In Szene 17 liest Marie, von Schuldgefühlen geplagt und vergeblich auf Woyzeck wartend, in der Bibel. Ihr Kind und der Narr sind bei ihr. Die sehr kurzen Szenen 21, 23 und 26 gehören zum Mordkomplex und führen schlaglichtartig die Reaktionen von unfreiwilligen Ohrenzeugen von Maries Todeskampf, neugierigen Kindern und wichtigtuerischen Amtspersonen vor. In allen anderen Szenen ist Woyzeck gegenwärtig. Er ist die Zentralgestalt, in der sich die verschiedenen Themenkomplexe des Stücks – Militärdienst, Armut, Zusammenhalt und Fürsorge, Betrug und Eifersucht, gesellschaftliche Moral, wissenschaftliche Menschenexperimente, physische und psychische Gesundheit – überkreuzen beziehungsweise bündeln.

Zweiter Arbeitsauftrag: Büchner zeigt Woyzeck als einen unter einer Psychose, also einer seelischen Störung leidenden Menschen. Einer Psychose liegt zumeist ein Bündel von Ursachen zugrunde: körperliche Erkrankungen, sozialer Druck und seelische Belastungen. Sie »führt dazu, dass der Erkrankte zeitweise oder dauerhaft Realitätsverluste erleidet, dass sich seine Wahrnehmungen verzerren, dass er für sein Handeln nicht mehr eintreten und folglich auch nicht mehr dafür verantwortlich gemacht werden kann. An Woyzeck schildert Georg Büchner die Symptome der Psychose, an Woyzecks Interaktion mit seiner Umwelt legt er die Ursachen der Psychose offen und an Woyzecks Tat deren Folgen.« (Schede 2006, S. 19)

Der Anfang des Stücks zeigt, dass Woyzecks Psychose bereits besteht, bevor Marie ihm untreu wird; ja, seine seelische Störung ist ein wesentlicher Grund dafür, dass sie Ablenkung und Entlastung in den Armen eines weniger beunruhigenden Mannes sucht. Allerdings hat diese Untreue gravierende Folgen: Mit ihr fällt Woyzecks letzte Bindung weg, die ihn bis dahin entlang des Abgrunds ein mühsames Gleichgewicht bewahren ließ. Ohne Maries Loyalität verliert er jeden Halt. Der Zweck seiner Existenz, für sie und ihren gemeinsamen kleinen Jungen zu sorgen, scheint sich in dem Moment aufzulösen, als sie sich einem anderen, besser gestellten Mann zuwendet. Um diesen Aspekt zu betonen, wird Woyzeck in der vierten Szene als gewissenhafter Ernährer und als liebevoller Vater gezeigt. Seinem Kind wendet er sich fürsorglich zu, als er dieses schlafend vorfindet, während er es in Szene 2 nicht angesehen hat. Marie hat ihm das, nachdem er gegangen war, angekreidet. Offenbar ist er sich aber bewusst, dass er verstörend auf andere wirkt, und so erscheint seine Scheu, mit seinem kleinen Sohn umzugehen, eher als ein Zeichen von Zartgefühl. Seine Unbeholfenheit gegenüber dem Kind und dessen angstvolle Reaktion in der Schlussszene des Stücks unterstreichen diesen Eindruck.

Woyzecks Leben ist radikal fremdbestimmt. Als einfacher Soldat hat er zu tun, was ihm befohlen wird. In seinen Nebenjobs beim Hauptmann und beim Doktor wird er fortwährend drangsaliert. Selbst die Freiheit, seinen Harn zu lassen, wenn ihm »die Natur kommt« (S. 16, Z. 29), hat er an den Doktor verkauft, der die Fähigkeit, den Harndrang zurückzuhalten, beinahe zynisch als Beispiel für den »freien Willen« des Menschen anführt. Von einem solchen freien Willen kann bei Woyzeck nach vielen Jahren gesellschaftlicher und institutioneller Zurichtung jedoch kaum noch die Rede sein. Es gelingt ihm nicht, sich jenseits der auf ihn einwirkenden Fremdbestimmungen ein eigenes Ich zu bewahren. Wenn er in seinem letzten Gespräch mit Andres, als er seine Habe sichtet und das Brauchbare an den Kameraden weitergibt, versucht, sich seiner selbst zu vergewissern, so fällt ihm nichts anderes ein, als vorzulesen, was seine Dienstpapiere an dürren amtlichen Informationen über ihn enthalten: »Friedrich Johann Franz Woyzeck, geschworner Füsilier im 2. Regiment, 2. Bata[i]llon 4. Compagnie, geb. Mariä Verkündigung, ich bin heut den 20. Juli alt 30 Jahre 7 Monat' und 12 Tage.« (S. 29, Z. 26–29) Er scheint nicht auf die Idee zu kommen, mehr in sich zu sehen, größere Ansprüche an Individualität, Selbstbestimmung und Glück zu machen. Diese durch fortwährenden Zwang und jahrelange Abstumpfung erworbene Bereitschaft, sich allgemeinen Normen unterzuordnen, zeigt sich auch im Gespräch mit dem Hauptmann, der sich aus Langeweile und Gehässigkeit die Zeit damit vertreibt, Woyzeck wegen des unmoralischen Lebens, das er als unverheirateter Vater eines kleinen Kindes führe, ein schlechtes Gewissen zu machen. Woyzeck versucht sich zu verteidigen, akzeptiert aber letztlich den moralischen Kodex, dem er selbst, wie er durchaus weiß, nicht gerecht werden kann, weil die Moral für die reichen Leute gemacht ist: »Es muss was Schöns sein um die Tugend, Herr Hauptmann. Aber ich bin ein armer Kerl.« (S. 14, Z. 19 f.)

Die Gespräche mit dem Hauptmann und dem Doktor (vgl. die Szenen 5, 8 und 9) machen zudem deutlich, dass Woyzeck nicht nur das Selbstbewusstsein fehlt, um sich gegen die Umwelt zu behaupten und ein eigenständiges Ich auszubilden, sondern dass ihm auch die Sprache fehlt, um seine Gedanken und Empfindungen folgerichtig und überzeugend zu entwickeln. Beide Aspekte hängen natürlich zusammen und bedingen sich gegenseitig. Aufgrund seiner sprachlichen Unbeholfenheit gelingt es Woyzeck nicht, Marie im Gespräch zu überführen, und sie gewinnt in der verbalen Auseinandersetzung rasch die Oberhand (vgl. Szene 7). Er müsste ihr Unrecht sehen, er müsste es greifen können mit den Händen (vgl. S. 15, Z. 29 f.)! In diesem Gedanken des verbal Unterlegenen bereitet sich schon die spätere Mordtat vor. Weil er sie nicht zum Geständnis und zur Einsicht bringen kann, muss Woyzeck Marie Gewalt antun, um ihr die Sünde auszutreiben.

Dass das Unvermögen, die eigenen Gefühle sprachlich auszudrücken und einzuordnen, gewalttätige Vorstellungen hervortreibt, die letztlich in gewalttätiges Handeln münden, zeigt sich ebenfalls in Szene 9. Woyzecks Verzweiflung über den vom Hauptmann boshaft befeuerten Verdacht gegen Marie drängt ihm die Vorstellung auf, einen Kloben, einen eisernen Haken, in den »schönen, festen grauen« (also verschlossenen, undurchschaubaren) »Himmel« (S. 20, Z. 33) einzuschlagen und sich daran aufzuhängen. (Dieses Bild unterstreicht überdies eindrücklich Woyzecks Gefühl, den Boden unter den Füßen verloren zu haben.) Noch wendet sich die Gewaltfantasie gegen ihn selbst. Später wendet sich die konkrete Gewalt gegen Marie. Es wundert nicht, dass auf diese Weise zwei Schwache sich gegenseitig zerstören, während die Starken, die Gestalter und Nutznießer der gesellschaftlichen Machtverhältnisse, unbehelligt bleiben.

Bevor es zum Mord kommt, steigert sich Woyzecks Eifersucht, innere Unruhe und Getriebenheit von inneren Stimmen in den Szenen 11 bis 14 ins Unerträgliche. Zwanghaft wiederholt er Maries Ausruf »immer zu, immer zu« (S. 25, Z. 4). Was für sie einen glücklich selbstvergessenen Moment wiedergewonnener Lebensfreude bedeutet, ist für ihn ein Ausdruck zügelloser Unzucht und verstärkt sein Gefühl der Ausgeschlossenheit. In der direkten Konfrontation mit dem Nebenbuhler erleidet er eine eindeutige Niederlage (vgl. Szene 15). Da er sich gegen diesen nicht behaupten kann, muss er Marie umbringen, um den für ihn unerträglichen Zustand zu beenden. »In all diesen Szenen wirkt er wie abgeschottet gegen seine Umwelt, nicht mehr wirklich ansprechbar. Er befindet sich in dem Tunnel, an dessen Ausgang er den Mord begehen wird. Auch diese Isoliertheit ist Symptom seiner Psychose.« (Schede 2006, S. 23) Erst im Mord an Marie löst sich vorübergehend seine Verkrampfung.

Woyzecks Verhalten nach der Tat legt die Deutung nahe, dass der Mord an Marie auch ein Protest, ein Befreiungsschlag gegen die ihm von vielen Seiten auferlegten Zumutungen ist. Er sucht ein Wirtshaus auf, mischt sich unter Leute, verhält sich fieberhaft dominant, singt ein Lied, kommandiert eine junge Frau namens Käthe herum, macht es sich bequem, droht ihr – was für sie natürlich nicht erkennbar ist – mit dem Schicksal Maries (»du wirst auch noch kalt werden«, S. 33, Z. 15 f.) und fordert sie auf, ihm ein Lied vorzusingen. Diese herrenmäßige Aufführung fällt aber sogleich in sich zusammen, als Käthe das Blut an seiner Hand entdeckt. »Als entlarvter Mörder flieht er die menschliche Gemeinschaft, in der er sich eben angeschickt hatte, einmal eine andere Rolle als die des geschlagenen Hundes einzunehmen.« (Schede 2006, S. 24) Die folgenden Szenen zeigen ihn allein, am Tatort mit der Leiche und am Teich, die Mordwaffe beseitigend. Dass er den Strafverfolgungsinstanzen kaum entschlüpfen wird, braucht nicht mehr vorgeführt zu werden. Das unausgeführt gebliebene Gespräch zwischen Vertretern der exekutiven und judikativen Gewalt (Gerichtsdiener und Richter), der wissenschaftlichen Klassifizierung von ›Menschenmaterial‹ (Arzt) sowie der öffentlichen Meinung (Barbier) genügt als Andeutung, dass man die Sache und den Täter schnell im Griff haben wird (vgl. Szene 26). Auch Woyzecks Versuch, sich seinem Kind zu nähern, scheitert (vgl. Szene 27).

Dritter Arbeitsauftrag: Individuelle Antworten. – Das dem Porträt als Bildunterschrift beigefügte Zitat stammt aus der siebten Szene, in der Woyzeck vergeblich versucht, Marie wegen ihrer Untreue zur Rede zu stellen (vgl. S. 15, Z. 31 f.). Die Zeichnung bringt Woyzecks Unvermögen, sich mitzuteilen, eindrucksvoll zum Ausdruck. Sein Auge richtet sich nicht auf den Betrachter und auch ersichtlich nicht auf Marie, die nah bei ihm stehen wird. Der Blick fixiert einen unbestimmten Punkt in der Außenwelt, geht aber vor allem nach innen. Woyzecks Gesichtszüge und Miene sind die eines ›einfachen‹, derben Menschen, in dem jedoch unaufhörlich Gedanken arbeiten, die er aber nicht zu fassen bekommt. Es ist das Gesicht eines äußerlich keineswegs verwahrlosten, aber innerlich gequälten, ganz in sich zurückgezogenen Menschen, der sein Leid mit einem gewissen Stoizismus erträgt, ohne dass ihm das ein Gefühl der Überlegenheit oder Erleichterung verschafft. Der linke Mundwinkel ist leicht heruntergezogen, der Mund wirkt dadurch betont verschlossen. Die Kunst des Illustrators besteht darin, die genannten Aspekte (oder andere, die vielleicht ein anderer Betrachter in das Gesicht hineinliest) zu evozieren, ohne sie im Einzelnen zu überzeichnen. Das Porträt tritt Woyzeck nicht zu nahe, es beurteilt den Porträtierten nicht, es lässt ihm seine Würde.

2. Marie

Bei der Untersuchung der Figur der Marie sollte nach Möglichkeit deutlich werden, dass der sich tödlich zuspitzende Konflikt zwischen ihr und Woyzeck ebenso auf die Unvereinbarkeit ihrer Persönlichkeiten und Bedürfnisse wie auf ihre ärmliche Lebenssituation und die gesellschaftlichen Zwänge, denen sie beide unterworfen sind, zurückzuführen ist. Sie erscheinen so – bei aller gesellschaftlichen Zurichtung und Fremdbestimmung vor allem Woyzecks – gleichermaßen als individuelle Personen und als typische Vertreter der am Rande des Existenzminimums lebenden Armen in der Zeit des sogenannten Pauperismus, der im vierten Modul noch stärker in den Blick geraten soll. Die Beschäftigung mit Woyzeck, Marie und Woyzecks Kamerad Andres bereitet hierfür den Boden.

Arbeitsaufträge

■ ERSTER ARBEITSAUFTRAG: Beschreiben Sie Maries Persönlichkeit und untersuchen Sie ihr sprachliches Verhalten und ihr Verhältnis zu ihrer Umwelt.

ZWEITER ARBEITSAUFTRAG: Beschreiben Sie, wie sich die beiden von Helmut Ackermann gezeichneten Versionen der Marie unterscheiden. Überlegen Sie, wie Sie sich die Figur der Marie beim Lesen des Stücks vorgestellt haben. Welche Merkmale ihrer äußeren Erscheinung und Persönlichkeit würden Sie herauszuarbeiten versuchen, wenn Sie ein Porträt Maries anfertigen sollten?

Kopiervorlage
→ Seite 108

Textausgabe

Einzelarbeit

Unterrichtsgespräch

Erwartungen

■ ERSTER ARBEITSAUFTRAG: Marie lebt mit Woyzeck in einer eheähnlichen Beziehung. Heiraten können sie nicht, denn das war nach der in der ersten Hälfte des 19. Jahrhunderts verschärften Gesetzgebung nur erlaubt, wenn der Mann ein für die Ernährung der Familie ausreichendes Einkommen nachweisen konnte. Auf diese Weise wollte man die drohende unkontrollierte Zunahme der am Existenzminimum lebenden Bevölkerungsschichten eindämmen. Die Folge war, dass tatsächlich mehr Menschen ledig blieben, aber gleichzeitig die Zahl der unehelich geborenen Kinder stark anstieg. Woyzeck, Marie und ihr gemeinsames Kind stehen stellvertretend für dieses gesellschaftspolitische Dilemma.

Über Maries Lebensumstände erfährt man wenig, auch wenn sie nach Woyzeck zweifellos die wichtigste Figur des Stücks ist (in zehn Szenen ist sie präsent, in weiteren sieben ist von ihr die Rede). Offenbar geht sie keiner Arbeit nach, sondern kümmert sich ausschließlich um den Haushalt und das Kind. Woyzeck sorgt mit seinem Sold und seinen Nebentätigkeiten für beide, wenn auch natürlich in einem sehr bescheidenen Rahmen. Wie groß die Armut ist, zeigt schon der Umstand, dass Marie keinen Spiegel, sondern nur *»ein Stückchen Spiegel«* besitzt, in dem sie sich betrachten kann (Szene 4, S. 11, Z. 4). Das Kind ist noch so klein, dass es zwar als Objekt der Liebe und Fürsorge viel Aufmerksamkeit beansprucht, aber keine eigenständige Bezugsperson, kein Ansprech- und Gesprächspartner sein kann. Woyzeck wiederum ist zeitlich so dadurch in Anspruch genommen, das Nötigste zu verdienen, und zudem so in sich selbst und seinen Zwangsvorstellungen gefangen, dass auch mit ihm keine tiefere Gemeinschaft möglich ist. Marie erreicht ihn nicht und fühlt sich von seinem befremdlichen Wesen abgestoßen. Das wird gleich in Szene 2 deutlich: Woyzeck erscheint am Fenster, Marie fordert ihn auf, hereinzukommen, er lehnt ab. Sie fragt, was er habe, und er berichtet von seinen wahnhaften Erlebnissen. Hierauf reagiert sie wortkarg (»Mann!«, »Franz!«), woraufhin auch Woyzeck das Interesse an weiteren Mitteilungen verliert und weitereilt. Maries abschließende Reaktion zeigt, wie brüchig die Beziehung bereits ist: »Der Mann! So vergeistert. [...] Er schnappt noch über mit den Gedanken. [...] Ich halt's nicht aus. Es schauert mich.« (S. 7, Z. 13–28)

Da es auch in ihrem sonstigen Umfeld an verlässlichen und stützenden sozialen Beziehungen fehlt, wie sich exemplarisch in dem zickigen Wortwechsel zwischen der Nachbarin Margreth und Marie in der ersten Hälfte von Szene 2 zeigt, ist es kein Wunder, dass Marie die Avancen des Tambourmajors genießt. Sie wird in der kleinen Szene mit der Nachbarin als eine Frau (eine ›Weibsperson‹) gezeigt, die stark auf Männer bezogen ist und ihr Selbstwertgefühl aus deren Bewunderung ableitet (vgl. auch die Szenen 4 und 6). Dass solche Huldigungen in aller Regel in Enttäuschungen enden, scheint sie aus Erfahrung zu wissen. Darauf deuten ihre vehementen Stimmungsschwankungen während des Stelldicheins mit dem Tambourmajor hin. Sie macht sich da nichts vor, aber sie möchte das Begehren in den Augen der Männer und deren bewundernde Worte dennoch nicht missen. Dass Woyzeck ihr all das nicht bietet, vielmehr in seiner offenkundigen Verstörtheit Ansprüche auf ihr Mitgefühl und ihre Fürsorge macht, auch wenn er selbst diesbezüglich keine ausdrücklichen Erwartungen zu haben scheint (was ihrer beider Beziehung und ihre Gefühle füreinander charakterisiert, aber wohl auch dem unsentimentaleren Gefühlsleben der unteren Bevölkerungsschichten in der damaligen Zeit entspricht), zeigt, wie schlecht Maries Bedürfnisse mit dem zusammenpassen, was Woyzeck ihr bieten kann. (Auch sprachlich kontrastieren ihre meist knappen, entschiedenen Äußerungen mit Woyzecks ziellos zerfasernden Spekulationen.) Also orientiert sie sich anderweitig, wenn auch ohne Illusionen und mit schlechtem Gewissen. Sie sehnt sich nicht nach dem Tambourmajor, von dem ihr bewusst ist, dass er sie nur auf Augenblicke aus ihrer Misere herauszureißen vermag; aber das ist besser als nichts. Eigentlich sehnt sie sich nach einer glänzenderen Existenz und hat das Gefühl, dass ihr eine solche aufgrund ihrer Attraktivität auch zustünde (vgl. Szene 4). Als Woyzeck ihr seinen kargen Lohn bringt, dessen Höhe in krassem Kontrast zu solchen Träumen steht, ist sie dennoch beschämt. Sie hält sich für schlecht. Diese Überzeugung mündet jedoch nicht in den Vorsatz, sich zu bessern, sondern bestärkt sie im Gegenteil darin, nun auch keine Rücksichten mehr zu nehmen (vgl. die beiden Schlüsse der Szenen 4 und 6). Eine solche Verquickung von moralischem Bewusstsein und unmoralischem Handeln ist kennzeichnend für Maries Situation und ihre Persönlichkeit. Entsprechend reagiert sie in Szene 7, als Woyzeck sie zur Rede zu stellen versucht, zunächst reuevoll und eingeschüchtert, fährt ihm dann aber energisch über den Mund. Ihr durch den Tambourmajor geweckter Stolz verbietet es ihr, sich dem verstörten Mann unterzuordnen. »Angesicht in Angesicht mit Woyzeck zeigt sie, dass sie ihn nicht mehr achtet. Damit ist der Graben unüberbrückbar.

Folgerichtig zeigt die nächste Szene, in der Marie auftritt, diese in den Armen des Tambourmajors, vor den Augen der Öffentlichkeit im Wirtshaus tanzend und die kurzen Momente der Selbstvergessenheit, die dieser Liebhaber ihr bieten kann, in fast zwanghaft forcierter Weise auskostend« (Szene 12; Schede 2006, S. 26). Auf diesen kleinen Exzess folgt der Katzenjammer in Szene 17. Vielleicht würde sie das Geschehene nun gerne wieder rückgängig machen und das alte Verhältnis mit Woyzeck wiederaufnehmen (vgl. S. 28, Z. 32, bis S. 29, Z. 5). Aber dazu ist es bereits zu spät, wie der Zuschauer im Unterschied zu ihr schon weiß; denn in der vorangegangenen Szene 16 hat Woyzeck bereits die Tatwaffe gekauft. In der nachfolgenden Szene regelt er seine Hinterlassenschaften. So ist Maries Reue dramaturgisch wirkungsvoll von zwei Szenen umklammert, die Woyzecks Entschlossenheit zum Mord schildern. Dass Maries Bedauern ohnedies keine neue Hoffnungen, sondern vielmehr tiefe Trostlosigkeit auslöst, zeigt ihre Klage »Alles tot!« am Ende der Szene (S. 29, Z. 4). Diese Klage durchzieht auch das von einer alten Frau in Szene 19 erzählte Märchen. Bei dem »arm Kind« (S. 30, Z. 25), von dem dort die Rede ist, kann man so auch an Marie denken. Als das Märchen auserzählt ist, erscheint Woyzeck und fordert sie auf, ihm zu folgen: »wir wollen gehn 's ist Zeit« (S. 31, Z. 8). Marie reagiert erschrocken. Sie ahnt, was kommt. Widerstrebend geht sie mit, möchte aber möglichst schnell wieder nach Hause. Als Woyzeck über sie herfällt, schreit sie um Hilfe. Trotz ihrer Trostlosigkeit ist ihr Lebenswille stark. Sie wehrt sich bis zuletzt.

»Die Figur der Marie zeigt, wie die Verhältnisse es den armen Leuten unmöglich machen, Solidarität zu üben und aneinander Halt zu finden. Woyzeck ist aufgrund seiner Drangsalierung durch diejenigen, die die gesellschaftliche Macht ausüben, so deformiert, dass er sich Marie nicht mehr zuwenden kann. Infolgedessen wendet sie sich ab und leitet damit seine für beide zerstörerische Gegenreaktion in die Wege.« (Schede 2006, S. 27)

Zweiter Arbeitsauftrag: Individuelle Antworten. – Die Marie links wirkt etwas älter, herber und vielleicht auch sinnlicher als die sehr mädchenhafte Marie rechts. Die unter dichten Brauen liegenden Augen der linken Marie sind umschattet, Nase und Kinn kräftig; in den Mundwinkeln lässt sich wohl ein leicht bitterer, desillusionierter Zug erkennen. Diese Marie hat schon viel gesehen und weiß sich zu behaupten. Ihr Blick ist auf den Betrachter gerichtet, er weicht nicht aus; dennoch bleibt er auch bei sich, scheint fast durch den Betrachter hindurchzugehen. Ihr Haar wirkt kräftig, der dichte Haarschopf ist durch keine Frisur gebändigt. Bei der rechten Marie fallen die fast unnatürlich großen Augen auf. Das Gesicht wirkt dadurch kindlich. Diese Wirkung wird durch die Stupsnase, den kleinen, leicht geöffneten Mund und die Rundlichkeit der unteren Gesichtspartie noch unterstrichen. Das ebenfalls dichte Haar ist im Nacken zu einer Frisur zusammengesteckt, die das Gesicht breit umrahmt. Der Blick geht scheu zur Seite. Die Bedeutung der graziösen Geste der erhobenen rechten Hand bleibt unbestimmt.

3. Der Tambourmajor

Während Woyzeck und Marie eindeutig als komplexe, mehrdimensionale, ›runde‹ Charaktere angelegt sind, erscheint der Tambourmajor als ein eindimensionaler, ›flacher‹ Charakter. Es wäre schön, wenn die Schüler – auch wenn sie diese Begrifflichkeiten vielleicht nicht selbst parat haben – bei der Aufgabe, den Tambourmajor als Kontrastfigur zu Woyzeck zu beschreiben, diesen Unterschied bemerken würden und einleuchtende Schlüsse daraus ziehen könnten.

Arbeitsaufträge

■ ERSTER ARBEITSAUFTRAG: Beschreiben Sie den Tambourmajor als Kontrastfigur zu Woyzeck.
ZWEITER ARBEITSAUFTRAG: Beschreiben Sie, wie sich die beiden von Helmut Ackermann gezeichneten Versionen des Tambourmajors unterscheiden. Welchem der beiden ›Darsteller‹ würden Sie bei einem Casting für die Rolle des Tambourmajors den Vorzug geben? Warum?

Kopiervorlage
→ Seite 108

Textausgabe

Einzelarbeit

Unterrichtsgespräch

Erwartungen

■ ERSTER ARBEITSAUFTRAG: Der Tambourmajor ist ein Mann, der die Blicke der Frauen auf sich zieht. Das zeigen die Reaktionen von Marie und ihrer Nachbarin Margreth, als er in der zweiten Szene an der Spitze des Spielmannszugs an ihrem Wohnhaus vorbeiparadiert: »Was ein Mann, wie ein Baum.« (Margreth) »Er steht auf seinen Füßen wie ein Löw.« (Marie, S. 6, Z. 8f.) Und der Tambourmajor ist sich seiner Wirkung wohl bewusst: Er grüßt zu den beiden Frauen hinüber. Als er Marie auf dem Jahrmarkt wiedersieht, tauscht er mit dem Unteroffizier, mit dem er losgezogen ist, derb-anerkennende Kommentare über sie aus (»Teufel zum Fortpflanzen von Kürassierregimentern und zur Zucht von Tambourmajors«; S. 9, Z. 16f.) und heftet sich mit dem Kameraden an ihre Fersen: »Fort hinterdrein.« (Z. 22) In der Bude des Marktschreiers setzt er sich vor ihr in Szene, indem er, als der Budenbesitzer das Publikum einbezieht, auf dessen Aufforderung hin *»großartig und gemessen«* (S. 10, Z. 22) seine Taschenuhr hervorzieht: »Da mein Herr. (Das ist ein Weibsbild guckt sieben Paar lederne Hosen durch).« (Z. 23f.) Das Manöver ist ein voller Erfolg – auch Marie versäumt es nicht, die entsprechenden Signale zurückzusenden: »Das muss ich sehn. *(Sie klettert auf den 1. Platz. [Tambourmajor] hilft ihr.)*« (Z. 25f.)

Damit sind die Dinge zwischen den beiden ins Rollen gebracht. Es folgt das Geschenk der Ohrringe, mit dem der Tambourmajor signalisiert, dass er nicht nur aufgrund seiner Männlichkeit, sondern auch durch seine materiellen Möglichkeiten mehr zu bieten hat als der einfache Soldat, mit dem Marie zusammen ist. Er selbst tritt nur noch in drei weiteren Szenen auf: beim Stelldichein mit Marie (Szene 6), beim sonntäglichen Tanz im Wirtshaus, bei dem Marie und er von Woyzeck heimlich beobachtet werden (Szene 12, hier nur einen wortlosen Augenblick), und nochmals im Wirtshaus, als er Woyzeck vergeblich zum Trinken auffordert und ihn dann niederringt und verbal demütigt (Szene 15). Die Rendezvous-Szene zeigt, wie beschränkt sein Wortschatz und Repertoire an derben Huldigungsfloskeln ist: Er spricht, wie schon in der Jahrmarktszene, von »Weibsbild« und »Teufel« und wiederholt die Sexualprahlerei, die zu seinen Standardformeln zu gehören scheint: »Sapperment, wir wollen eine Zucht von Tambour-Majors anlegen. He?« (S. 15, Z. 13–15) Sein Bedürfnis, sich in der Bewunderung einer sexuell attraktiven Frau zu sonnen, ist so groß, dass er sich nicht enthalten kann, auf Maries Lob seiner stattlichen Erscheinung hin noch eins draufzusetzen: »Wenn ich am Sonntag erst den großen Federbusch hab und die weißen Handschuh, Donnerwetter, Marie, der Prinz sagt immer: Mensch, Er ist ein Kerl.« (Z. 9–11) Diese selbstgefällige Angeberei geht, wie nicht verwunderlich, nach hinten los. Marie reagiert spöttisch, lenkt dann aber ein und schenkt ihm noch ein wenig weitere Bewunderung. Erst als er auch noch seinen Standardspruch von der Tambourmajor-Zucht bringt, zeigt sie sich nachhaltig verstimmt. In der Wirtshausszene ist der Tambourmajor betrunken und führt das große Wort. Auch in seinem angetrunkenen Zustand ist er dem allerdings durch die Erbsendiät des Doktors und die seelischen Qualen der letzten Zeit geschwächten Woyzeck körperlich überlegen.

Der ganz in Äußerlichkeiten aufgehende und von Äußerlichkeiten angezogene Tambourmajor ist unverkennbar als Kontrastfigur zu dem manisch auf sein verstörtes Innenleben fixierten

Woyzeck angelegt. Während Woyzeck umständlich nach Worten ringt, um das Namenlose, das ihn quält und beängstigt, zu benennen, hat der Tambourmajor, den keine komplizierten Ideen heimsuchen, für alles, was ihn beschäftigt – seine imposante Erscheinung, das Lob des Prinzen, der Erfolg bei den Weibern –, ein paar einfache Formeln parat. Der militärische Dienst, die rein repräsentative Funktion, die er als Anführer des Spielmannszugs dort erfüllt, hat, so kann man vermuten, auch seine Persönlichkeit geformt. Aber während die militärische Zurichtung Woyzeck und auch Andres schwächt, indem sie ihre Individualität unterdrückt, macht sie den Tambourmajor stark, denn sie reduziert ihn radikal auf das, was ihm ohnehin gemäß ist. Er ist ein hohler Kopf, aber so sehr mit sich im Einklang, dass er dennoch in der Lage ist, Eindruck zu machen.

Zweiter Arbeitsauftrag: Individuelle Antworten. – Die linke Version zeigt einen derberen, feisteren Tambourmajor als die rechte. Das volle Gesicht scheint einem zur Korpulenz neigenden Menschen zu gehören, der vielleicht kein schöner Mann, aber sicherlich eine raumfüllende Erscheinung ist, die die Aufmerksamkeit anderer auf sich zieht. Schnurrbart und Haare wirken nur halb gepflegt. Dieser Tambourmajor ist kein Stutzer, sondern würde sich eher als einen Pfundskerl bezeichnen. Der nach vorn gerichtete, mit sich zufriedene Blick und der entschlossen zusammengepresste Mund signalisieren, dass dieser Mensch keine Selbstzweifel kennt.

Die rechte Version des Tambourmajors zeigt dagegen das bereits etwas verlebt wirkende Gesicht eines sogenannten schönen Mannes. Dieser Tambourmajor ist leutseliger, seine Miene ist offener, seine Augen suchen Kontakt zu einem Gegenüber, sein Mund deutet ein konziliantes Lächeln an. Der Schnurrbart ist stutzerhaft gewichst und mit der Brennschere nach oben gebogen. Der Uniformkragen ist korrekt geschlossen. Dieser Tambourmajor achtet auf eine gepflegte Erscheinung. Er wirkt allerdings nicht ganz so selbstbewusst wie der linke Tambourmajor. Die konventionelle Geste des sich mit der Faust auf die Brust Klopfens erscheint als allzu bemühter Versuch, seinen Status zu betonen beziehungsweise zu behaupten. Der linke Tambourmajor würde eine solche Geste der Selbstvergewisserung wohl nicht nötig haben.

Hält man sich eng an den Text des Dramas, so würde man wohl einen vollbärtigen Tambourmajor erwarten. Das legt zumindest Maries Äußerung in der sechsten Szene nahe: »Über die Brust wie ein Stier und ein Bart wie ein Löw … So ist keiner« (S. 15, Z. 7 f.).

4. Andres

Die Beschäftigung mit Woyzecks Kamerad Andres muss nicht viel Zeit in Anspruch nehmen. Man sollte die Figur aber auch nicht ganz übergehen, denn niemand steht Woyzeck näher als Andres und so hilft ein Blick auf ihn auch, Woyzecks Situation genauer zu verstehen.

Arbeitsauftrag

Textausgabe

Einzelarbeit

Unterrichtsgespräch

- Tragen Sie zusammen, was Ihnen an der Figur des Andres auf- und zu ihr einfällt, und erläutern Sie, inwiefern sie dazu beiträgt, dass der Leser / Zuschauer Woyzeck und dessen Lage besser versteht.

Erwartungen

- Da zwischen Marie und Woyzeck schon vor Beginn der Dramenhandlung eine gewisse Entfremdung eingetreten zu sein scheint – es ist nach der Lektüre der ersten beiden Szenen kaum möglich, sich ein unbeschwertes Zusammensein der beiden vorzustellen –, ist Woyzecks Kamerad Andres der Mensch, der ihm am nächsten steht. Mit Andres und nicht mit Marie teilt Woyzeck das Bett, wenn auch nur in der Kaserne, wo er aber gewöhnlich die Nächte zu verbringen scheint (vgl. Szene 14). Die beiden Kameraden gehen vertraut miteinander um, wie die von Andres gebrauchten Anreden »Narr!« (Szene 11, S. 23, Z. 30) und »Armer« (Szene 18, S. 29, Z. 30) zeigen. Woyzeck wiederum vertraut Andres seine Sorgen (vgl. Szene 11) und Ängste an (vgl. Szene 14) und scheut sich auch nicht, ihm gegenüber von den absonderlichen Vorstellungen und Halluzinationen zu sprechen, von denen er heimgesucht wird (vgl. die Szenen 1 und 14). Anders als Marie nimmt Andres diese Anzeichen seelischer Krankheit nicht zum Anlass, sich von Woyzeck zu distanzieren. Woyzecks zeitweilige krankhafte Zustände sind ihm unheimlich (vgl. Szene 1), aber er scheint sie als gegeben hinzunehmen, wie er als einfacher Soldat gewohnt ist, vieles eigentlich Unzumutbare zu akzeptieren. Helfen kann er ihm nicht. Als Woyzeck von Eifersuchtsvisionen und Stimmen gequält wird, die ihm befehlen, Marie zu ermorden, missversteht Andres seinen Zustand als fieberhafte Erkrankung (vgl. die Szenen 14 und 18). Er zeigt Mitgefühl und Solidarität, macht aber keine Anstalten, Woyzecks besorgniserregendem Zustand auf den Grund zu gehen. Offen bleibt dabei, ob er es einfach vermeiden will, sich tiefer in die Angelegenheiten und die psychische Problematik des Kameraden verstricken zu lassen, oder ob er tatsächlich ein so harmloser und einfältiger Mensch ist, dass er nicht ahnt, wie gefährdet der Freund ist und welche Gefahr von ihm ausgeht. Manches spricht für die zweite Annahme. In jedem Fall wird Woyzecks Verlassenheit durch den Umstand, dass auch Andres ihm nicht zu helfen vermag, scharf akzentuiert.

Dass Andres geistige Selbstständigkeit und Antrieb zu eigenem Handeln fehlen, mag zum Teil mit seiner Persönlichkeit zusammenhängen. Es ist aber, wie Büchner deutlich macht, zumindest *auch* eine Konsequenz seiner Zurichtung durch den militärischen Drill. Alfons Glück hat in seiner Interpretation des Dramas darauf hingewiesen, dass Woyzeck und Andres »seelisch deformiert sind, degradiert zu Automaten, Robotern«; dies gelte insbesondere für Andres, der »wie abgeschaltet« wirke. Die »psychische Mechanisierung« der Soldaten gehe so weit, dass die Formel der Unterordnung »Ja wohl« sich sogar in ihr privates Gespräch einschleiche (vgl. Szene 18, S. 29, Z. 25) und so ihre persönliche Beziehung und ihre Kommunikation deformiere (Glück 1990, S. 190 f.).

Das gilt momentweise und ist in solchen Momenten aufschlussreich und bedrückend genug. Insgesamt aber muss, um die Gefahr der Überinterpretation und Verzerrung zu vermeiden, betont werden, dass Woyzeck und Andres ungewöhnlich vertraut, freundlich und fürsorglich miteinander umgehen. Nur zwischen diesen beiden Figuren des Stücks herrscht ein Ton, der frei von gegenseitiger Quälerei ist. Wie groß die Zuneigung ist, die Woyzeck Andres entgegenbringt, wird besonders in Szene 18 deutlich, als er seinen kümmerlichen Besitz durchgeht und Andres das eine oder andere vermacht: »Das Kamisolchen Andres, ist nit zur Montur, du kannst's brauchen Andres.« (S. 29, Z. 14 f.). Dies ist vielleicht der zärtlichste Satz des Stücks.

5. Der Hauptmann

Der Hauptmann ist *als Typus* der Exponent der militärischen Befehlsgewalt, welcher einfache Soldaten wie Woyzeck und Andres bedingungslos unterliegen. *Als Individuum* ist der Hauptmann ein »weinerlicher Melancholiker« (Borgards 2009, S. 62) und damit durchaus eine komische und sogar lächerliche Figur. Das hindert ihn jedoch nicht, sich Woyzeck unendlich überlegen zu fühlen und je nach Laune mal herablassend-nachgiebig, mal grausam mit ihm umzuspringen.

Arbeitsauftrag

- Untersuchen Sie die Figur des Hauptmanns als Individuum und als Repräsentant der herrschenden Ordnung.

Textausgabe

Einzelarbeit

Unterrichtsgespräch

Erwartungen

- Dass Büchner den Hauptmann nicht in erster Linie als individuelle Person, sondern als Vertreter der Macht, die Woyzeck drangsaliert, konzipiert hat, zeigt schon der Umstand, dass die Figur namenlos bleibt und nur ihrem dienstlichen Rang nach bezeichnet wird. Darin gleicht sie den Figuren des Doktors und des Tambourmajors, denen in der Figurenkonstellation des Stücks ähnliche Funktionen zukommen. Woyzeck, Andres und Marie erhalten dagegen eigene Namen, womit unterstrichen wird, dass es sich bei ihnen um *Menschen* handelt, denen zudem die Empathie des Autors gehört. Andererseits wird auch deutlich, dass diese drei keine durch Amt und Titel bezeugte Stellung in der Gesellschaft innehaben, welche sie schützt und stützt und ihnen das Recht gibt, über andere zu verfügen. Dass Woyzeck gleichwohl, als er mit dem Leben abschließt und dabei seine Existenz resümiert, vor allem seinen Platz im militärischen Gefüge nennt, ändert nichts an diesem Befund; denn während der Hauptmann aufgrund seines militärischen Rangs andere Menschen herumkommandieren kann, muss sich Woyzeck als einfacher Soldat herumkommandieren lassen.

Das gilt nicht nur im streng dienstlichen Kontext. Auch wenn Woyzeck, um sich eine Kleinigkeit hinzuzuverdienen (vgl. S. 12, Z. 7 f. und 20, sowie S. 18, Z. 7), beim Hauptmann zusätzlich das Amt des Barbiers übernimmt, wird dieser nicht zum Kunden, sondern bleibt der militärische Vorgesetzte, der sich ihm gegenüber alles herausnehmen darf. Das zeigt die Rasierszene insofern besonders eindrücklich, als der Hauptmann in dieser Situation eigentlich sehr leutselig und Woyzeck gegenüber wohlwollend aufgelegt ist. Aber auch in einer solchen Stimmung eröffnet er das Gespräch, das die beiden während des Rasierens führen, mit einer Ermahnung: »Langsam, Woyzeck, langsam; eins nach dem andern; Er macht mir ganz schwindlich.« (S. 12, Z. 22 f.) Der Widerspruch, der darin liegt, den am Existenzminimum lebenden Woyzeck einerseits herumzuscheuchen und ihm andererseits vorzuhalten, er mache immer einen so gehetzten Eindruck, fällt ihm offenbar nicht auf. Er geht nur von sich und dem Unbehagen aus, das ihm die Ruhelosigkeit und Fahrigkeit des permanent am Rande der Erschöpfung lebenden Menschen bereitet. Wie Andres hat auch Woyzeck die für den einfachen Soldaten immer angemessene Formel »Ja wohl« parat, auf die er sich in drei seiner ersten vier Antworten auf das Gerede des Hauptmanns beschränkt: »Ja wohl, Herr Hauptmann.« (S. 12, Z. 30, sowie S. 13, Z. 7 und 16) Als der Hauptmann sich jedoch nicht damit zufriedengibt, Woyzecks allgemeine Lebensführung zu tadeln, sondern ihn auch noch wegen seines ungeordneten Privatlebens rügt und ihm fehlende Moral vorwirft, weil er ein Kind habe, und zwar »ohne den Segen der Kirche, wie unser hochehrwürdiger Herr G[ar]nisonsprediger sagt« (Z. 22 f.) – womit der Hauptmann gleich noch eine weitere Ordnungsmacht gegen Woyzeck aufruft –, fühlt sich Woyzeck veranlasst, sich zu rechtfertigen und dem Hauptmann die ausweglose Situation seinesgleichen vor Augen zu führen. Dabei argumentiert er, bei allem unbeholfenen Ringen nach Worten, recht überzeugend: Zunächst beruft er sich auf die Bibel und dort insbesondere auf die vorbehaltlose Liebe des Heilands zu allen Kindern (vgl. Z. 25–28). Sein zweites Argument besteht aus dem Hinweis auf die sexuellen Bedürfnisse des Mannes: »Man hat auch sein Fleisch und Blut.« (S. 14, Z. 1 f.) Dieses Argument ist zwiespältig. Einerseits setzt er damit nicht ungeschickt auf das Verständnis seines Geschlechtsgenossen – zwischen Gleichgestellten könnte sich hieraus ein derb-solidarisches ›Männergespräch‹ entwickeln –, andererseits riskiert er, sich als niedere Kreatur, die ihren tierischen Trieben nicht widerstehen kann, zu präsentieren. Tatsächlich greift der Hauptmann beide Aspekte auf: Er versichert, auch ihm komme die Liebe, wenn er im Fenster liege und den Mädchen nachschaue, aber als zivilisierter Mensch müsse man sich doch beherrschen können (vgl. Z. 5–13)! Daraufhin bringt Woyzeck sein letztes und stärkstes Argument vor: »wenn ich ein Herr wär und hätt ein Hut und eine Uhr und en anglaise und könnt vornehm reden, ich wollt schon tugendhaft sein.« (Z. 16–19) Weil Woyzeck kein Geld (vgl. auch S. 13, Z. 32 f.) und (daher, muss man beinahe sagen) auch keine respektable Stellung in der bürgerlichen Gesellschaft hat, kann beziehungsweise darf er nicht heiraten, besitzt also keine Möglichkeit, sein gegenwärtiges ›unmoralisches‹ Verhältnis zu der Mutter seines Kindes zu einem ›tugendhaften‹ zu machen. Schon Goethes Gretchen weiß um diesen Zusammenhang: »Am Golde hängt / Doch alles. Ach wir Armen!« (»Faust I«, V. 2803 f.) Und Büchners Marie bestätigt diese Einsicht in Szene 4, die in mancher Hinsicht der Szene »Abend« aus »Faust I« nachempfunden ist: »ich bin nur ein arm Weibsbild« (S. 11, Z. 20 f.).

Diesem letzten Argument Woyzecks hat der Hauptmann wenig entgegenzusetzen. Also räumt er begütigend ein, Woyzeck sei »ein guter Mensch, ein guter Mensch« (S. 14, Z. 21 f.). Dennoch ändert dieses Zugeständnis nichts an der grundsätzlichen Konstellation zwischen den beiden: Woyzeck kann noch so viel Recht behalten, er bleibt immer der Dumme und Unmoralische und Machtlose. Der Hauptmann kann noch so viel Unsinn reden, er behält dennoch immer die Pose und Machtstellung des Überlegenen, des Befehle Erteilenden. Und so endet das Gespräch, wie es begonnen hat, mit der Ermahnung des Hauptmanns: »Aber du denkst zu viel, das zehrt, du siehst immer so verhetzt aus. Der Diskurs hat mich ganz angegriffen. Geh jetzt und renn nicht so« (Z. 22–24). Man könnte daher von einer Rondoform dieser Szene sprechen, die deutlich macht: Egal, was zwischendurch passiert, am Ende erweist sich, dass immer alles beim Alten bleibt und die bestehende Ordnung weiter Bestand hat.

Was lässt sich sonst noch zum Hauptmann sagen? Was kennzeichnet ihn als individuelle Person? Nicht viel, vor allem nicht viel Positives: Er hat offenbar wenig zu tun, ist »auf[ge]dunsen, fett« (S. 19, Z. 1) – und infolgedessen schlaganfallgefährdet, wie der Doktor in Szene 9 gutgelaunt konstatiert –, ängstlich um seine Gesundheit besorgt und auch im Felde kein Held (vgl. S. 21, Z. 16–19). Dass er es nicht weiter gebracht hat als bis zum Rang eines Hauptmanns, wird mit diesen mittelmäßigen Anlagen zusammenhängen. Sein Selbstgefühl bezieht er zu einem nicht unerheblichen Teil aus einer ›philosophischen Haltung‹, die sich jedoch in einem unausgegoren-wichtigtuerischen Idealismus erschöpft. Dabei beruft er sich auf konservative Werte wie Tugend, Moral und den Segen der Kirche. In seinen Stimmungen und Einstellungen anderen gegenüber ist er wankelmütig und alles andere als verlässlich. In den beiden Szenen, in denen er auftritt, begegnet er Woyzeck einmal wohlwollend – was ihn aber keineswegs hindert, dessen Lebensweise zu tadeln und sich über seine »abscheulich[e] [D]umm[heit]« (S. 13, Z. 18) lustig zu machen –, während er ihn beim anderen Mal mit ausgesucht grausamer Gehässigkeit quält (vgl. Szene 9). Büchner macht in der Figur des Hauptmanns, die man durchaus als Karikatur bezeichnen kann, deutlich, dass die Obrigkeit alle erdenklichen menschlichen Defizite aufweisen kann, ohne dass dies ihre Autorität untergräbt und ihr Überlegenheitsgefühl erschüttert.

6. Der Doktor

Die textimmanente Betrachtung der Figur des Doktors leitet zum nächsten Modul über, in dem die Bezüge zur historischen Wirklichkeit in den Blick genommen werden, wobei im ersten Schritt deutlich werden soll, dass der Gießener Medizinprofessor Johann Bernhard Wilbrand Büchner als Modell für die Figur des Doktors diente.

Arbeitsaufträge

■ ERSTER ARBEITSAUFTRAG: Charakterisieren Sie die Figur des Doktors.
ZWEITER ARBEITSAUFTRAG: Beschreiben Sie, wie Helmut Ackermann den Doktor dargestellt hat.

Kopiervorlage
→ Seite 109

Textausgabe

Einzelarbeit

Unterrichtsgespräch

Erwartungen

■ ERSTER ARBEITSAUFTRAG: Der Doktor tritt in den drei aufeinanderfolgenden Szenen 8 bis 10 in Erscheinung. In Szene 10 (einer der beiden Einzelszenen, aus denen die Handschrift H3 besteht) wird er zunächst als »Professor« bezeichnet; erst in der zweiten Hälfte der Szene steht als Sprecherbezeichnung wieder »Doktor«. Es spricht aber viel dafür, dass es sich hier nicht um zwei verschiedene Personen handelt: Zum einen bezieht sich der Doktor in der zweiten Hälfte der Szene auf die Erbsendiät Woyzecks (vgl. S. 22, Z. 18–21), ist also offenbar mit dem Doktor der Szenen 8 und 9 identisch. Zum anderen ist schwer vorstellbar, dass sich der kleine die Katze betreffende Dialog in Szene 10 (vgl. S. 22, Z. 6–12) zwischen drei Personen abspielt. Dass Woyzeck sein Gegenüber in diesem kurzen Wortwechsel einmal »Herr Professor« und einmal »Herr Doktor« anspricht, deutet darauf hin, dass die beiden unterschiedlichen Titel nur unterschiedliche berufliche Sphären des Doktors bezeichnen: Als Doktor betreibt er eine Privatpraxis, als Professor unterrichtet er Medizinstudenten.

Der Doktor wird als ein ganz auf seine Forschungsprojekte und den damit verbundenen Ehrgeiz, sich wissenschaftlichen Ruhm zu erwerben, fixierter Mensch gezeigt (vgl. S. 17, Z. 4f.). Woyzeck dient ihm als Versuchsperson für ein Ernährungsexperiment. Er erhält täglich zwei Groschen (vgl. S. 16, Z. 26f.) und isst dafür »seit einem Vierteljahr [...] nichts als Erbsen« (S. 22, Z. 19f.), was seiner Gesundheit schlecht bekommt, wie der Doktor, der regelmäßig seinen Harn analysiert (vgl. S. 16, Z. 23, bis S. 17, Z. 12) und sein körperliches Befinden prüft (vgl. etwa S. 18, Z. 15), ohne Mitgefühl registriert: Woyzeck hat Herzrhythmusstörungen, sein Blick ist offenbar verändert (vgl. S. 22, Z. 21) und seine Haare sind neuerdings »ganz dünn geworden« (S. 23, Z. 2). Zudem deuten Woyzecks Reden nach Auffassung des Doktors auf vorübergehende Schübe von Geisteskrankheit hin (vgl. S. 18, Z. 3–6), was beim Doktor so große Zufriedenheit auslöst, dass er dem »Subjekt Woyzeck« (»Subjekt« bedeutet wörtlich »Unterworfener«, was das Verhältnis zwischen dem Doktor und seiner Testperson treffend zum Ausdruck bringt) als einem ausgesprochen »interessante[n] casus« (S. 18, Z. 14) freiwillig Zulage in Aussicht stellt (vgl. Z. 14f.; vgl. überdies S. 21, Z. 8).

Der Doktor ist bemüht, seine eigenen Emotionen – seinen Ärger über die fehlende Selbstdisziplin seiner Testperson Woyzeck, nachdem er beobachtet hat, dass dieser einfach seinem Harndrang nachgegeben und auf die Straße uriniert hat – der Wissenschaft zuliebe zu kontrollieren (vgl. S. 17, Z. 15–19). Das fällt ihm alles in allem recht leicht, da es ihm gänzlich an Empathie mangelt, wie auch sein Umgang mit dem Hauptmann und sein interessiertes Studium des von Eifersucht gequälten Woyzeck in Szene 9 deutlich machen. Ein Mensch ist ihm weniger wert als ein Proteus, denn dieser ist schwer aufzutreiben, Menschen als Experimentiermaterial sind hingegen leicht verfügbar (vgl. S. 17, Z. 18–20). In seiner betonten Gefühllosigkeit kann der Doktor eine gewisse Witzigkeit entfalten, wie das launige Wortgefecht zeigt, das er sich in der ersten Hälfte von Szene 9 mit dem Hauptmann liefert. Von Humor spricht man hier allerdings lieber nicht, denn das Humane, das dem Humor zugrunde liegen sollte, fehlt beim Doktor vollständig.

Zweiter Arbeitsauftrag: Individuelle Antworten. – Helmut Ackermann porträtiert den Doktor ein wenig als einen ›zerstreuten Professor‹. Er ist – mit geschlossenem Gehrock und Fliege – korrekt, aber zugleich auch nachlässig gekleidet: Der Gehrock scheint nicht gerade modisch geschnitten und verleiht dem Träger keine vorteilhafte Figur. Dazu passen die offenbar schief sitzende Brille und der buschige, wildwüchsige Haarkranz, der die weitgehende Kahlheit des Kopfes noch betont. Auch der Schnauzbart wirkt eher ungepflegt. Ackermanns Doktor hat das mittlere Alter offensichtlich schon überschritten, aber er macht keinen schwächlichen Eindruck. Im Gegensatz zum Klischee des zerstreuten Professors wirkt er nicht weltfremd, sondern energisch und durchsetzungsstark. Der starke Unterkiefer verleiht seinem Kopf beinahe eine brutale Note. Die hinter dem Rücken zusammengelegten Hände können als Ausdruck geistiger Sammlung oder auch selbstverständlicher Autorität gedeutet werden. Der Blick scheint sich nicht auf ein Gegenüber zu richten, sondern einen unbestimmten Punkt zu fixieren: Der Doktor ist bei sich und seinen Gedanken, die für ihn unbedingte Priorität haben. Die Umwelt scheint demgegenüber bedeutungslos. Dieser Wissenschaftler wirft einen großen Schatten. Alle, die mit ihm Umgang haben, müssen akzeptieren, in diesem Schatten zu stehen.

Bildnachweis: ›Der Doktor‹. Originalzeichnung von Helmut Ackermann zu Büchners »Woyzeck«, entstanden im Herbst 2017 für dieses Heft

Modul 4
»Woyzeck«: Pauperismus und soziales Drama

Nachdem Büchners Stück in den beiden vorangegangenen Modulen textimmanent analysiert und interpretiert worden ist, werden in diesem und dem nächsten Modul seine Bezüge zur historischen Wirklichkeit untersucht. Dabei wird auch die Gattungsfrage geklärt: »Woyzeck« lässt sich als Vorläufer des sozialen Dramas und des dokumentarischen Theaters einordnen.

Methodisch schließen die Module 4 und 5 an Modul 1 zum »Hessischen Landboten« an. An die Stelle der eingehenden Auseinandersetzung mit einem literarischen Werk tritt nun erneut die horizontbildende Aneignung von Informationen, die den Text in seinen realgeschichtlichen Zusammenhang stellen. So schließt sich der Kreis und wird ein weiteres Mal deutlich, dass Büchner keine Kunst um der Kunst willen schuf, sondern in seinen Schriften immer auch politische und gesellschaftliche Anliegen verfolgte.

1. Der Doktor als Karikatur Johann Bernhard Wilbrands

Dieses Heft bietet zwei Arbeitsblätter zu dem Gießener Medizinprofessor Johann Bernhard Wilbrand, der für den Doktor in Büchners Stück Modell gestanden hat. Das erste Arbeitsblatt enthält den leicht gekürzten Text des Artikels zu Wilbrand aus der »Allgemeinen Deutschen Biographie« (Band 44, 1898). Das zweite Arbeitsblatt führt einzelne Züge von Wilbrands äußerer Erscheinung, seinem Wesen, seinem Sprachgebrauch und seinen wissenschaftlichen Marotten auf, die Büchner für die Figur des Doktors übernahm. Diese Züge kannte Büchner aus eigenem Erleben beziehungsweise aus Anekdoten, die in Gießen unter den Studenten kursierten. Die Büchnerforschung ist hingegen auf schriftliche Quellen angewiesen. Eine solche schriftliche Quelle stellen die Lebenserinnerungen von Carl Vogt dar, der zur selben Zeit wie Büchner in Gießen studierte. Aus ihnen wird im zweiten Arbeitsblatt zitiert. Als Hinführung wird darüber hinaus Vogts Lebensweg skizziert. Auch er musste – wie bereits seine Eltern – aus politischen Gründen die Heimat verlassen und ging, wie Büchner, über Straßburg in die Schweiz. Die Schüler werden sich an die Lebenswege der Mitstreiter Büchners im Zusammenhang mit dem »Hessischen Landboten« erinnern, die sie im ersten Modul kennengelernt haben. So stellt sich auch inhaltlich eine Anknüpfung an den Beginn der Unterrichtseinheit her.

Unterrichtsorganisatorisch kann das erste Arbeitsblatt auch übersprungen werden oder als Grundlage eines Kurzreferats dienen. Sicherlich lohnt es sich, auch den Lebensweg und beruflichen Werdegang Wilbrands kurz kennenzulernen. Wenn man den Zeitaufwand möglichst gering halten will, kann man den Artikel in einem Lehrervortrag mündlich darbieten und anschließend ein paar gezielte Fragen stellen, um die Aufnahmefähigkeit und Gedächtnisleistung der Schüler zu testen und wichtige Informationen und Erkenntnisse festzuhalten.

Arbeitsauftrag

- Beantworten Sie die folgenden Fragen zur Biografie Johann Bernhard Wilbrands: 1. Wann wurde Wilbrand geboren? – 2. Aus welcher Region Deutschlands stammte er? – 3. Was ist das Besondere an seiner sozialen Herkunft? – 4. Wer sorgte dafür, dass Wilbrand eine seiner Begabung angemessene Schulbildung erhielt? – 5. Wie bestritt Wilbrand die für seine Ausbildung anfallenden Kosten? – 6. Welchem Studiengebiet galt sein persönliches Interesse? – 7. Warum entschied er sich dennoch zunächst für ein Studium der Theologie? – 8. Welchen Kompromiss wählte er, als er die Theologie aufgab und sich doch den Naturwissenschaften zuwandte? – 9. Wann und wie vollzog sich seine endgültige Loslösung aus der sozialen Sphäre seiner Eltern? – 10. Wie finanzierte er sein Studium? – 11. Wo, wann und mit welchem Abschluss beendete Wilbrand sein Studium? – 12. Wohin wandte er sich anschließend, um sich weiter fortzubilden? – 13. Wo begann Wilbrands Laufbahn als Universitätslehrer? – 14. Wann erhielt er einen Ruf nach Gießen? – 15. Welche Fachgebiete unterrichtete er dort? – 16. Welche etwas absonder-

Kopiervorlage
→ Seite 110

Lehrervortrag, Referat, Einzel- oder Partnerarbeit

Unterrichtsgespräch

lichen Prinzipien und Überzeugungen vertrat Wilbrand als Wissenschaftler? – 17. Zu welchen Fachgebieten legte er wissenschaftliche Handbücher vor? – 18. Welche Widersprüche weist Wilbrands wissenschaftlicher Werdegang auf? – 19. Wann und wo starb Wilbrand? – 20. Was ist an Wilbrands Lebenslauf im Ganzen besonders bemerkenswert?

Erwartungen

■ 1. 1779. – 2. Aus der Gegend von Münster, also aus dem Westfälischen. – 3. Seine Eltern waren keine freien Bürger, sondern Leibeigene des Klosters zu Klarholz; sie bewirtschafteten ein Stück Land, das dem Kloster gehörte. – 4. Ein Pastor, der die Dorfschule beaufsichtigte und der Wilbrand selbst Anfangsunterricht im Lateinischen und Griechischen erteilte, um ihm den Übergang ins Gymnasium in Münster zu ermöglichen. – 5. Er wurde schon als Gymnasiast in einer adligen Familie als Hauslehrer tätig. – 6. Den Naturwissenschaften und hier vor allem der Pflanzenkunde und der Chemie. – 7. Aus finanziellen Erwägungen, denn seine Familie war arm und ein Abschluss als Theologe bot die Aussicht auf eine Pfarrei und damit vergleichsweise das sicherste Auskommen. – 8. Er studierte neben den ›brotlosen‹ Naturwissenschaften auch Medizin, also sozusagen angewandte Naturwissenschaften, da der Arztberuf ebenfalls einigermaßen gute Einkommenschancen bot (auch wenn die meist freiberufliche Existenz eines Arztes mehr Risiken barg als eine feste Stelle im Schoße der Kirche). – 9. 1803, also mit 24 Jahren, erhielt er von den Oberen des Klosters zu Klarholz einen sogenannten Freibrief, der seinen von den Eltern ererbten Status eines Leibeigenen aufhob; im Gegenzug verzichtete er darauf, später einmal in der Nachfolge seiner Eltern Anspruch auf die Bewirtschaftung des ihnen zugeteilten Grund und Bodens anzumelden. – 10. Wiederum durch eine Tätigkeit als Hofmeister, also Hauslehrer, und mithilfe der Unterstützung und Förderung durch ihm gewogene Lehrer. – 11. An der Universität Würzburg, wo er 1806 den medizinischen Doktortitel erwarb. – 12. Nach Paris, einem Zentrum der Wissenschaften in der damaligen Zeit. (Napoleon hatte eben, durch den Sieg über Preußen, ganz Deutschland unterworfen. Das hinderte deutsche Nachwuchswissenschaftler aber nicht, zur Komplettierung ihrer Kenntnisse Paris aufzusuchen, wo sie sich auch frei bewegen konnten und keine Feindseligkeiten fürchten mussten.) – 13. In seiner Heimat, in Münster. – 14. Im Jahre 1809. – 15. Anatomie, Botanik und Zoologie. – 16. Er hielt nichts von der wissenschaftlichen Methode, Hypothesen zu bilden und diese anschließend zu bestätigen oder zu widerlegen; er vernachlässigte die exakte Forschung zugunsten philosophischer Spekulationen; er wandte sich gegen die in der Fachwelt seit Langem unbestrittene Lehre vom Blutkreislauf. – 17. Zur Botanik (1819) und zur Naturgeschichte des Tierreichs (1829). – 18. Viele seiner größeren Arbeiten, so zur Klassifikation des Tierreichs und der Pflanzenwelt, haben sich nie in der Wissenschaft durchsetzen können; gleichwohl genoss er als Forscher und Universitätslehrer einen bedeutenden Ruf. – 19. 1846; in Gießen. – 20. Wilbrands Werdegang zeugt von der erstaunlichen sozialen Mobilität der Zeit um 1800. Anders als in den Zeiten des ›ancien regime‹ konnte man es nun mit Begabung und etwas Glück (zur rechten Zeit von den richtigen Leuten gefördert zu werden) weit bringen. Der Philosoph des deutschen Idealismus Johann Gottlieb Fichte (1762–1814), der 1811 zum Rektor der neu gegründeten Berliner Universität gewählt wurde, ist ein anderes Beispiel für einen solchen erstaunlichen sozialen Aufstieg. Ein weiteres Beispiel ist der Schriftsteller und Begründer der Jugendsozialarbeit Johannes Daniel Falk (1768–1826).

Arbeitsauftrag

Kopiervorlage → Seite 111

Textausgabe

Unterrichtsgespräch

■ Überlegen Sie nach der Lektüre des Arbeitsblatts gemeinsam, was Büchner wohl veranlasst haben könnte, der Figur des Doktors Züge des Gießener Professors Johann Bernhard Wilbrand zu verleihen.

Erwartungen

■ Individuelle Lösungen. Vermutlich wollte Büchner zeigen, dass selbst eine so inhumane Figur wie der Doktor seines Stücks, der aus wissenschaftlichem Eifer zum Peiniger Woyzecks wird, keine reine Erfindung sei. Dass er Wilbrand, auch wenn dieser ein dankbares Ziel des Spottes war, mit der dabei entstandenen Karikatur eines skrupellosen Experimentators dennoch Unrecht tat, steht auf einem anderen Blatt – Satire ist immer verletzend und immer auch unfair.

2. Zeitgenössische Ernährungsexperimente und Krankheitstheorien

Die Schüler erfahren mithilfe eines weiteren Informationstexts, dass das Ernährungsexperiment, welches der Doktor mit Woyzeck durchführt, an ähnliche Menschenversuche zeitgenössischer Wissenschaftler angelehnt ist. Die damals in der Medizin verbreitete Lehrmeinung, durch einseitige Ernährung beziehungsweise einen hohen Anteil schwerverdaulicher Nahrung verursachte Erkrankungen des Verdauungstrakts könnten seelische Störungen hervorrufen, lenkt zur Frage von Woyzecks Schuldfähigkeit über, die im nächsten Modul anhand der Beschäftigung mit dem zweiten Clarus-Gutachten näher untersucht werden soll.

Arbeitsaufträge

■ ERSTER ARBEITSAUFTRAG: Fassen Sie den Inhalt des Informationstexts in drei Sätzen zusammen.
ZWEITER ARBEITSAUFTRAG: Welche Erkenntnisse liefert der Informationstext in Bezug auf Büchners Stück und die vermutlichen Absichten des Autors?

Kopiervorlage
→ Seite 112

Einzelarbeit

Unterrichtsgespräch

Erwartungen

■ ERSTER ARBEITSAUFTRAG: Mögliche Lösung: 1. Mediziner und Biologen unternahmen ab etwa 1815 Ernährungsexperimente mit Tieren und auch mit Menschen. 2. In Frankreich untersuchten Forscher die Effizienz von Gelatine als billiges Ersatznahrungsmittel mit hohem Nährwert. 3. Zeitgenössische Mediziner konstatierten zudem einen Zusammenhang zwischen Erkrankungen des Magen-Darm-Trakts und psychischen Störungen.
ZWEITER ARBEITSAUFTRAG: Offenbar war Büchner als Medizinstudent und Sohn eines bekannten Arztes gut über die im Text erwähnten Ernährungsexperimente und Krankheitstheorien informiert. Er griff beide Aspekte in seinem Stück auf, um den *Realitätsgehalt* des darin geschilderten Schicksals zu unterstreichen, vor allem aber, weil sie *den Täter entlasteten*: Als Versuchsperson eines vom Doktor durchgeführten Ernährungsexperiments ist Woyzeck körperlich wie psychisch stark in Mitleidenschaft gezogen. Ob er ohne diese Voraussetzungen ebenfalls zum Mörder geworden wäre, ist – so stellt es Büchner dar – zumindest fraglich.

3. Vom ›Armenwesen‹ zum ›Pauperismus‹

Woyzeck und Marie, die beiden wichtigsten Personen des Stücks, sind Arme; und auch Woyzecks Kamerad Andres zählt zur Schicht der Armen, die seit der Epoche der Aufklärung eine verstärkte Aufmerksamkeit seitens philanthropisch gesinnter und verantwortungsbewusster Menschen erfuhr, durch deren Wirken und Wohltätigkeit es zu ersten Ansätzen einer systematischen Sozialfürsorge kam. Doch trotz solcher meist kommunaler Initiativen nahm das Problem der Armut in der ersten Hälfte des 19. Jahrhunderts nicht ab sondern zu. Während der Zeit des Vormärz und der beginnenden Industrialisierung erfasste es immer größere Bevölkerungsteile und wandelte sein Gesicht. Die drei auf einem zweiseitigen Arbeitsblatt wiedergegebenen Artikel aus der vierten (1817), achten (1833) und neunten (1846) Auflage des Konversationslexikons von Brockhaus beschreiben diese Entwicklung.

Arbeitsaufträge

■ ERSTER ARBEITSAUFTRAG: Fassen Sie die wesentlichen Aussagen der drei Lexikonartikel zum Problem der Armut zusammen.
ZWEITER ARBEITSAUFTRAG: Arbeiten Sie die wichtigsten Veränderungen im *Phänomen der Massenarmut* und in der *gesellschaftlichen Betrachtung dieses Phänomens* während der ersten Hälfte des 19. Jahrhunderts heraus, wie sie sich in den drei Lexikonartikeln von 1817, 1833 und 1846 spiegeln.
DRITTER ARBEITSAUFTRAG: Überlegen Sie, was die bei der Beschäftigung mit den Lexikonartikeln zur Armut gewonnenen Erkenntnisse für Ihre Sicht auf Büchners Stück bedeuten.

Kopiervorlage
→ Seiten 113–114

Textausgabe

Einzel- oder Partnerarbeit sowie Recherche

Unterrichtsgespräch und Diskussion

Vierter Arbeitsauftrag: Recherchieren Sie im Internet, wie Armut im heutigen Deutschland definiert wird und welche staatlichen Maßnahmen es zur Linderung und Bekämpfung von Armut gibt. Diskutieren Sie gemeinsam über das Thema, indem Sie sich gegenseitig über die Ergebnisse Ihrer Recherchen informieren und die zusammengetragenen Fakten einordnen und bewerten.

Erwartungen

■ Erster Arbeitsauftrag: 1. Artikel »Armenwesen« von 1817: Armut existiert in unterschiedlichen Abstufungen. Armut definiert sich durch einen grundlegenden »Mangel an zureichenden Mitteln zur Befriedigung der notdürftigsten Bedürfnisse des Lebens« (Z. 20f.). Zudem ist zwischen selbstverschuldeter und unverschuldeter Armut zu unterscheiden. Armut verführt zu kriminellem Handeln, auch wenn durchaus nicht alle Armen dieser Versuchung erliegen. Armut vererbt sich, da die Kinder von Armen schlecht erzogen und nicht an Arbeit gewöhnt sind. Aufgabe des Staates beziehungsweise der Gesellschaft ist es in jedem Fall, Armut zu lindern und ihre Ursachen zu ermitteln sowie gezielt zu bekämpfen, um die Kosten der Armut für die Gemeinschaft und für die Wohlhabenden nicht zu groß werden zu lassen. Die Bekämpfung der Armut muss gut organisiert werden, Bettelei ist streng zu untersagen.

2. Artikel »Armenwesen« von 1833: Verbreitete Armut stellt dem betroffenen Staat ein Armutszeugnis aus. Armut verführt zu kriminellem Handeln. Die üblen Gewohnheiten vieler Armer können deren Armut verursacht haben; oft sind sie aber lediglich eine Folge der Armut. Die Ursachen und die Auswirkungen von Armut müssen staatlicherseits gleichermaßen bekämpft werden; Priorität genießt dabei die Bekämpfung der Ursachen. Gesunde erwachsene Arme dürfen nicht zu sehr unterstützt werden: Fördern muss sich hier mit Fordern verbinden. Auch die Anwendung von Zwang (Einweisung in Arbeitshäuser) ist dabei erlaubt. Kinder und Kranke sind dagegen einschränkungslos zu unterstützen. Der Prozess der Industrialisierung hat international dafür gesorgt, dass in der jüngsten Vergangenheit viele Arbeiter durch Maschinen ersetzt worden und brotlos geworden sind. Ein anderer Grund für neu entstandene Armut liegt in der Zunahme der Belastung von Erwerbsarbeit durch Steuern und andere Abgaben. Das Armenwesen ist in neuerer Zeit mehr und mehr in kommunale Zuständigkeit übergegangen, was auch sinnvoll ist, da man vor Ort am besten entscheiden kann, wie Armut effizient zu bekämpfen ist. Jedoch muss staatliche Kontrolle darüber wachen, dass die Kommunen nicht zu streng mit den Armen verfahren.

3. Artikel »Pauperismus« von 1846: Für die »neue, höchst bedeutsame und unheilvolle Erscheinung« (Z. 2) der Massenarmut hat sich neuerdings der Begriff des Pauperismus eingebürgert. Das Phänomen des Pauperismus betrifft weder die seit jeher vorkommenden Fälle vorübergehender Armut noch die durch Krankheit und andere Schicksalsschläge verursachte Armut. Pauperismus bezeichnet vielmehr die Situation, dass breite Teile der Bevölkerung auch bei angestrengtestem Bemühen bei weitem nicht mehr vom Ertrag der eigenen Arbeit leben können, in diese Verhältnisse hineingeboren werden und sich nie aus ihnen herauszuarbeiten vermögen, wodurch sie jede Lebensperspektive verlieren und in Stumpfsinn, Alkoholabhängigkeit, Laster aller Art oder auch Kriminalität versinken. Pauperismus ist eine europaweit auftretende Erscheinung, die in stark industrialisierten Staaten (also in den Staaten mit der höchsten Bildung und dem größten Reichtum) besonders ausgeprägt ist. Die Wege, wie sich das Phänomen des Pauperismus am effizientesten bekämpfen lässt, werden von den verschiedenen politisch-weltanschaulichen Strömungen unterschiedlich beurteilt: Die Reaktionären suchen das Heil in der Gesellschaftsstruktur und dem Wirtschaftssystem der Vergangenheit. Die Sozialisten und Kommunisten drängen auf den Umsturz aller Verhältnisse, vor allem aber auf eine soziale Revolution und die Abschaffung des Privateigentums. Die Fabrikbesitzer plädieren dafür, die Industrialisierung noch dynamischer, auch mit staatlichen Mitteln, voranzutreiben. Die Nationalökonomen an den Universitäten erklären, dass man ihre Lehren nur konsequent hätte umsetzen müssen. Die Verfasser des Artikels empfehlen politische, wirtschaftliche und private Liberalität zur Freisetzung fortschrittlicher Kräfte, Bildung, Menschenliebe, die Schaffung von Institutionen, die der breiten Masse einen Halt und eine Stimme geben, und insgesamt die Orientierung aller auf das Gemeinwohl hin.

Zweiter Arbeitsauftrag: Die immer schon vorhandene Armut wurde im Zuge der einsetzenden Industrialisierung zu einer neuen Massenarmut mit hoher gesellschaftlicher Sprengkraft. Während die Armut zu Beginn des Jahrhunderts noch vorwiegend auf persönliche Ursachen wie Bildungsferne, Schicksalsschläge und Persönlichkeitsdefizite (Faulheit, Trunksucht und so fort) zurückgeführt wurde, wuchs in den 1820er-Jahren die Einsicht, dass es sich bei der neu aufgekommenen Massenarmut um ein strukturelles Problem innerhalb einer sich rasant verändernden Gesellschaft handelte. Wieder 20 Jahre später war das Phänomen so auffällig geworden, dass es sogar einen neuen ›wissenschaftlichen‹ Namen erhalten hatte. Auffällig ist nun auch die starke Polarisierung in der Diskussion um den Pauperismus, die ebenso wie die Massenarmut selbst eine fortschreitende gesellschaftliche Spaltung bezeugt. Auffällig ist ebenso, dass der – gleichsam aus dem aufklärerischen Geist des vorangegangenen Jahrhunderts zunächst noch ins 19. Jahrhundert hinüberwehende – Optimismus, das Armenwesen sei durch vernünftige staatliche Maßnahmen zu besiegen oder zumindest erfolgreich zu ›managen‹, in den 1840er-Jahren offenbar stark erschüttert ist. Armut erscheint nun als ein Verhängnis, das sich von Generation zu Generation zu vererben droht. Im Meinungsstreit über die Bekämpfung des Pauperismus erscheinen die Fronten verhärtet, sind die egoistischen Interessen und Glaubenssätze der gesellschaftlichen und weltanschaulichen Gegner unüberhörbar. Der Hang zur Rechthaberei scheint stärker als der echte Kummer um die tatsächliche Lebenssituation der Armen, der eine Generation früher noch deutlich herauszuhören war. Die überdies in sich widersprüchlichen Kompromissvorschläge der Verfasser des Artikels wirken vor diesem Hintergrund bei aller erkennbaren Gutwilligkeit illusorisch.

Dritter Arbeitsauftrag: Man gewinnt den Eindruck, dass Büchner, indem er einen Armen zur Zentralfigur seines Dramas machte, ein in der ersten Hälfte des 19. Jahrhunderts immer dringlicher werdendes gesellschaftliches Thema zum Gegenstand eines Theaterstücks erhob. Vor ihm hatte das niemand in einer solchen Konsequenz gewagt oder war auch nur auf die Idee dazu gekommen. Wie sehr Büchner die Situation der Armen beschäftigte, zeigt bereits seine Flugschrift »Der Hessische Landbote«, mit der seine ›Karriere‹ als Autor begann. Dass sein letztes, Fragment gebliebenes Theaterstück ebenfalls in der Welt der Armen spielt und vorführt, welches persönliche und allgemeine (alle Mitglieder der Gesellschaft betreffende) Unheil aus solcher Armut erwachsen kann, zeigt, wie sehr er sich in seiner – allerdings durch seinen frühen Tod auch sehr kurzen – Laufbahn als Schriftsteller treu geblieben ist.

Vierter Arbeitsauftrag: Man kann auf diese Aktualisierung natürlich verzichten; aber für die Schüler ist es vermutlich doch interessant, anhand ihrer Recherchen zu sehen, dass sich die heutigen Konzepte und Maßnahmen zur Bekämpfung der Armut gar nicht so sehr von denen von vor 200 Jahren unterscheiden: Das Prinzip des Förderns und Forderns gilt heute ebenso wie damals; und wenn im Lexikonartikel von 1833 davon die Rede ist, dass denjenigen Armen, »welche Kräfte haben zu arbeiten, […] nötigenfalls Beschäftigung gegeben und nur ein Zuschuss und in besondern Fällen eine außerordentliche Unterstützung gereicht werden« sollte (Z. 31–35), so wendet die Arbeitsmarkt- und Sozialpolitik der Gegenwart ganz ähnliche Maßnahmen an und spricht in diesem Kontext von »Aufstockern«. – Allerdings unterscheidet sich das damalige Verständnis von Armut deutlich von dem heutigen Armutsbegriff. Auch darüber sollte diskutiert werden. – In jedem Fall werden die Schüler im Zuge ihrer Nachforschungen (›Armut in Deutschland‹ ist ein gutes Stichwort, von dem die Internetrecherche ausgehen könnte, aber natürlich sind andere Schlagwörter ebenso geeignet) auf Zahlen und Fakten stoßen, die für sie neu und überraschend sind und ihren Blick auf die heutige Gesellschaft erweitern. So waren beispielsweise nach den Angaben des Statistischen Bundesamts im Jahr 2016 gut 31 Prozent der Bundesbürger ab dem Alter von 16 Jahren (das waren 21,3 Millionen Menschen) nicht in der Lage, unerwartete Ausgaben in Höhe von 985 Euro zu bestreiten. Dieser Betrag entsprach seinerzeit dem »statistisch maßgeblichen Schwellenwert bei der Armutsgefährdung in Deutschland« (http://www.faz.net/aktuell/wirtschaft/mehr-wirtschaft/armut-in-deutschland-jeder-dritte-hat-nicht-mal-1000-euro-15553142.html), der regelmäßig neu berechnet wird.

4. Büchners »Woyzeck« als Vorläufer des sozialen Dramas

Das Modul schließt mit einem wieder stärker literaturwissenschaftlichen Abschnitt. Die Schüler erhalten anhand eines Arbeitsblatts Informationen zum sozialen Drama und betrachten Büchners »Woyzeck« als Vorläufer dieser Untergattung der dramatischen Dichtung.

Arbeitsauftrag

Kopiervorlage
→ Seite 115

Textausgabe

Einzelarbeit

Unterrichtsgespräch

- Erläutern Sie, in welchen Aspekten Büchners »Woyzeck« der Gattung des sozialen Dramas entspricht und warum es dennoch sinnvoll ist, das Stück nicht als soziales Drama, sondern als Vorläufer dieser Gattung zu bezeichnen.

Erwartungen

- Die Armut ist für Woyzeck und Marie, was das Schicksal für die Helden des traditionellen Theaters ist. Wären sie nicht so arm, so könnten sie verheiratet sein und kämen in den Genuss einer gesicherten Stellung in der bürgerlichen Gesellschaft. Woyzeck müsste keine Nebenjobs annehmen und könnte sich der Familie widmen. Er müsste sich dem Doktor nicht als Versuchsperson in dessen Ernährungsexperiment zur Verfügung stellen, was mit Sicherheit positive Folgen für seine physische und psychische Gesundheit hätte. Er müsste sich nicht andauernd demütigen lassen, er könnte selbstbewusster auftreten und negative Erlebnisse (wie einen Seitensprung seiner Frau) besser verarbeiten. Die Gefahr, dass seine Frau ihm untreu wird, wäre aber ohnehin geringer, denn er wäre sicherlich gelassener, seelisch gesünder und zudem in der Lage, ihr nicht nur mehr Zeit und zärtliche Zuwendung zu widmen, sondern ihr auch ab und zu ein Geschenk zu machen. Marie wäre weniger einsam, weniger unzufrieden mit ihrer Situation, weniger angewiesen auf die Huldigungen anderer Männer. Ihre Selbstachtung wäre größer, sie würde nicht so hin- und hergerissen sein zwischen den widerstreitenden Empfindungen, einerseits Besseres zu verdienen als ihr elendes Dasein und andererseits nichts wert zu sein.

Weil sie arm sind, erscheint ihnen ihre Situation aussichtslos, was Kurzschlussreaktionen wie Maries Untreue und Woyzecks Mordtat begünstigt. Aber auch objektiv betrachtet wirkt ihre Lage aussichtslos. Insofern sind es tatsächlich die Verhältnisse, die sie ins Unglück treiben, und nicht so sehr ihre persönlichen Veranlagungen beziehungsweise eine subjektive, verzerrte Wahrnehmung ihrer Situation. Was das soziale Drama insgesamt kennzeichnet, lässt sich daher schon für Büchners »Woyzeck« konstatieren: Die »Ökonomie« wird zum »dramatischen Subjekt«, wodurch sich eine »Poetik der Determination« ergibt, »wie sie die sozialen Dramen seit dem 19. Jahrhundert in unterschiedlichen Facetten ausarbeiten« (Schößler, 2009, S. 119).

Inwiefern Büchners »Woyzeck« zur offenen Form tendiert, wurde bereits (am Ende des zweiten Moduls) untersucht. Hier ergibt sich kein eindeutiges Bild, da »Woyzeck« zwar auf den ersten Blick fast alle für die offene Dramenform typischen Züge aufweist, bei näherer Betrachtung aber auch – in der relativen Kohärenz der zur Mordtat führenden Eifersuchtshandlung sowie in der allgegenwärtigen Hetze, die zumindest die Empfindung eines engen zeitlichen Zusammenhangs hervorruft – der geschlossenen Form des traditionellen Dramas nicht so fernsteht. Das für das traditionelle Drama typische Spannungselement der unmittelbaren Konfrontation zwischen dem Protagonisten und seinem (oder seinen) Antagonisten fällt in »Woyzeck« fast vollständig aus. Dem Hauptmann und dem Doktor kann Woyzeck schlechterdings nicht anders als mit Respekt begegnen und der Status dieser beiden Figuren als Antagonisten Woyzecks ist überdies auch gar nicht so eindeutig: Sie sind gleichermaßen seine Peiniger wie, im weitesten Sinne, seine Wohltäter. Nur mit dem Tambourmajor, Woyzecks eindeutigem Gegenspieler im Eifersuchtsdrama, kommt es in einer kurzen Szene zu einer direkten Konfrontation. Aber auch dieses Element der traditionellen Dramatik erfährt eine kennzeichnende Abwandlung: Es bleibt seltsam nebensächlich, Woyzeck unterliegt und es kommt – entgegen der drohenden Ankündigung Woyzecks am Ende der Szene (»Eins nach dem andern«, S. 27, Z. 24) – auch später zu keiner weiteren Abrechnung zwischen den beiden Männern. Woyzeck beendet das Verhältnis zwischen seiner Lebensgefährtin und ihrem Liebhaber, indem er Marie umbringt. Weil die Täter unerreichbar bleiben, entlädt sich die Gewalt zwischen den Opfern.

Woyzeck erscheint in Büchners Stück durchaus als ein »singuläre[r] Einzelne[r]«, aber zugleich auch als ein »Typus oder Stellvertreter«, der die allgemeinen »Verhältnisse kenntlich macht« (Z. 80–82). Das gilt aber im Grunde auch schon für das Personal des bürgerlichen Trauerspiels des 18. Jahrhunderts.

Die für das soziale Drama kennzeichnende Sprachohnmacht der Figuren ist in »Woyzeck« bereits sehr ausgeprägt und wird eindrucksvoll vorgeführt. Als Vorbilder für diese milieugebundene Alltagssprache mit all ihren Unzulänglichkeiten lassen sich allenfalls die Komödien »Der Hofmeister oder Vorteile der Privaterziehung« (1774) und »Die Soldaten« (1776) von Jakob Michael Reinhold Lenz (1751–1792) nennen, des gefährdeten und unglücklichen Dramatikers des Sturm und Drang, den Büchner ja auch zum Gegenstand einer Erzählung gemacht hat. In »Woyzeck« sind es vor allem die Bibelsprüche, volkstümlichen Lieder, Märchen und Sprichwörter, anhand derer deutlich wird, dass die Figuren immer wieder »in fremden Zungen« sprechen (Schößler, 2009, S. 120), wenn sie eigene Gefühle zum Ausdruck zu bringen versuchen.

Dass Büchners »Woyzeck« besser noch nicht als soziales Drama bezeichnet werden sollte, obwohl in dem Text bereits so gut wie alles vorgeprägt ist, was später das soziale Drama ausmachen wird, liegt daran, dass die Epoche, in der Büchner sein Stück schrieb, selbst noch eine Übergangszeit, noch auf dem Weg in die Moderne mit ihren grundlegend gewandelten Lebensverhältnissen und Mentalitäten war. Noch regierten die Fürsten, noch genossen die Adligen ihre alten Standesvorrechte, noch war Macht in erheblichem Maße an Personen gebunden, auch wenn die neue Zeit, in der die Ökonomie zum bestimmenden Faktor und Machtstrukturen zunehmend undurchschaubar werden sollten, bereits auf dem Vormarsch war. Büchner, politisch wach und mit einem aus Mitgefühl erwachsenen Interesse an der Lage der Armen ausgestattet, verfügte über ein erstaunliches Gespür für diese Verschiebungen und war in der Lage, ihnen durch eine neue dramatische Form und Sprache künstlerischen Ausdruck zu verleihen. Gleichwohl hat sein Stück auch mit seinem gattungsgeschichtlichen Vorläufer, dem bürgerlichen Trauerspiel, »noch Einiges gemein, beispielsweise den familialen Konflikt […], die gesellschaftliche Spannung zwischen höheren und niederen Klassenrepräsentanten […] sowie das Finale: Die kanonischen bürgerlichen Trauerspiele von Lessing bis Schiller konzentrieren sich mit wenigen Ausnahmen auf das enge Vater-Tochter-Verhältnis und enden häufig mit dem Tod der jungen Frau als schwächstem Glied der bürgerlichen Ordnung […]. In ›Woyzeck‹ bleibt ebenfalls eine junge Frau, eine ›schöne Leiche‹, auf dem Schlachtfeld des Dramas zurück, hier die Geliebte des Protagonisten.« (Schößler, 2009, S. 119)

Bildnachweis: Originalzeichnung von Helmut Ackermann (1936–2017), entstanden im Herbst 2017 für dieses Heft

Modul 5
»Woyzeck«: Quellen und dokumentarisches Theater

Büchner hat sich bei der Konzeption und beim Verfassen seines Dramenfragments von mehreren zeitgenössischen Mordfällen anregen lassen: 1. vom Mord des arbeitslosen Perückenmachers und ehemaligen Soldaten Johann Christian Woyzeck an der verwitweten Johanna Christiane Woost in Leipzig am 2. Juni 1821; 2. vom Mord des Schuhmachergesellen Johann Philipp Schneider an dem Buchdruckergesellen Bernhard Lebrecht in der Nähe von Darmstadt am 15. April 1816; 3. vom Mord des Tabakspinnergesellen Daniel Schmolling an seiner Geliebten, dem Dienstmädchen Henriette Lehne am Rande von Berlin am 25./26. September 1817; 4. vom Mord des Leinwebers Johann Dieß an seiner Geliebten Elisabeth Reuter in Darmstadt am 15. August 1830.

Die ersten beiden dieser vier Mordfälle werden im vorliegenden Modul mit Blick auf Büchners Gestaltung der Handlungssequenzen, die in »Woyzeck« zum Mord führen, untersucht. Bei der Beschäftigung mit dem Mord des historischen Woyzeck an Johanna Christiane Woost kommt darüber hinaus der zeitgenössischen Diskussion um die Zurechnungsfähigkeit des Angeklagten eine wichtige Bedeutung zu. Sie spielte in dem Prozess eine große Rolle und trug zweifellos entscheidend dazu bei, dass Büchner sich entschloss, den Fall in einem Theaterstück aufzugreifen. Das zweite Gutachten des Medizinprofessors und Stadtpysikus von Leipzig Johann Christian August Clarus, der als Sachverständiger hinzugezogen worden war, ist in gekürzter Form in der Textausgabe enthalten (S. 59–102). Die noch im Jahr der Tat erschienene Darstellung des Mordfalls Lebrecht durch den Juristen Friedrich Schenck ist – ebenfalls in gekürzter Form – in einer vierseitigen Kopiervorlage wiedergegeben.

Am Ende des Moduls steht die Frage, inwieweit Büchners Dramenfragment nicht nur als Vorläufer des sozialen Dramas (vgl. Modul 4), sondern auch als Vorläufer des dokumentarischen Theaters angesehen werden kann.

1. Das Clarus-Gutachten: Chronologie des gerichtlichen Verfahrens

Ein eindeutiger Beweis für Büchners Kenntnis der beiden Gutachten, die Clarus 1821 und 1823 im Mordfall Woyzeck/Woost anfertigte, existiert nicht. Dass er aber zumindest das zweite Gutachten kannte, ist aufgrund der Übereinstimmungen zwischen den Informationen über die Tat und ihre Vorgeschichte bei Clarus und Büchners Darstellung in seinem Dramenfragment mehr als nur wahrscheinlich. Diese Übereinstimmungen werden im nächsten Schritt untersucht.

Für Büchners Kenntnis des zweiten Gutachtens von Clarus spricht auch, dass sein Vater im selben Jahrgang 1825 der »Zeitschrift für die Staatsarzneikunde«, in dem dieses Gutachten – welches in den Fachkreisen eine kontroverse Diskussion auslöste – im vierten Ergänzungsheft (S. 1–97) nachgedruckt worden war, einen eigenen Fachartikel veröffentlicht hatte. Darin ging es ebenfalls um einen Fall zweifelhafter Zurechnungsfähigkeit, dem allerdings ein harmloserer Anlass zugrunde lag: Ein Soldat, der Gardist Christoph Jünger, hatte in der Nacht vom 7. auf den 8. Januar 1824 einen vorgesetzten Offizier tätlich angegriffen. Auch aufgrund von Ernst Büchners ärztlicher Stellungnahme wurde er vom Vorwurf der Insubordination (des Ungehorsams gegenüber Vorgesetzten) freigesprochen. Dies war nicht der einzige Fall, in dem Ernst Büchner als Gutachter Straftätern intellektuelle oder psychische Defizite bescheinigte, die sich strafmindernd auswirkten.

Interessant ist überdies der von Jan-Christoph Hauschild nachgewiesene Umstand, dass Ernst Büchner und Johann Christian Woyzeck »vom Herbst 1806 bis zur Belagerung von Stralsund und [Woyzecks] Gefangennahme durch die Schweden im April 1807 im gleichen holländischen Regiment Dienst getan hatten: Ernst Büchner, damals 20 Jahre alt, als Sanitätsgehilfe, Johann Christian Woyzeck, 27 Jahre alt, als einfacher Infanteriesoldat« (Hauschild 1997, S. 688).

Bevor das Gutachten und das Dramenfragment auf inhaltliche Parallelen und Unterschiede hin untersucht werden, soll die Chronologie der Ereignisse im Prozess gegen den historischen Woyzeck rekonstruiert werden. Dies stellt eine gute Übung dar, einem Sachtext Informationen zu entnehmen und diese in geordneter Weise wiederzugeben. Auch ist es von inhaltlichem Interesse, die Schritte eines gerichtlichen Verfahrens bei der Verhandlung und Aburteilung eines Kapitalverbrechens in der ersten Hälfte des 19. Jahrhunderts kennenzulernen.

Foto: wikimedia.commons / Pendanting

Johann Christian August Clarus (1774–1854). Porträt des Malers und Kupferstechers Friedrich Gustav Schlick (1804–1869)

Der erste Arbeitsauftrag eignet sich gut als vorbereitende Hausaufgabe. Teil der Hausaufgabe sollte zudem die Lektüre der ersten acht Seiten des Gutachtens sein (vgl. Arbeitsauftrag 2). Die Tabelle kann als arbeitsteilige Partnerarbeit angelegt werden, bei der der eine Partner die Ereignisse vom 2. Juni 1821 bis zum September 1822 und der andere Partner die vom 27. September 1822 bis zum 16. August 1824 zusammenstellt. Die hier in den ›Erwartungen‹ folgende Tabelle enthält neben den Daten und Ereignissen, die sich den Seiten 61 bis 68 entnehmen lassen, in eckigen Klammern auch Ergänzungen, die teilweise auf den restlichen Seiten des Gutachtens in der Textausgabe beruhen, teilweise aber auch nur in der Marburger Ausgabe (»Prozesschronik«, Band 7, 2, S. 350–354) zu finden sind. Der Lehrer kann diese zusätzlichen Daten und Ereignisse mündlich ergänzen, wenn die Ergebnisse im Unterrichtsgespräch zusammengetragen werden.

Arbeitsaufträge

■ ERSTER ARBEITSAUFTRAG: Informieren Sie sich im Anhang der Textausgabe auf den Seiten 107 f. und 145 über Johann Christian August Clarus und das von ihm verfasste zweite ärztliche Gutachten über die geistige Gesundheit und die Schuldfähigkeit des historischen Woyzeck, welches auf den Seiten 61 bis 102 der Textausgabe in gekürzter Form abgedruckt ist.

ZWEITER ARBEITSAUFTRAG: Erstellen Sie auf der Grundlage der ersten acht Seiten (S. 61–68) des gekürzten Clarus-Gutachtens in einer zweispaltigen Tabelle (links jeweils das Datum, rechts das Ereignis) eine Chronologie der Geschehnisse vom 2. Juni 1821 (dem Tag des Mordes an Johanna Christiane Woost) bis zum 16. August 1824.

Textausgabe

Einzel- oder Partnerarbeit, gegebenenfalls arbeitsteilig

Unterrichtsgespräch

Erwartungen

Chronologie der Ereignisse nach dem Clarus-Gutachten	
2. Juni 1821	Der ehemalige Soldat und arbeitslose Friseur Johann Christian Woyzeck ermordet seine zeitweilige Geliebte Johanna Christiane Woost im Hauseingang ihrer Wohnung in der Leipziger Sandgasse mit mindestens sieben Stichen einer abgebrochenen Degenklinge. Der Täter ist 41 Jahre alt, sein Opfer, die Witwe eines »Chirurgus«, 46 Jahre (vgl. S. 63, Z. 30, bis S. 64, Z. 5).
16. August 1821	Der Verteidiger Woyzecks [der »Handelsgerichtsaktuarius« Philipp Heinrich Friedrich Hänsel] reicht bei Gericht seine erste Verteidigungsschrift ein (vgl. S. 64, Z. 21 f.).
23. August 1821	Auf die in Zeitungsberichten über den Fall verbreitete Nachricht hin, Woyzeck habe unter periodisch auftretenden Schüben von Wahnsinn gelitten, beantragt der Verteidiger eine »gerichtsärztliche Untersuchung« des »Gemütszustandes« des Angeklagten (vgl. S. 64, Z. 21–27). [Am folgenden Tag beauftragt das Gericht den Leipziger Stadtphysikus Clarus, ein entsprechendes Gutachten zu erstellen.]
26. August bis 14. September 1821	Clarus macht sich im Laufe von fünf Gesprächen mit dem Angeklagten (am 26., 28. und 29. August sowie am 3. und 14. September) ein Bild über dessen psychische Gesundheit (vgl. S. 64, Z. 28–30).
16. September 1821	Clarus legt dem Gericht sein Gutachten vor (vgl. S. 65, Z. 19 f.). Er hält den Angeklagten für zurechnungs- und damit für schuldfähig.
11. Oktober 1821	Woyzeck wird zum Tod durch das Schwert verurteilt (vgl. S. 66, Z. 4–8).

3. Dezember 1821	Auf den Einspruch von Woyzecks Anwalt hin gibt das Gericht der Verteidigung nochmals Gelegenheit, ihre Argumente zugunsten des Angeklagten vorzubringen (vgl. S. 66, Z. 5 f.).
29. Februar 1822	Es ergeht ein zweites Urteil, in dem der Spruch des ersten Urteils bestätigt wird (vgl. S. 66, Z. 6–8).
29. April 1822	Der Verurteilte bittet [über seinen zweiten Verteidiger, Dr. Kupfer] darum, dass die Todesstrafe in eine Zuchthausstrafe verwandelt werde (vgl. S. 66, Z. 8–10).
[9. Mai bis 10. August 1822]	[Das vereinigte Kriminalamt der Stadt Leipzig erstattet am 9. Mai Bericht an die Landesregierung, die ihrerseits am 5. Juni dem ›Geheimen Rat‹ des Landes Sachsen einen eigenen Bericht vorlegt . Prinz Friedrich August (1797–1854) – der spätere König Friedrich August II. (ab 1836) – schlägt in einem Sondervotum vor, Woyzeck in eine »Versorgungs-« oder »Strafanstalt« verbringen zu lassen. Der ›Geheime Rat‹ empfiehlt dagegen König Friedrich August I. (1750–1827) in einer Stellungnahme vom 10. Juli, das Gnadengesuch abzulehnen. In einer weiteren Stellungnahme vom 20. Juli spricht er sich überdies gegen das Sondervotum des Prinzen aus. Am 10. August folgt der König diesen Empfehlungen und lehnt das Gnadengesuch ab.]
26. August 1822	Die Landesregierung teilt dem Kriminalamt mit, dass das Gnadengesuch abgewiesen worden sei (vgl. S.66, Z. 11).
3. September 1822	Die Verteidigung unternimmt ein zweites Gnadengesuch (vgl. S. 66, Z. 11).
[4. bis 14. September 1822]	[Das Kriminalamt fragt am 4. September bei der Landesregierung an, ob die Möglichkeit eines erneuten Gnadengesuchs bestehe. Die Landesregierung stimmt am 9. zu. Am 14. weist der König ein erneutes Gesuch zurück und schlägt auch die Bitte des Kriminalamts um Wiederaufnahme des Verfahrens ab.]
19. September 1822	Die Landesregierung teilt dem Kriminalamt mit, der König habe das Todesurteil bestätigt (vgl. S.66, Z. 11).
wohl September 1822	Woyzeck teilt einem Geistlichen mit, dass er mehrere Jahre vor seiner Tat Stimmen gehört und auch einmal eine Geistererscheinung gehabt habe (vgl. S.66, Z. 12–18).
27. September 1822	Aufgrund dieser neuen Eröffnungen des Verurteilten beantragt Woyzecks erster Verteidiger eine erneute psychiatrische Untersuchung seines Mandanten, mit der der Leipziger Universitätsprofessor [Johann Christian August] Heinroth [1773–1843] [, der Inhaber des weltweit ersten Lehrstuhls für »Psychische Therapie«,] beauftragt werden solle (vgl. S. 66, Z. 19–24).
10. Oktober 1822	Das Kriminalamt beauftragt erneut Clarus, Woyzeck nochmals zu untersuchen (vgl. S. 66, Z. 25–31).
15. Oktober 1822	Clarus erklärt, dass er eine Mitwirkung von Professor Heinroth an der Untersuchung befürworten würde, und schlägt vor, die medizinische Fakultät der Universität solle das letzte Wort haben, falls die Einschätzungen von Heinroth und ihm unterschiedlich ausfielen (vgl. S. 66, Z. 31, bis S. 67, Z. 10).
28. Oktober 1822	Die Landesregierung teilt [dem Kriminalamt, auf dessen Bericht vom 20. Oktober hin] mit, dass der König keine Veranlassung sehe, den Fall neu aufzurollen, geschweige denn Professor Heinroth oder die medizinische Fakultät hinzuzuziehen (vgl. S. 67, Z. 11–17). In den folgenden Tagen wird der 13. November als Tag der Hinrichtung festgesetzt; zwei Geistliche werden angewiesen, Woyzeck auf seinen Tod vorzubereiten (vgl. S. 67, Z. 18–22).
5. November 1822	Ein »Privatmann« teilt dem Gericht auf schriftlichem Wege seine Zweifel an der geistigen Gesundheit Woyzecks mit (vgl. S. 67, Z. 22–27). [Der Zeitungsträger Haase, bei dem Woyzeck eine Weile lang gewohnt hat (vgl. S. 75 f.), überbringt dem Gericht einen Brief eines Dr. Bergk an den ersten Verteidiger Hänsel, in dem es unter anderem heißt, Haase habe ihn nach der Ermordung der Woostin aufgesucht und ihm versichert, ›dass Woyzeck unmöglich gescheut sein könne‹. Haase wird zu dieser Äußerung befragt.]
[6. November 1822]	[Das Kriminalamt informiert die Landesregierung über den Brief des Dr. Bergk.] (Vgl. auch S. 67, Z. 28)
9. November 1822	Die Landesregierung verfügt, das gerichtliche Verfahren gegen Woyzeck neu zu eröffnen und Woyzeck erneut durch Clarus untersuchen zu lassen (vgl. S. 68, Z. 14–18).
10. November 1822	Frühmorgens geht der Befehl ein, die Hinrichtung vorläufig auszusetzen und »weitere Erkundigungen in der Sache einzuziehen«. Zudem soll Clarus nach dem erneuten Studium der Akten und weiteren persönlichen Gesprächen mit Woyzeck ein zweites Gutachten anfertigen (vgl. S. 67, Z. 30, bis S. 68, Z. 3).

[7. Januar 1823]	[Woyzecks Anwälte reichen eine weitere Verteidigungsschrift ein.]
8. Januar 1823	Clarus erhält die Akten zur erneuten Durchsicht und Beurteilung (vgl. S. 68, Z. 17 f.).
12. Januar bis 21. Februar 1823	Clarus führt noch einmal fünf Gespräche mit Woyzeck (am 12., 26., 29. und 31. Januar sowie am 21. Februar), die jedes Mal 90 bis 120 Minuten dauern (vgl. S. 68, Z. 21–33).
[28. Februar 1823]	[Clarus beendet sein zweites Gutachten. Wiederum kommt er zu dem Schluss, Woyzeck sei uneingeschränkt schuldfähig.]
[4. Oktober bis 23. Dezember 1823]	[Das Gericht bestätigt am 4. Oktober das Todesurteil vom 11. Oktober 1821; das Kriminalamt informiert am selben Tage die Landesregierung. Am 10. November bitten Verteidigung und Angeklagter erneut, die medizinische Fakultät der Universität hinzuzuziehen. Am 25. November erstattet die Landesregierung dem ›Geheimen Rat‹ Bericht und spricht sich gegen eine Begnadigung aus. Der ›Geheime Rat‹ berichtet seinerseits am 23. Dezember dem König und schließt sich dabei weitgehend den Empfehlungen der Landesregierung an. Prinz Friedrich August bekräftigt indessen nochmals seinen Wunsch, Woyzeck nicht hinrichten zu lassen.]
[10. Januar bis 26. Juni 1824]	[Am 10. Januar entscheidet sich der König, nun doch ein Gutachten der medizinischen Fakultät der Universität einholen zu lassen. Das Kriminalamt gibt das Gutachten am 30. Januar in Auftrag. Im Februar werden Erkundigungen über Woyzecks Verhalten als Soldat im Jahre 1812 in Stralsund eingezogen. Am 3. April wird die »Wienbergin« (vgl. S. 71 f.), Woyzecks frühere Lebensgefährtin und Mutter seines Kindes, vernommen. Am 17. April legt die medizinische Fakultät ihr Gutachten vor: Sie bestätigt nicht nur die Gesamtbewertung von Clarus, sondern erklärt darüber hinaus, die von Clarus »aufgestellten Grundsätze« zur Klärung der Frage der Schuldfähigkeit eines Angeklagten seien »geeignet«, »bei Untersuchung und Bestimmung ähnlicher Fälle als Norm zu dienen« (S. 102). Erneut berichtet das Kriminalamt (am 27. April) an die Landesregierung, diese (am 25. Mai) an den ›Geheimen Rat‹ und dieser (am 12. Juni) an den König. Der König bekräftigt schließlich am 26. Juni das Dekret vom 10. August 1822 damit das Todesurteil gegen Woyzeck.]
[12. Juli bis 16. August 1824]	[Die Landesregierung weist das Leipziger Kriminalamt am 12. Juli an, das Urteil zu vollstrecken. Am 30. Juli wird Woyzeck von seiner bevorstehenden Hinrichtung unterrichtet. Ein erneuter Einspruch der Verteidigung vom 3. August wird am 10. August durch einen Bescheid der Landesregierung abgewiesen. Am 16. August schlägt der Kriminalrichter Christian Adolf Deutrich dem Magistrat der Stadt Leipzig den 27. August als Termin der Hinrichtung vor.]
16. August 1824	[Clarus veröffentlicht vor der Hinrichtung Woyzecks sein zweites Gutachten bei dem Leipziger Verleger Fleischer. Die Schrift hat einen Umfang von 60 Seiten zuzüglich acht römisch paginierten Seiten mit Vorbemerkungen.] Das Vorwort ist auf den 16. August 1824 datiert (vgl. S. 63, Z. 27).
[27. August 1824]	[Woyzeck wird auf dem Marktplatz von Leipzig durch den Scharfrichter hingerichtet. Zuvor hatte es in Leipzig dreißig Jahre lang keine öffentliche Hinrichtung gegeben. Mehrere tausend Menschen wohnten dem Ereignis bei. Der Lehrer, Organist, Dichter und Komponist zahlreicher Volks- und Kinderlieder – darunter das Weihnachtslied »O Tannenbaum« – Ernst Anschütz (1780–1861) war ebenfalls Augenzeuge der Hinrichtung und notierte am selben Tag in seinem Tagebuch: » Freitag, den 27. August (1824). Heiter und sehr warm. Hinrichtung des Delinquenten Woyzeck. Das Schafott war mitten auf dem Markt gebaut. 54 Kürassiere von Borna hielten Ordnung um das Schafott; das Halsgericht wurde auf dem Rathause gehalten. Kurz vor halb 11 Uhr war der Stab gebrochen, dann kam gleich der Delinquent aus dem Rathause, Goldhorn und Hänsel gingen zur Seite und die Ratsdiener in Harnisch, Sturmhaube und Piken voran, rechts und links; die Geistlichen blieben unten am Schafott; der Delinquent ging mit viel Ruhe allein auf das Schafott, kniete nieder und betete laut mit viel Umstand, band sich das Halstuch selbst ab, setzte sich auf den Stuhl und rückte ihn zurecht, und schnell mit großer Geschicklichkeit hieb ihm der Scharfrichter den Kopf ab, so dass er noch auf dem breiten Schwerte saß, bis der Scharfrichter das Schwert wendete und er herabfiel. Das Blut strömte nicht hoch empor; sogleich öffnete sich eine Falltür, wo der Körper, der noch ohne eine Bewegung gemacht zu haben auf dem Stuhl saß, hinabgestürzt wurde; sogleich war er unten in einen Sarg gelegt und mit Wache auf die Anatomie getragen. Alsbald wurde auch schnell das Schafott abgebrochen, und als dies geschehen war, ritten die Kürassiere fort. Die Gewölbe, die vorher alle geschlossen waren, wurden geöffnet und alles ging an seine Arbeit. Dass Vormittags keine Schule war, versteht sich.« (Zitiert nach: https://de.wikipedia.org/wiki/Johann_Christian_Woyzeck)]

2. Das Clarus-Gutachten: die ermittelten Fakten

Im nächsten Schritt der Beschäftigung mit dem zweiten Clarus-Gutachten lesen die Schüler die Seiten 69 bis 91. Sie enthalten die Abschnitte »I. Bei Durchsicht der Akten« (S. 69–80) und »II. Bei der Untersuchung des Inquisiten« (S. 81–91), in denen der Sachverständige seinen Befund darlegt. Die Schüler erhalten vor der Lektüre den Arbeitsauftrag (siehe unten) und machen sich im Rahmen einer vorbereitenden Hausaufgabe während der Lektüre Notizen. Im Unterrichtsgespräch wird dann zusammengetragen, in welchen Aspekten Büchner in seinem Drama auf die Umstände des historischen Mordfalls und seiner Vorgeschichte zurückgegriffen hat und in welchen Aspekten er von ihnen abgewichen ist. Die mündliche Erarbeitung entspricht der ausführlichen linken Spalte der beiden Tabellen in den Erwartungen. Schriftlich festgehalten werden als Erinnerungsstütze nur Stichworte, die sich an den Vorschlägen in rechten Spalte orientieren können. Zudem ist es sinnvoll, die Seitenangaben in der linken Spalte mit in den Heftaufschrieb zu übernehmen.

Arbeitsauftrag

Textausgabe

Einzelarbeit

Unterrichtsgespräch

Sicherung der Ergebnisse

- Lesen Sie den Mittelteil des Gutachtens (die Seiten 69 bis 91) und markieren Sie in zwei verschiedenen Farben diejenigen Stellen, in denen sich einerseits Parallelen und andererseits Unterschiede zu Büchners Darstellung des Mordfalls und seiner Vorgeschichte zeigen.

Erwartungen

Parallelen zu Büchners »Woyzeck«	Stichworte
Der historische Woyzeck ist Soldat gewesen, wenn auch nicht mehr zum Zeitpunkt der Tat. Er hat zeitweilig als Friseur gearbeitet, wodurch die Barbierszene (Szene 9) angeregt sein könnte.	Friseur → Barbierszene
Die meisten Zeugen geben an, dass Woyzeck sich in der Regel »gut, gesetzt und fleißig betragen« habe (S. 69, Z. 30; vgl. auch S. 70, Z. 3 f.; S. 73, Z. 7; S. 77, Z. 7–10; S. 78, Z. 31–33, sowie S. 79, Z. 23 und 28 f.).	gutes, fleißiges Betragen
Die zur Tatzeit schon ein Jahrzehnt zurückliegende Beziehung des historischen Woyzeck zu der ledigen *»Wienbergin«* (S. 71, Z. 27, vgl. Punkt 3 der zweiten Tabelle) weist Ähnlichkeiten zu Woyzecks Beziehung mit Marie in Büchners Stück auf: Woyzeck ist zu dieser Zeit beim Militär und hat mit seiner Geliebten ein Kind. Dann kommt es – anders als bei Büchner – zu einer räumlichen Trennung. In dieser Lage wird Woyzeck mitgeteilt, die *»Wienbergin«* gebe sich mit anderen Männern ab. Woyzeck ist sehr getroffen, nach seiner Aussage bemerkt er damals erstmals »eine Veränderung in seinem Gemütszustande« (S. 71, Z. 31; vgl. auch S. 83, Z. 1–4): Er wird »ganz still« (S. 72, Z. 1), hat geistige Absenzen (vgl. auch S. 81, Z. 21–26), hegt gegen andere einen Groll, läuft oft ins Freie und hat »beunruhigende Träume von Freimaurern«, die er »mit seinen Begegnissen in Beziehung« bringt (S. 72, Z. 12 f.). Er leidet unter innerer Unruhe, hat Geistererscheinungen und hört Stimmen (vgl. S. 72). Nach seiner Rückkehr nach Stralsund und in schwedische Dienste nimmt er das Verhältnis zu der »Wienbergin« wieder auf.	die Beziehung des historischen Woyzeck zu der *»Wienbergin«* → Woyzeck und Marie bei Büchner Gemütsveränderungen aus Eifersucht
Woyzecks Auseinandersetzung mit dem Tambourmajor in Szene 15 ist offenkundig durch eine Szene zwischen dem historischen Woyzeck und dem Gelbgießer Warnecke angeregt, in dessen Haus er von Februar 1819 bis Ende Juni (»Johannis«) 1820 wohnte (vgl. S. 73, Z. 23–25). Warnecke fordert Woyzeck in einer Schenke auf, einen Schnaps mit ihm zu trinken, dieser gibt »eine pöbelhafte Antwort« und entfernt sich mit den Worten »der Kerl pfeift dunkelblau« (S. 74, Z. 16–22). Clarus gegenüber gibt er später an, diesen Ausdruck verschiedentlich gehört zu haben, aber gar nicht recht zu wissen, was er bedeute und was er damals damit habe sagen wollen (vgl. S. 87, Z. 1–10; überdies ein schönes Beispiel für die Sprachohnmacht und das ›Sprechen in fremden Zungen‹, vgl. den Abschnitt zum sozialen Drama im vorangegangen Modul).	Woyzeck und Warnecke → Woyzeck und der Tambourmajor in Szene 15 (»der Kerl pfeift dunkelblau«)
Auch nach seiner Rückkehr nach Leipzig hört der historische Woyzeck nach seiner Aussage Stimmen, die ihn ängstigen; besonders schlimm ist dies während der Zeit seines Aufenthalts (Ende Juni bis September 1820) bei dem Zeitungsträger Haase und seiner Frau (vgl. S. 75 f.; vgl. auch S. 77, Z. 30–33; S. 78, Z. 29 f., und S. 79, Z. 3 f., sowie S. 87 f.).	Stimmen hören

Ende 1820 teilt der historische Woyzeck für ein paar Wochen das Bett mit einem Tambour namens Vitzthum (vgl. S. 77, Z. 22 f.). Die Figur des Tambourmajors und der Umstand, dass Büchners Woyzeck mit seinem Kameraden Andres in einem Bett schläft, könnten durch diese biografische Information angeregt sein.	Tambour Vitzthum → Tambourmajor und Andres
Die »Woostin« behandelt den historischen Woyzeck immer wieder »zurückweisend« (S. 80, Z. 10; vgl. auch S. 89); er lässt sich das gefallen, fühlt aber ihr gegenüber eine immer größer werdende Erbitterung. In Gedanken beschäftigt er sich »immer mit der Woostin und ihrer Untreue« (S. 80, Z. 15). Er kauft die Tatwaffe (eine Degenklinge) und lässt am Abend der Tat *»in der Absicht, die Woostin damit zu erstechen«* (S. 80, Z. 21 f.), einen Griff daran anbringen. Büchners Woyzeck besorgt als Tatwaffe ein Messer.	abweisendes Verhalten der »Woostin« und Woyzecks Erbitterung; die Tatwaffe
Als Woyzeck den »zerbrochenen Degen gekauft« habe, habe er eine Stimme gehört, die ihm »zugerufen habe: / Stich die Frau Woostin tot! / wobei er gedacht: Das tust du nicht, die Stimme aber erwidert habe: / Du tust es doch.« (S. 79, Z. 5–10, vgl. auch S. 89, Z.33, bis S. 90, Z. 7; vgl. zudem bei Büchner Szene 13)	Stimme: »Stich die Frau Woostin tot!« → Szene 13
Die allgemeinen Mitteilungen von Clarus über die Persönlichkeit Woyzecks und seinen körperlichen und geistigen Zustand (vgl. S. 81–84) könnten Büchner in mancherlei Hinsicht als Anregung gedient haben: so Woyzecks körperliche Symptome (Zittern, erhöhter Puls und starker Herzschlag zu Beginn der Gespräche, stechende Kopfschmerzen und Benommenheit, Taubheitsempfindungen, Sausen am rechten Ohr, Herzbeklemmungen; vgl. auch S. 87, Z. 15–20); das Erleiden unverdienter Kränkungen durch Offiziere und die Neigung zum Rückzug; die Schwierigkeiten, die sich (in Stralsund) einer Heirat mit der Mutter seines Kindes entgegenstellten; die krankhafte Fixierung auf einmal gefasste Gedanken; seine beständige innere Unruhe; der Umstand, dass »ihn alles dieses nicht gehindert, alle seine Geschäfte ordentlich zu verrichten« (S. 84, Z. 12 f.); sein Ärger, »wenn die Leute von ihm gesagt hätten, dass er ein guter Mensch sei, weil er gefühlt habe, dass er es nicht sei« (S. 84, Z. 29–31; vgl. das Urteil des Hauptmanns über Woyzeck in Büchners Stück); und schließlich die ärztliche Überzeugung des Gutachters, dass krankhafte körperliche Zustände Wahnvorstellungen auslösen können (vgl. die entsprechenden Überzeugungen des Doktors in Büchners Stück).	die körperlichen und psychischen Symptome von Woyzecks abnormalem Zustand zuverlässig in der Verrichtung seiner Aufgaben; »er ist ein guter Mensch«
Die eingestandene Gewohnheit des historischen Woyzeck, »laut mit sich selbst zu sprechen« (S. 85, Z. 18), kam Büchner natürlich auch entgegen (vgl. die Szenen 13, 24 und 25), weil Selbstgespräche ein traditionelles Mittel des Dramas sind, ›in die Seele‹ der Personen zu blicken.	Selbstgespräche → Monologe
Die wahnhaft geprägte Beschäftigung des historischen Woyzeck mit den Freimaurern (vgl. S. 85 f.) und sein Erlebnis »am Schlossberge in Graudenz« (vgl. S. 86) mit den »drei feurige[n] Streifen« »am Himmel« (Z. 19f.) und dem »unterirdisch[en]« »Glockengeläute« (Z. 23 f.) hat Büchner zur Gestaltung der ersten Szene inspiriert.	die Freimaurer, das Erlebnis in Graudenz → Szene 1
Der historische Woyzeck berichtete, dass er in der Zeit, als er beim Zeitungsträger Haase wohnte und besonders stark von Stimmen gequält wurde, auch körperlich in einem sehr mitgenommenen, geängstigten Zustand gewesen sei (Kopfschmerzen, Herzklopfen, »allgemeine Hitze im ganzen Körper und Schweiß vor der Stirne«, S. 87, Z. 19 f.). Dieser fiebrig erregte Zustand könnte die Gestaltung der Szenen 14 und 18 angeregt haben, in denen Andres den Stimmen hörenden Woyzeck davon zu überzeugen versucht, er habe sich bloß ein Fieber zugezogen.	Stimmen hören und fiebrige Krankheit → Szenen 14 und 18 (Andres)
Wichtige Anregungen bot auch der folgende Absatz aus dem Gutachten von Clarus: »Seine [Woyzecks] Eifersucht gegen die Woostin schreibe sich von der Zeit her, wo er bei dem Stadtsoldaten *Pfeiffer* gewohnt habe. Als in Gohlis die Kirmse gewesen, habe er abends im Bette gelegen und an die Woostin gedacht, dass diese wohl dort mit einem anderen zu Tanze sein könne. Da sei es ihm ganz eigen gewesen, als ob er die Tanzmusik, Violinen und Bässe durcheinander, höre, und dazu im Takte die Worte: *Immer drauf, immer drauf!* Kurz vorher habe ihm von Musikanten geträumt, und das habe ihm immer was Übles bedeutet. Am andern Tage habe er gehört, dass die Woostin wirklich mit einem andern in Gohlis gewesen sei und sich lustig gemacht habe!« (S.89, Z. 3–14) Die Erwähnung der »Kirmse« könnte den Anstoß zu der Jahrmarktszene 3 gegeben haben, Woyzecks eifersüchtige Gedanken finden sich in Szene 11 wieder, aus *»Immer drauf, immer drauf!«* wird in den Szenen 12, 13 und 14 »immer zu immer zu« (vgl. S. 25, Z. 4, 5, 6 und 12, sowie S. 26, Z. 6, 10 und 21), in Szene 14 hört Woyzeck im Bett die Geigen der Tanzmusik; der Bestätigung am nächsten Tag, dass sich »die Woostin« tatsächlich am Vortag auf der Kirmes vergnügt habe, gibt Büchner eine dramatischere Form, indem er Woyzeck in Szene 12 selbst beobachten lässt, wie sich Marie in einem Tanzlokal mit dem Tambourmajor amüsiert.	Woyzecks Eifersucht wegen des Umgangs der »Woostin« mit anderen Männern (Kirmse in Gohlis) → Szenen 3 und 11 bis 14 *»Immer drauf, immer drauf!«* → »immer zu immer zu«

Der historische Woyzeck gab an, er habe, um den Gedanken an den beabsichtigten Mord »loszuwerden, den Degen in den Teich vor dem Grimmaischen Tore werfen wollen« (S. 90, Z. 17 f.). Diese Aussage könnte Büchner als Anregung für die Szene 25 gedient haben, in der Woyzeck *nach der Tat* die Tatwaffe in einem Teich nahe des Tatorts loszuwerden versucht.	der Teich und die Tatwaffe → Szene 25

Unterschiede zu Büchners »Woyzeck«	Stichworte
Der historische Woyzeck ist gelernter Perückenmacher, hat unter anderem als Friseur, Bedienter und Lagerarbeiter gearbeitet und von 1806 bis 1818 in Armeen verschiedener europäischer Mächte als Soldat gedient. Im Sommer 1821, als er den Mord begeht, liegt seine Zeit beim Militär bereits drei Jahre zurück. Seither war er meist beschäftigungslos und hat bei verschiedenen Leuten Unterkunft gefunden (Clarus führt zehn Stationen auf).	beschäftigungslos, ohne festen Wohnsitz und Familie (früher Soldat)
Woyzeck ist dem Alkoholgenuss sehr zugeneigt (vgl. S. 73, Z. 16 f., und S. 82, Z. 33 f.); seine Aussagen deuten darauf hin (bzw. werden von Clarus entsprechend interpretiert), dass die von ihm beschriebenen körperlichen Symptome und seelischen Störungen sowie seine Neigung zur Gewalttätigkeit bei vermehrtem Alkoholkonsum zunahmen (vgl. S. 79, Z. 24–26) und sich bei relativer Abstinenz verringerten (vgl. S. 90, Z. 7–10).	Woyzecks Alkoholismus (der seine Krankheitssymptome verstärkt)
Johanna Christiane Woost, das Mordopfer, ist nicht identisch mit der Frau, mit der Woyzeck ein Kind hat. Mit dieser, der *»Wienbergin«* (S. 71, Z. 27), hat er 1812 (nach seiner Angabe 1810, vgl. Z. 26), als er als Soldat in Stralsund stationiert war, ein Verhältnis gehabt. Sie hätte er gerne geheiratet (vgl. S. 84, Z. 16–31). Diese Episode liegt also zum Zeitpunkt der Tat bereits etwa zehn Jahre zurück.	zwei Frauen (zu verschiedenen Zeiten): die »Wienbergin«, die »Woostin«
Der historische Woyzeck ist zum Zeitpunkt der Tat 41 Jahre alt, Johanna Christiane Woost 46 Jahre (vgl. S. 63, Z. 32). Bei Büchner ist Woyzeck 30 Jahre und sieben Monate alt (vgl. S. 29, Z. 29); und Marie hat mit ihm einen Sohn im Kleinkindalter, weshalb man sie sich ebenfalls als eine jüngere Frau (eher in den Zwanzigern als in den Dreißigern) vorstellen wird.	Alter des Mörders und des Mordopfers
Woyzeck fällt schon vor der Tat durch Gewalttätigkeit gegen Frauen auf, mit denen er ein Verhältnis hat (oder gerne hätte) und die er verdächtigt, ihm untreu zu sein (vgl. S. 70, Z. 4–28); er ist deswegen auch bereits verhaftet und mit Arrest bestraft worden (vgl. S. 78, Z. 12–24); auch und insbesondere gegenüber Johanna Christiane Woost, dem späteren Mordopfer, wird er mehrmals brutal gewalttätig (vgl. S. 74, Z. 10–15, S. 78, Z. 12–24, und S. 79, Z. 11–26).	aus Eifersucht wiederholte Gewalttätigkeit gegen Frauen; Arreststrafe
Während der letzten Tage vor der Tat hat sich Woyzeck »im Freien herumgetrieben« (S. 79, Z. 33 f.).	vor der Tat obdachlos
Die Tat ereignet sich nicht wie in Büchners Stück draußen vor der Stadt, sondern »in dem Hausgange« der Wohnung des Mordopfers »auf der Sandgasse« (S. 64, Z. 1 f.). Auch sucht der historische Woyzeck sein Opfer nicht vor der Tat auf, sondern er trifft »die Woostin« – nachdem er sie am Morgen desselben Tages »zu sprechen gesucht« (S. 80, Z. 17 f.) – »zufällig« (S. 80, Z. 24) »vor dem Peterstore« (S. 90, Z. 27) und begleitet sie dann nach Hause, wo er, durch eine abweisende Äußerung von ihr in Zorn versetzt, die Tat vollbringt, und zwar angeblich im Affekt, »ohne zu wissen, was er tue« (S. 91, Z. 14 f.; vgl. auch S. 83, Z. 28–32).	Tatort: Hausgang der Wohnung des Mordopfers Unterschiede im Tathergang
In wichtigen Charakterzügen weicht Büchners Figur deutlich von dem historischen Woyzeck ab: Dieser erscheint aufgrund seiner eigenen Aussagen als schnell kränkbar, empfindlich, jähzornig und gewalttätig (vgl. S. 81–84).	unterschiedliche Persönlichkeitsmerkmale
Der historische Woyzeck gab an, er habe am »Tage der Mordtat selbst [...] *gar keine* Beängstigungen gehabt und *gar keine* Stimmen gehört, auch an die Stimme die ihn aufgefordert, die Woostin zu erstechen, gar nicht gedacht, wohl aber habe der Gedanke, die Woostin zu erstechen, ihn von jenem Augenblick an unablässig verfolgt, sei jedoch immer nur ein Übergang und gleich wieder vorbei gewesen« (S. 90, Z. 10–17). In Büchners Stück bleibt offen, ob Woyzeck noch unmittelbar vor der Tat die Stimmen hört, die ihn auffordern, Marie zu töten.	offene Fragen in Bezug auf den Auslöser der Mordtat
Nach der Tat entfernt sich der historische Woyzeck »im Geschwindschritt« (S. 80, Z. 29) vom Tatort und kehrt auch nicht mehr zu diesem zurück. Erst als er verhaftet wird, versucht er sich der Tatwaffe zu entledigen. Er erkundigt sich bei seiner Verhaftung, ob »die Woostin tot sei«, und erklärt, als ihm niemand antwortet, er hoffe, sie sei tot, denn »sie hat es um mich verdient!« (S.80, Z. 31–33)	Entwicklung der Ereignisse nach der Tat

3. Das Clarus-Gutachten: die Frage der Zurechnungsfähigkeit

Im dritten und letzten Schritt befassen sich die Schüler mit dem Schlussteil des Gutachtens (vgl. S. 91–102). Der erste Arbeitsauftrag kann arbeitsteilig (in zwei Gruppen) erledigt werden; alle Schüler sollten jedoch zuvor den ganzen Text des Schlussteils lesen. Der zweite Arbeitsauftrag eignet sich gut für eine gemeinsame Diskussion.

Arbeitsaufträge

- ERSTER ARBEITSAUFTRAG: Stellen Sie die Argumentation des Gutachters in Bezug auf Woyzecks gesundheitlichen Zustand (vgl. S. 91–94) und seine Zurechnungsfähigkeit (vgl. S. 94–101) dar.
  ZWEITER ARBEITSAUFTRAG: Nehmen Sie zu der von Clarus angewandten Art der Argumentation und zu seinen Bewertungen Stellung.

Textausgabe

Einzelarbeit (Lektüre)

(arbeitsteilige) Gruppenarbeit

Unterrichtsgespräch / Diskussion

Erwartungen

- ERSTER ARBEITSAUFTRAG:

DIE BEWERTUNG VON WOYZECKS GESUNDHEITLICHEM ZUSTAND DURCH CLARUS: Clarus erkennt bei Woyzeck eine *Anlage* zum Krankheitsbild der »venöse[n] Konstitution« (S. 91, Z. 30), also einem erhöhten Druck des in den Venen fließenden Blutes. Er hält es für gesichert, dass diese körperliche Anlage für einen Teil der seelischen Probleme Woyzecks, für seine »Benommenheit und seine finstere menschenscheue und reizbare Gemütsstimmung« (S. 92, Z. 8 f.) verantwortlich gewesen sei. Diese körperliche und psychische Verfassung habe ihn aber »nicht gehindert [...], seine Geschäfte ordentlich zu besorgen« (Z. 17 f.). Woyzecks zahlreiche »irrige, phantastische und abergläubische Einbildungen von verborgenen und übersinnlichen Dingen« (Z. 25–27), etwa seine Vermutungen über die Freimaurer, sein Glaube an Geistererscheinungen und die große Bedeutung, die er seinen Träumen beimesse, führt Clarus auf unzureichende Bildung, Leichtgläubigkeit und einen Hang zu Grübeleien zurück. Durch Woyzecks Zurückgezogenheit und die darauf zurückzuführende Scheu sowie mangelnde Gelegenheit, sich anderen mitzuteilen, hätten diese Einbildungen für ihn eine unverhältnismäßige Bedeutung angenommen (vgl. S. 92, Z. 25, bis S. 93, Z. 27). Dass Woyzeck sich eingebildet habe, »fremde Stimmen zu hören« (S. 93, Z. 29), sei eine seelische Störung, die »bei Personen, die an Wallungen des Blutes, oder an Unterleibskrankheiten leiden« (Z. 30 f.), nicht selten zu beobachten sei. Diese Vergleichsfälle zeigten aber auch, dass solche Einbildungen keineswegs automatisch zu einem »Verlust des freien Verstandesgebrauches« (Z. 33 f.) führen würden.

DIE BEWERTUNG VON WOYZECKS ZURECHNUNGSFÄHIGKEIT DURCH CLARUS: Clarus stellt die doppelte Frage, ob Woyzecks körperliche und geistige Verfassung ihn am »freien Gebrauch des Verstandes« gehindert habe oder aber »als ein direkter Antrieb zu der Tat selbst betrachtet« werden könne (S. 94, Z. 16–18), und beantwortet beide Teilfragen mit einem Nein. Die von ihm diagnostizierte Anlage zu einer »venöse[n] Konstitution« hält er für nicht ausgeprägt genug, um als Auslöser einer ernsten »Gemütskrankheit« (S. 95, Z. 1) gelten zu können (vgl. S. 94, Z. 25, bis S. 95, Z. 1, sowie S. 95, Z. 10–15). Woyzecks finstere Stimmung, seine Selbstisolation und seine Einbildungen wertet Clarus als bloße Symptome von Hypochondrie und als *»Temperamentsfehler«* (S. 96, Z. 2) und weist zudem darauf hin, dass es Woyzeck bei seiner Veranlagung vielleicht schwerer gefallen sei als anderen Menschen, seinen »leidenschaftlichen Antrieben zu widerstehen« (Z. 11 f.), dass ein Fall von fehlender Zurechnungsfähigkeit aber erst dann gegeben sei, wenn es ihm *unmöglich* gewesen wäre, sich mit Erfolg gegen diese Antriebe zu wehren (vgl. S. 95, Z. 1–6, sowie S. 95, Z. 16, bis S. 97, Z. 3). Woyzecks Sinnestäuschungen seien ebenfalls kein Anlass, seine Zurechnungsfähigkeit in Zweifel zu ziehen, denn viele Menschen mit ähnlichen körperlichen Beschwerden litten an ähnlichen Symptomen, ohne sozial auffällig zu werden (vgl. S. 95, Z. 6–9, sowie S. 97, Z. 4–17). Hinzu komme, dass bei seelisch kranken Menschen solche Sinnestäuschungen mit anderen Symptomen einer tiefgehenden Persönlichkeitsstörung und sozialen Auffälligkeiten einhergingen. Von »allen diesen Symptomen« sei »keines bei dem Inquisiten beobachtet worden« (S. 98, Z. 2 f.; vgl. S. 97, Z. 18, bis S. 98, Z. 18).

Woyzeck könne demnach keine *»wirklich ausgebildete Seelenstörung«* (S. 98, Z. 23f.) attestiert werden. Aber auch eine *»stille Wut (amentia occulta)«* (Z. 28), die den Täter in einen Zustand versetzt haben könnte, in dem er blind und unwillkürlich handelte, liege nicht vor. Woyzecks Groll gegen andere Menschen und seine Gewaltfantasien würden von »Tausende[n]« (S. 99, Z. 23) geteilt (vgl. S. 98, Z. 31, bis S. 99, Z. 5, sowie S. 99, Z. 16–25). Der von ihm vernommene Befehl *»Stich die Frau Woostin tot«* (S. 99, Z. 8) sei nichts weiter als das Selbstgespräch eines mit dem Vorsatz zum Mord innerlich beschäftigen Menschen (vgl. S. 99, Z. 6–8 und 26–33). Seine fehlende Reue, die sich nach der Verhaftung gezeigt habe, sei zwar auffällig, reiche aber nicht aus, um seine Zurechnungsfähigkeit in Zweifel zu ziehen (vgl. S. 99, Z. 9–11, und S. 100, Z. 1–5). Seine Behauptung schließlich, sich an die genauen Umstände der Tat nicht mehr erinnern zu können, werde durch die detaillierten Angaben, die er selbst bei seinen Vernehmungen und in den Gesprächen mit dem Gutachter über den Tag des Verbrechens gemacht habe, widerlegt (vgl. S. 99, Z. 12f., und S. 100, Z. 6–11). Clarus kommt daher zum Schluss, »dass *das Übergewicht der Leidenschaft über die Vernunft die einzige Triebfeder*« der Tat gewesen sei (S. 100, Z. 12–14).

Zweiter Arbeitsauftrag: Individuelle Antworten. – Viele der von Clarus ins Feld geführten Argumente lassen sich gut nachvollziehen; so etwa die Annahme, dass Woyzeck sich in seine Einbildungen wohl nicht so hineingesteigert hätte und dass sie ihm nicht so viel Angst hätten bereiten können, wenn er ein weniger einzelgängerischer Mensch wäre und sich anderen gegenüber geöffnet hätte. Die Einbildungen hätten dann wohl von selbst einen Teil ihres Schreckens verloren. Andererseits trug Woyzecks von Clarus konstatiertes Einzelgängertum vermutlich auch in erheblichem Maße dazu bei, dass nur wenige mitbekamen, was in seinem Kopf vorging. Clarus übergeht dieses mögliche Argument. Dass Woyzeck aufgrund seines Einzelgängertums den meisten Menschen, die mit ihm umgingen, sozial unauffällig erschien, wertet er im Gegenteil als einen Hinweis darauf, dass bei dem Täter keine tiefere seelische Störung vorliege. Entsprechend kann man hier und an anderen Stellen den Eindruck gewinnen, dass Clarus in seiner Wertung die Faktoren, die für eine Unzurechnungsfähigkeit Woyzecks sprechen könnten, eher etwas unterbelichtet. Auch wirkt seine Argumentationstechnik, die Fragen nach Woyzecks körperlicher und seelischer Verfassung sowie nach seiner Zurechnungsfähigkeit in Unteraspekte aufzugliedern und dann zu diesen Unteraspekten Stellung zu beziehen, um zuletzt eine zusammenfassende Bewertung vorzunehmen, auf den ersten Blick objektiver, als sie tatsächlich ist; denn natürlich steuert er auf diese Weise, was in den Blick gerät und ins Urteil einfließt und was nicht; und seine Stellungnahmen scheinen darüber hinaus weniger auf dem Prinzip ›in dubio pro reo‹ als vielmehr auf der gegenteiligen Haltung ›im Zweifel gegen den Angeklagten‹ zu beruhen. Clarus will dem Angeklagten eine Unzurechnungsfähigkeit nur dann zugestehen, wenn diese zweifelsfrei erwiesen ist. Dass ein solcher Nachweis misslingt, liegt beinahe bereits in dieser strengen Voraussetzung begründet.

4. Die Schuldfähigkeit Woyzecks in Büchners Stück

Michael Niehaus hat in seinem Aufsatz »Gegen Gutachten. Büchners ›Woyzeck‹ « darauf hingewiesen, dass durch den »diskursiven Kontext des Woyzeck-Falles [...] die Gutachter-Frage nach der Zurechnungsfähigkeit als Problemkomplex automatisch in das Dramenfragment Büchners importiert« werde. Die »Gutachter-Frage nach der Zurechnungsfähigkeit« zitiere überdies »Begriffe wie Freiheit, Gesetz, Pflicht und Schuld herbei, die spätestens seit Schiller auch Kernbegriffe der Dramenpoetik« seien (Niehaus 2012, Georg Büchner Jahrbuch 12, S. 222). So sei es nicht überraschend, dass viele Interpretationen von Büchners Stück auf die Erörterung der Frage hinausliefen, auf welche Weise der Autor darin zu dem Clarus-Gutachten und den dadurch ausgelösten Diskussionen in medizinischen Fachkreisen wie auch (anhand der Zeitungsberichte über den Fall) in der breiteren Öffentlichkeit implizit Stellung bezogen habe. Alfons Glück beispielsweise vertrete in seinem Aufsatz »Militär und Justiz in Georg Büchners ›Woyzeck‹ « (Georg Büchner Jahrbuch 4, 1984, S. 227–247) die Auffassung, Büchners Drama müsse als » ›dichterische Revision des historischen Prozesses‹ « betrachtet werden, »als ein auf Unzurechnungsfähigkeit plädierendes Gegengutachten also« (Niehaus 2012, S. 223). Georg Reuchlin argumentiere im fünften Kapitel seines Buches »Das Problem der Zurechnungsfähigkeit bei E. T. A. Hoffmann und Georg Büchner« (Frankfurt am Main, Bern, New York: Peter Lang Verlag 1985) »differenzierter, aber auch etwas widersprüchlich«: Büchner plädiere einerseits »mit den liberalen Teilnehmern der Debatte auf Unzurechnungsfähigkeit, kritisiere aber« andererseits zugleich »die medizinisch-juristischen Konzepte von Zurechnung überhaupt«; denn schließlich werde »die Fundierung des Verbrechens in den gesellschaftlichen Zuständen [...] von der individualistischen Konzeption der Zurechnung überhaupt nicht erfasst«. Sabine Kubik vertrete in ihrer Monografie »Krankheit und Medizin im literarischen Werk Georg Büchners« (Stuttgart: Verlag J. B. Metzler 1991) die Auffassung, Büchner halte » ›die Kernfrage der Gutachten nach der Zurechnungsfähigkeit bis zuletzt offen‹ « und überlasse sie damit gewissermaßen dem Leser zur Entscheidung. Er stelle die » ›Vorgeschichte der Tat und damit d[ie] Pathogenese des Täters‹ in den Vordergrund« und rücke auf diese Weise »die Frage nach der juristischen Schuld« in den Hintergrund (zitiert nach Neuhaus 2012, S. 223). Wolfgang Wittkowski wiederum urteile – in seinem Buch »Georg Büchner. Persönlichkeit, Weltbild, Werk« (Heidelberg: Universitätsverlag Winter 1978) –, »das Drama zeige einen durchaus zurechnungsfähigen, wenn auch Mitleid verdienenden Mörder« (zitiert nach Neuhaus 2012, S. 224).

Klausurtraining

Die Schüler beantworten den Arbeitsauftrag in einem Erörterungsaufsatz, der als Klausurtraining dient. Die Frage, zu der sie hier Stellung nehmen sollen, wird in ähnlicher Weise in einem der beiden Klausurvorschläge am Ende des Hefts aufgegriffen. Die Rückmeldung kann in zwei Schritten erfolgen: Zunächst tauschen die Schüler ihre Aufsätze mit einem Partner aus, geben einander schriftlich (durch Anmerkungen am Rand des Textes) und mündlich ein Feedback und machen Verbesserungsvorschläge, die sich sowohl auf inhaltliche Aspekte (etwa: die Plausibilität der Argumentation) als auch auf die Darstellung und die sprachliche Form beziehen. Zwei oder drei Aufsätze, die einzelnen Schülern in der Partnerarbeitsphase als besonders gelungen erschienen sind, können anschließend vorgelesen und von allen diskutiert werden. Der Lehrer kann dabei, wenn es sich ergibt, ergänzend die oben skizzierten Positionen der Forschung in die Diskussion einbringen.

Arbeitsauftrag

Textausgabe

Einzelarbeit

Partnerarbeit

Unterrichtsgespräch

■ Erörtern Sie die in der Büchner-Forschung vieldiskutierte Frage, wie Büchner in seinem Stück mit den Mitteln der Literatur auf das zweite Gutachten von Clarus reagiert.

Erwartungen

■ Individuelle Lösungen. – Vermutlich werden die meisten Schüler die Frage so auffassen, als suggeriere sie, Büchner übe mit seinem Theaterstück Kritik an dem Gutachter und seiner Entscheidung, den Mörder Woyzeck für zurechnungsfähig zu erklären. Entsprechend werden sie dann argumentieren. Daher sind die hier gegebenen inhaltlichen Hinweise auch an dieser wahrscheinlichsten Option orientiert. Es spricht im Übrigen auch viel für sie, vor allem Büchners soziales und politisches Engagement, das die Schüler bei der Beschäftigung mit dem »Hessischen Landboten« kennengelernt haben und das auch sein literarisches Schaffen prägte.

Zunächst muss die Frage, wie Büchner auf das Clarus-Gutachten reagiert, beantwortet werden; anschließend sind die Argumente zu nennen, die die eingenommene Position untermauern. Eine einfache, aber sinnvolle Art der ›Beweisführung‹ besteht darin, das Dramenfragment kurz ›Szene für Szene‹ durchzugehen und dabei die Aspekte zu benennen, die dafür sprechen, dass Büchner mit seinem Stück gewissermaßen einen Versuch unternahm, Clarus zu widerlegen.

Gleich in der ersten Szene – die auch in dem zuletzt entstandenen Manuskript (H4) an erster Stelle steht, sodass man davon ausgehen kann, dass Büchner das Stück, das er nicht mehr vollenden konnte, mit dieser Szene beginnen lassen wollte – wird Woyzeck als ein seelisch schwer gestörter und zumindest zeitweise in seiner eigenen Wahnwelt lebender Mensch gezeigt. Dieser Eindruck vertieft sich in der zweiten Szene in Woyzecks kurzem Dialog mit Marie und ihrer Reaktion darauf, nachdem er weitergeeilt ist. In diesen beiden Szenen wird auch bereits deutlich, durch wie viele dienstliche Verpflichtungen und Nebentätigkeiten, die der Sicherung der Existenz ›seiner kleinen Familie‹ dienen, Woyzecks ohnehin schwer angeschlagenes inneres Gleichgewicht weiter gefährdet wird. Er kommt nicht nur innerlich, sondern auch äußerlich nie zur Ruhe. Seine physische und psychische Verfassung ist aufgrund des fortwährenden Drucks, der auf ihm lastet, schon zu Beginn der Dramenhandlung außerordentlich schlecht. Die wirren Reden gegenüber Andres und Marie bezeugen, welche Macht seine fixen Ideen und Wahnwelten über ihn haben. Büchner macht auf diese Weise klar, dass Woyzeck nicht aufgrund von Maries Untreue, die sich erst in den folgenden Szenen entwickelt – und zwar nicht zuletzt als Reaktion auf Woyzecks Verstörtheit, auf die Unmöglichkeit, mit ihm ein normales Familien- und Liebesleben zu führen –, ›aus der Spur gerät‹. Maries Untreue ist lediglich ›der Tropfen, der das Fass zum Überlaufen bringt‹, der Anlass dafür, dass er, der so lange an sich gehalten und still und klaglos funktioniert hat, schließlich doch ›ausrastet‹, weil ihm die letzte Sicherung (Maries Liebe), der mühsam aufrechterhaltene Zweck seines Daseins (Marie und sein Kind mit dem Nötigsten zu versorgen), abhanden gekommen ist.

Diese im Stück vertretene These – die sich gegen die Überzeugung von Clarus wendet, Woyzeck sei ein psychisch zwar labiler, aber nicht gestörter Mensch und der von ihm begangene Mord eine reine Beziehungstat – wird durch den Handlungsverlauf von Büchners Stück weiter untermauert. Szene 4 zeigt, dass Woyzeck seine Rolle als Ernährer seiner kleinen Familie so gut und gewissenhaft wahrnimmt, wie es ihm eben möglich ist. Die Szenen 5, 8, 9 und 10, die Schlaglichter auf Woyzecks Nebentätigkeiten beim Hauptmann und beim Doktor werfen, zeigen, was ihn das kostet: wie viel Zeit, wie viel persönlichen Einsatz, der seine Gesundheit ruiniert, wie viele Demütigungen, die er herunterschlucken muss. Sowohl vom Hauptmann als auch vom Doktor muss er sich Vorwürfe anhören. Immer steht er unter Rechtfertigungsdruck. Angesichts der Mühe, die es ihm macht, seine Gedanken zu ordnen und zum Ausdruck zu bringen, ist dies ein zusätzlicher erheblicher Stressfaktor, auch wenn ihm sowohl der Hauptmann als auch der Doktor im Ganzen mit einem gewissen Wohlwollen begegnen, in das sich andererseits viel Hochmut mischt. Die Szenen 7, 9 und 11 bis 26 veranschaulichen, wie der vielfach gequälte Woyzeck nun auch noch die Qualen der Eifersucht durchleiden muss und wie sich seine Verzweiflung über Maries Untreue mit seinen wahnhaften ›Einbildungen‹ (um den von Clarus bevorzugten Begriff aufzugreifen) zu einem nicht mehr kontrollierbaren Handlungsimpuls verbindet, der sich schließlich in dem Mord an Marie entlädt. Wie sehr Woyzecks Groll gegen Marie und die Mordtat mit Woyzecks ›Ideen‹ verknüpft sind, zeigt der Umstand, dass seine Gedanken fast manisch um die Sittenlosigkeit kreisen, die für ihn in Maries Verhältnis mit dem Tambourmajor zum Vorschein kommt und die er zuletzt nicht mehr anders einzudämmen weiß, als indem er Marie umbringt (vgl. S. 16, Z. 1–5, S. 25, Z. 5–12, S. 26, Z. 6–10 und 19–22, sowie S. 31, Z. 8 und 28–30). Auch der Zufallsbekanntschaft Käthe im Wirtshaus nach dem Mord droht er ein gleiches Los an, wenn sie nicht »vernünftig« sei (S. 33, Z. 16). Dass Woyzecks Abscheu gegenüber der »Unzucht« nicht nur eine Rationalisierung seiner persönlichen Niederlage ist, Marie nicht bei sich halten zu können, sondern dass sie mit seiner Zurichtung durch die übermächtigen und für ihn unerfüllbaren Forderungen und Normen der Gesellschaft zu tun hat, zeigt die Szene 9, in der der Hauptmann Woyzeck beim Rasieren und mehr oder weniger aus Langeweile vorwirft, ein unmoralischer Mensch zu sein, weil er ein Kind ohne den Segen der Kirche habe – ein Vorwurf, der Woyzeck sehr trifft und gegen den er sich wortreich zur Wehr zu setzen versucht. Dem Hauptmann gegenüber argumentiert er überzeugend, dass arme Leute wie er gerne tugendhaft wären, aber keine Chance erhielten, es tatsächlich zu sein. Als aber Marie vom Pfad der Tugend abweicht, fehlt ihm hierfür jedes Verständnis.

So liefert Büchner in seinem Theaterstück zahlreiche Gründe, die Woyzeck nicht als einen aus persönlichen Defiziten heraus zum Mörder werdenden Menschen erscheinen lassen, wie Clarus es tut, sondern als ein Opfer der Verhältnisse, die schicksalhaft auf sein Dasein drücken. Nicht Woyzeck ist bei Büchner schuld daran, dass Marie sterben muss, sondern die Verhältnisse sind schuld, dass Woyzeck in einen Zustand hineingetrieben wird, der dazu führt, dass er Marie umbringt und damit zugleich auch sein eigenes Leben zerstört und ihr gemeinsames Kind einem ungewissen Schicksal ausliefert.

Gegen diese Sicht einwenden ließe sich allerdings, dass Büchner nicht nur eine andere Bewertung vornimmt als Clarus, sondern gewissermaßen von vornherein die Versuchsanordnung ändert, indem er, wie sich bereits gezeigt hat, nur einzelne Elemente des tatsächlichen Mordfalls und ausgewählte Züge des historischen Woyzeck, den Clarus zu begutachten hatte, in seine Handlung und für seine Hauptfigur übernimmt und ansonsten frei mit den Fakten, mit der Vorgeschichte und den Umständen der Tat, umgeht. So ist ein direkter Vergleich zwischen dem historischen Fall und Büchners literarischer Version erschwert und wohl auch (Clarus gegenüber) unfair. Man kann allenfalls sagen, dass Büchner die Umstände hinzuerfindet beziehungsweise betont, die Clarus seiner Meinung nach vernachlässigt beziehungsweise gänzlich außer Acht gelassen hat. Am sinnvollsten ist es aber wohl, zu sagen, dass sich Büchner mit seinem Stück bei so stark veränderten Fakten schlechterdings gar nicht direkt gegen Clarus wenden kann. Seine Absicht scheint vielmehr allgemeiner darin zu bestehen, das aus seiner Sicht Problematische und Einseitige zeitgenössischer psychiatrischer Gutachten in Strafgerichtsprozessen zu erweisen. Dass er seiner Hauptfigur – wenn auch noch nicht in den frühen Szenenentwürfen – den Namen des Mörders gab, dessen Tat und Prozess ein paar Jahre zuvor so großes Aufsehen erregt hatte, diente dabei wohl mehr der Zuspitzung seines Anliegens und sollte darauf hinweisen, dass es sich bei seinem Drama nicht nur um ein Stück Literatur, sondern auch um eine politische Stellungnahme zur zeitgenössischen Wirklichkeit handelte.

5. Anregungen durch den Mordfall Schneider / Lebrecht

Lehrervortrag

Dass Büchner der Handlung seines Theaterstücks nicht nur den Mordfall Woyzeck / Woost zugrunde legte, sondern auch andere gut dokumentierte Mordfälle der jüngeren Vergangenheit studierte und verwendete, soll an dem in dieser Hinsicht besonders ergiebigen Mordfall Schneider / Lebrecht gezeigt werden. Büchners Kenntnis dieses Mordfalls, der weniger Aufsehen verursachte als die Taten von Woyzeck oder auch Daniel Schmolling, ist ebenfalls nicht ausdrücklich belegt, geht aber aus den offenkundigen inhaltlichen Anleihen und Übernahmen deutlich hervor. Zwischen dem Mord und der Hinrichtung Schneiders lagen lediglich drei Wochen. Die Tat ereignete sich am Ostermontag des Jahres 1816, der auf den 15. April fiel. Die Sache wurde vor einem Militärgericht verhandelt, das aufgrund der »Heimtücke« des Verbrechens auf »Meuchelmord« erkannte und den Angeklagten zum Tod durch Erhängen verurteilte. Dieser habe nach seinem Geständnis »eine große Gleichgültigkeit gegen sein Schicksal« gezeigt und »am Ende [...] wahre Fassung und Entschlossenheit« bewiesen (alle Zitate nach der Marburger Ausgabe, Band 7, 2, S. 319). Großherzog Ludewig I. milderte die Hinrichtungsart ab und verfügte, dass Schneider erschossen werden sollte. Die Hinrichtung fand am 8. Mai 1816 statt.

Die Darstellung des Mordfalls stammte von dem jungen, in Darmstadt geborenen Hofgerichtsadvokaten der hessisch-darmstädtischen Provinz Starkenburg Friedrich Schenck (1791–1845), der auch die Untersuchung geleitet hatte. Sie erschien noch im gleichen Jahr unter dem Titel »Kurze Darstellung des von J. Ph. Schneider Soldat im 2ten Garde-Füßilier-Bataillon, an dem Buchdruckergesellen Bernhard Lebrecht aus Troppau in Schlesien verübten grausamen Mords, aus den Untersuchungs-Akten, gegeben von dem Stabs-Auditeur Schenck« als Privatdruck in Darmstadt im Verlag der Großherzoglichen Hofbuchhandlung. Diese erste Veröfflichung der Schrift ist verschollen. 1834 druckte jedoch ein Kollege Schencks, der Darmstädter Hofgerichtsadvokat Philipp Bopp (1790–1862), den Text unter der Überschrift »Meuchelmord« im ersten Heft des ersten Bands der von ihm herausgegebenen »Bibliothek gewählter Strafrechtsfälle« (Leizig und Stuttgart: J. Scheible's Verlags-Expedition) nach. Bopp war mit einigen politisch engagierten Freunden Büchners bekannt, kannte auch Weidig und pflegte Kontakte zu badischen und in die Schweiz emigrierten Liberalen. Er war im juristischen Bereich als Autor und Herausgeber sehr aktiv. Büchners Kenntnis des Mordfalls Schneider / Lebrecht geht sicherlich auf den von Bopp veranstalteten Nachdruck von Schencks Darstellung zurück.

Nach einer mündlichen Einführung durch den Lehrer (siehe oben) vergleichen die Schüler den vierseitigen Auszug aus Schencks Schrift mit Büchners Dramenfragment. Sie erkennen dabei, dass es Büchner offenbar weniger darum ging, einen bestimmten Kriminalfall ›neu aufzurollen‹. Jedoch scheint er großen Wert darauf gelegt zu haben, mit seinem Drama die Wirklichkeit abzubilden, weshalb er sich so weit wie möglich an echte, gut dokumentierte Mordfälle hielt.

Kopiervorlage
→ Seiten 116–119

Textausgabe

Arbeit in Kleingruppen

Unterrichtsgespräch

Arbeitsauftrag

- Dokumentieren Sie in einer zweispaltigen Tabelle die Handlungselemente und Motive, die Büchner aus der Darstellung des Mordfalls Schneider / Lebrecht durch Friedrich Schenck in seine Szenenentwürfe übernommen hat.

Erwartungen

Mordfall Schneider / Lebrecht	»Woyzeck«
Als Tatwaffe dient ein Messer (vgl. Z. 113–115).	Als Tatwaffe dient ebenfalls ein Messer (vgl. die Szenen 16, 20, 24 und 25).
Der Mord an Bernhard Lebrecht ereignet sich »kaum eine halbe Viertelstunde von dem Rheintore zu *Darmstadt*« (Z. 174 f.).	Woyzeck führt Marie eine kleine Strecke aus der Stadt hinaus und ersticht sie dann (vgl. das Ende von Szene 19 und Szene 20).
Schneider begeht den Mord erst, nachdem es bereits dunkel geworden ist (vgl. Z. 166–173).	»[**Marie**]. Also dort hinaus ist die Sta[dt] s'ist [f]inster.« (Anfang von Szene 20)
Zwei Tage vor dem Mord war der Mond in der Nacht gut zu sehen: »Der Mond schien hell auf ihrem ganzen Weg« (Z. 117 f.). Die Wetterverhältnisse in der Mordnacht bleiben unerwähnt.	»[**Marie**]. Was der Mond rot aufgeht. [**Woyzeck**]. Wie ein blutig Eisen.« (Szene 20, vgl. auch Szene 25)
Schneider fügt seinem Opfer zahlreiche Wunden zu (vgl. Z. 175–188) und überlässt den Sterbenden seinem Schicksal (vgl. Z. 188–198).	»[**Woyzeck**]. Nimm das und das! Kannst du nicht sterben. So! so! Ha sie zuckt noch, noch nicht noch nicht? Immer noch? *(stößt zu)* / Bist du tot? Tot! Tot!« (Szene 20)
Der Täter lässt die Tatwaffe in der Nähe des Tatorts zurück (vgl. Z. 270–272).	Woyzeck hat das Messer am Tatort liegen gelassen (vgl. Szene 24).
Das aufgefundene Messer gelangt über Umwege an die Polizei und wird von zwei Kollegen des Täters wiedererkannt und so zu einem wichtigen Indiz für die Schuld Schneiders (vgl. Z. 273–276 und 322–335).	Woyzeck kehrt noch einmal an den Tatort zurück, um das Messer besser zu entsorgen, damit es nicht aufgefunden werden und gegen ihn sprechen kann: »[**Woyzeck**]. Das Messer? Wo ist das Messer? Ich hab es da gelassen. Es verrät mich! [...]« (Szene 24) »[**Woyzeck**]. [...] Will denn die ganze Welt es ausplaudern? [...] Wer kann's erkennen[?] [...]« (Szene 25)
Schneider begibt sich nach der Tat »im blut- und sandbeklebten Kleide« in ein nahe gelegenes Wirtshaus, wo es zu einem Streit kommt, woraufhin er das Lokal wieder verlässt (vgl. Z. 198–207). Er säubert sich auf der »Wache a[m] Bessunger Tor [...] Hände und Gesicht vom Blute« und versucht, eine harmlose Erklärung für seinen blutbesudelten Zustand zu geben (vgl. Z. 225–229).	Woyzeck geht gleichfalls nach dem Mord ins Wirtshaus, wo er mit einer jungen Frau, Käthe, tanzt. Das Blut an seiner Hand und Kleidung wird entdeckt. Woyzecks Erklärung für das Blut findet keinen Glauben. Daraufhin ergreift er die Flucht (vgl. Szene 22).
Schneider kehrt zum Tatort zurück, um zu sehen, ob das Opfer noch lebt, findet dieses aber tot (vgl. Z. 206–209).	Woyzeck kehrt zum Tatort zurück, um die dort zurückgelassene Tatwaffe zu entsorgen. Er betrachtet die tote Marie (vgl. Szene 24).
Schneider reinigt »seinen blutgetränkten Rock« in einem »in der Nähe gelegenen Teich«, dem »sogenannten großen Wog« (Z. 229–231).	Woyzeck wirft das Messer in den Teich und watet dann selbst in den Teich hinein, um die Tatwaffe noch einmal aufzunehmen und weiter wegzuwerfen. Er wäscht mit dem Teichwasser die Blutspuren ab (vgl. Szene 25).
Schneider erscheint »mit halb durchnässten, halb blutgefärbten Kleidern, den stets noch sicheren Zeugen seiner Tat«, in einem Wirtshaus (Z. 232 f.).	Karl, »der Idiot«, wiederholt beim Anblick Woyzecks immer wieder: »Der is ins Wasser gefallen«; und weist somit – ob absichtlich oder unbeabsichtigt, bleibt offen – auf Woyzecks Täterschaft hin (vgl. die Schlussszene 27).
Die Tat wird schon nach kurzer Zeit entdeckt (vgl. Z. 240).	In Szene 21 hören »Leute« die Sterbenslaute Maries und gehen den grauslichen Tönen nach. In Szene 23 unterhalten sich Kinder darüber, dass vor der Stadt eine Frauenleiche gefunden worden ist, und machen sich ebenfalls zum Tatort auf.

Ein Barbier entdeckt die Leiche und benachrichtigt die Polizei (vgl. Z. 245–261).	Büchner konzipierte eine Szene, in der sich auch ein Barbier und ein Polizeidiener über die Tat unterhalten (vgl. Szene 26).
Schneider ist zum Zeitpunkt seiner Tat dreißig Jahre alt (vgl. Z. 16).	Woyzeck gibt kurz vor der Tat sein Alter gegenüber Andres mit »30 Jahre 7 Monat und 12 Tage« an (Szene 18).
Schneider ist Soldat und tut im »zweiten Bataillon des großherzogl. Garde-Fusilier-Regiments« (dieses war das 2. Regiment) Dienst (Z. 37 f.).	Woyzeck liest von einem Papier seinen Namen und seine Truppenzugehörigkeit ab: »Friedrich Johann Franz Woyzeck, geschworner Füsilier im 2. Regiment, 2. Bata[i]llon 4[.] Compagnie« (Szene 18).

Zusammenfassend lässt sich sagen, dass viele Handlungselemente in Büchners »Woyzeck«, die mit der unmittelbaren Vor- und Nachgeschichte der Tat zu tun haben, offenkundig durch den Mordfall Schneider / Lebrecht angeregt sind. Dies passt mit dem doppelten Umstand zusammen, dass der Mord im Zentrum von Büchners frühesten Entwürfen (H1) steht und dass der Täter, die Hauptfigur des Stücks, in diesen frühesten Entwürfen noch nicht Franz Woyzeck heißt, sondern ein Soldat namens Louis ist. Diese Beobachtungen legen die Annahme nahe, Büchner habe zunächst die Schrift von Schenck über den Mordfall Schneider / Lebrecht kennengelernt und erwogen, die dort geschilderte Tat für ein Theaterstück zu verwenden. Erst später habe er dann weitere Literatur hinzugezogen und sich entschlossen, in seinem Stück vor allem den Fall des Mörders Woyzeck aufzugreifen, der ihm (durch die über seinen Vater laufenden Verbindungen) vermutlich schon seit Langem zumindest in seinen Grundzügen bekannt war, und aus der bloßen Mordgeschichte ein viel breiter angelegtes sozialkritisches Drama zu machen.

Falls es sich so verhält, ist aber zu konstatieren, dass Büchner bereits in der ersten Entwurfsphase, als er sich noch vorwiegend oder womöglich ausschließlich auf den Mordfall Schneider / Lebrecht stützte, sehr selektiv verfuhr und aus dem durch Geldschulden motivierten Mord an einem Mann eine Beziehungstat mit einer Frau als Opfer machte.

6. Büchners Stück als Vorläufer des dokumentarischen Theaters

Abschließend diskutieren die Schüler, ob Büchners »Woyzeck« auch als Vorläufer des dokumentarischen Theaters angesehen werden kann. Das dokumentarische Theater, das in der deutschen Literatur der politisch bewegten Sechziger- und Siebzigerjahre des 20. Jahrhunderts aufkam und damals viel Aufmerksamkeit erfuhr, muss als Untergattung des Dramas nicht ausführlich erläutert werden. Es arbeitet weitgehend mit den gleichen Mitteln wie das den Schülern bekannte Filmgenre des Doku-Dramas: Es greift Themen von gesellschaftspolitischer Relevanz auf und verfolgt, indem es authentisches Material mit erfundenen Spielszenen kombiniert, das Ziel politischer Aufklärung beziehungsweise Agitation. Der Lehrer versorgt die Schüler mit dieser knappen Information und lässt sie dann (nicht zu lange) diskutieren.

Arbeitsauftrag

■ Diskutieren Sie, ob Büchners »Woyzeck« das dramatische Genre des dokumentarischen Theaters vorwegnimmt oder zumindest vorbereitet.

Textausgabe

Einzelarbeit

Unterrichtsgespräch

Erwartungen

■ Individuelle Antworten. – Die Beschäftigung mit den Mordfällen Woyzeck/Woost und Schneider/Lebrecht hat gezeigt, in welchem Umfang sich Büchner auf authentisches Material stützte. Dass er mit seinem Stück das Publikum aufklären beziehungsweise agitieren wollte, ist kaum zweifelhaft. Insofern erfüllt »Woyzeck« wesentliche Kriterien des dokumentarischen Theaters. – Eine differenziertere Antwort ist nur möglich, wenn man dem dokumentarischen Theater einen eigenen Exkurs widmet, etwa indem man wichtige Stücke wie Rolf Hochhuths (geb. 1931) »Der Stellvertreter« (1963), Heinar Kipphardts (1922–1982) »In der Sache J. Robert Oppenheimer« (1964) oder Peter Weiss' (1916–1982) »Die Ermittlung« (1965) in Referaten näher vorstellen lässt. Das wird aber nur in Ausnahmefällen zeitlich möglich sein.

Modul 6
»Woyzeck«: weltweite Wirkung und Inszenierungskonzepte

Möglicher Lehrervortrag

»Woyzeck« ist nicht nur das zuletzt entstandene Werk des jung verstorbenen Autors, sondern auch das Werk Georg Büchners, das am spätesten bekannt wurde. Büchners jüngerer Bruder Ludwig hatte das Dramenfragment in der 1850 von ihm veranstalteten Werkausgabe (»Nachgelassene Schriften«) noch beiseitegelassen, weil die vorhandenen Manuskripte besonders schwer zu entziffern waren und seiner Einschätzung nach »viel Triviales« enthielten, »von den Zynismen ganz abgesehen«. Diese Äußerung überlieferte zumindest der österreichische Schriftsteller Karl Emil Franzos, der das Stück knapp dreißig Jahre später erstmals veröffentlichte (vgl. auch Seite 105 der Textausgabe). Einmal ans Licht der Öffentlichkeit gelangt, fand das Stück dann aber gerade unter Schriftstellern große Beachtung und Bewunderung. Die Autoren der in der Zeit vor und um 1900 neu aufkommenden literarischen Strömungen, die vielfach mit neuen Formen experimentierten, um angemessen auf eine sich rasant verändernde Lebenswelt zu reagieren, staunten, wie zeitgemäß das vor Jahrzehnten geschriebene Stück wirkte, und ließen sich von Büchners ästhetischen Innovationen anregen. Gerhart Hauptmann (1862–1946), die Galionsfigur des naturalistischen Dramas, hat Büchner 1887, noch vor seinem Durchbruch mit dem sozialen Drama »Vor Sonnenaufgang« (1889), als Geistesverwandten bezeichnet. Hugo von Hofmannsthal (1874–1929), der talentierteste Lyriker und produktive Dramatiker der ästhetizistischen Wiener Moderne, war maßgeblich daran beteiligt, dass es am 8. November 1913 im Münchner Residenztheater zur Uraufführung des »Woyzeck« kam, für die er sogar eine neue Schlussszene verfasst hatte, die dann aber nicht gespielt wurde. Auch die Autoren des Expressionismus in den Jahren des Ersten Weltkriegs und der Neuen Sachlichkeit im Weimarer Jahrzehnt blieben von Büchners Dramenfragment fasziniert; und diese Wirkung hält bis heute an. In den Zwanzigerjahren erhielt die Rezeption des Werks zudem durch Alban Bergs (1885–1935) musikalisch gleichermaßen avancierte und lyrisch-expressive Oper »Wozzeck« (1925) und durch mehrere neue Ausgaben, die die offensichtlichsten Mängel der Ausgabe von Franzos beseitigten und die Grundlagen für spätere Editionen bis hin zu der zu Beginn des 21. Jahrhunderts entstandenen großen Marburger Ausgabe legten, neue Impulse.

1. »Woyzeck« als Werk der Weltliteratur

Nachdem die Schüler durch den Lehrer erfahren haben, ab wann und wie Büchners Dramenfragment in die deutsche Literatur hineingewirkt hat, sollen sie einen Eindruck davon erhalten, in welchem Ausmaß das Stück im frühen 21. Jahrhundert zu einem Teil der Weltliteratur geworden ist. Wie die parabelhaften Erzählungen und Romanfragmente Kafkas erscheint die Thematik und die ›Botschaft‹ des »Woyzeck« fast überall auf der Welt unverändert aktuell und anschlussfähig. Ausgehend von einem Informationstext stellen die Schüler hierzu eigene Recherchen an und bereiten eine Kurzpräsentation einer originellen Adaption des Werks vor.

Arbeitsauftrag

Kopiervorlage → Seite 120

Einzelarbeit

Unterrichtsgespräch

■ Informieren Sie sich anhand des Arbeitsblatts über die weltweite Rezeption von Büchners Dramenfragment. Verschaffen Sie sich anhand der aufgeführten Links einen näheren Eindruck von den beiden am Ende des Texts erwähnten Produktionen aus Südafrika und Südkorea und recherchieren Sie im Internet eine weitere Inszenierung oder andere künstlerische Adaption des Stücks, die Ihnen bemerkenswert erscheint. Bereiten Sie hierzu eine Kurzpräsentation vor.

Erwartungen

■ Individuelle Lösungen. Die Dauer der Präsentationen sollte beschränkt werden, zum Beispiel auf fünf Minuten. Eventuell kann man die Arbeitsergebnisse in einem Kurs-Portfolio sammeln.

2. »Woyzeck«-Inszenierungen der jüngeren Vergangenheit

Bildnachweis: Originalzeichnung von Helmut Ackermann (1936–2017) zu Büchners Dramenfragment »Woyzeck«, entstanden im Herbst 2017 für dieses Heft

Zur Beschäftigung mit einem Theaterstück sollte auch gehören, sich einen Eindruck davon zu verschaffen, wie das Werk auf der Bühne realisiert wird. »Woyzeck« bietet hier reiches Anschauungsmaterial. Auf zwei Arbeitsblättern sind insgesamt 22 neuere deutschsprachige Inszenierungen aufgeführt, zu denen auf YouTube Trailer und andere Filmsequenzen zur Verfügung stehen. Das erste Arbeitsblatt enthält Angaben zu 14 Inszenierungen von Büchners Text, das zweite zu acht Inszenierungen der bereits im Informationstext zur weltweiten Wirkung des Stücks erwähnten Musicalfassung von Robert Wilson und Tom Waits. Manche der Trailer werden vielleicht zu einem späteren Zeitpunkt nicht mehr verfügbar sein. Sicherlich werden aber dann weitere Trailer neuer Inszenierungen hinzugekommen sein, die von den Schülern leicht selbstständig recherchiert werden können. Per Losverfahren oder einer anderen unkomplizierten Art der Zuteilung bekommt jeder Kursteilnehmer eine Inszenierung zugewiesen, mit der er sich beschäftigt und die er dem Plenum vorstellt. Die Präsentation, die zur Anschauung auch ausgewählte Filmausschnitte enthalten soll, soll dabei nicht länger als fünf Minuten dauern.

Um den Reigen der Präsentationen spannender zu machen, empfiehlt es sich, die Schüler des Kurses die vorgestellten Inszenierungen bewerten zu lassen. Sie vergeben jeweils bis zu fünf Punkte (null Punkte heißt: gefällt mir gar nicht; fünf Punkte: finde ich vollauf überzeugend). Die Punktzahl notieren sie auf den Arbeitsblättern jeweils neben den Inszenierungen. Am Ende findet (etwa durch eine Gruppe von Freiwilligen, die die beiden Arbeitsblätter aller Kursteilnehmer vorübergehend einsammeln) eine Auswertung statt.

Da sich die Aufgabenformen bei beiden Abschnitten dieses Moduls sehr ähneln, kann man beim ersten Abschnitt auch auf die Kurzpräsentation verzichten und sich darauf beschränken, die Schüler den Text lesen zu lassen und sich als Hausaufgabe etwas näher mit den beiden Produktionen aus Südafrika und Südkorea zu beschäftigen.

Arbeitsauftrag

- Bereiten Sie eine fünfminütige Kurzpräsentation der Ihnen zugeteilten Inszenierung vor. Greifen Sie im Rahmen Ihrer Präsentation, die in kurzen Ausschnitten auch filmisches Anschauungsmaterial enthalten sollte, einen der beiden folgenden Satzanfänge auf:
  »Überzeugend an der Inszenierung finde ich, … «
  »Die Inszenierung überzeugt mich nicht, weil … «
  Sie können aber natürlich auch eine abwägende Zwischenposition einnehmen und diese begründen.

Kopiervorlage
→ Seiten 121–122

YouTube

Einzelarbeit

Präsentation mit Abstimmung über die beste Inszenierung

Erwartungen

- Individuelle Leistungen. Zu den meisten der hier aufgeführten Inszenierungen finden sich im Internet auch Aufführungskritiken. Es wäre wünschenswert, wenn diese von den Schülern zur Kenntnis genommen und in die Präsentationen einfließen würden.

Bei den Kurzpräsentationen steht, anders als es im Deutschunterricht in der Regel der Fall ist, das Feedback zu den vorgestellten Aufführungen und nicht das zur Präsentation selbst im Vordergrund; aber natürlich ist auch diese wichtig, zumal sie sicherlich ihren Teil dazu beiträgt, wie die präsentierte Inszenierung bei den Mitschülern ankommt. Dieser Aspekt könnte, wenn sich die Gelegenheit ergibt (oder aufdrängt), durch den Lehrer angesprochen werden. Im Übrigen gelten die bekannten Kriterien: inhaltliche Präzision und Ergiebigkeit, möglichst freie und flüssige Rede, ansprechende Körperhaltung und Körpersprache, Blickkontakt mit dem Publikum und reibungsloser Einsatz der Technik.

Bildnachweis: Originalzeichnung von Helmut Ackermann (1936–2017) zu Büchners Dramenfragment »Woyzeck«, entstanden im Herbst 2017 für dieses Heft

Schuldunfähigkeit

Das Verständnis von Schuldunfähigkeit im deutschen Strafgesetzbuch

Nach § 20 des Strafgesetzbuchs handelt ohne Schuld, »wer bei Begehung der Tat wegen einer krankhaften seelischen Störung, wegen einer tiefgreifenden Bewusstseinsstörung oder wegen Schwachsinns oder einer schweren anderen seelischen Abartigkeit unfähig ist, das Unrecht der Tat einzusehen oder nach dieser Einsicht zu handeln«. Bei den vier im Gesetzestext aufgeführten sogenannten Eingangskriterien handelt es sich nicht um Kategorien der Medizin oder Psychologie, sondern um Hilfskonstruktionen des Rechtswesens zur Ermittlung schuldunfähiger Personen. Als »krankhafte seelische Störungen« (1) werden pathologische hirnorganische Veränderungen verstanden, wie sie etwa infolge von Psychosen – schweren seelischen Erkrankungen, durch die die Fähigkeit zur realitätsgerechten Wahrnehmung der Wirklichkeit weitgehend eingeschränkt ist – oder auch bei starkem – auch vorübergehendem – Alkoholmissbrauch auftreten. Eine »tiefgreifende Bewusstseinsstörung« (2) führt vorübergehend zum Verlust der Steuerungsfähigkeit, etwa bei großer Erschöpfung oder Ermüdung oder wiederum beim Missbrauch von Alkohol oder Drogen. Unter der Kategorie des »Schwachsinns« (3) werden verschiedene Grade geistiger Behinderung zusammengefasst. Eine »schwere andere seelische Abartigkeit« (4) kann bei psychopathologisch diagnostizierbaren Persönlichkeitsstörungen vorliegen, zu denen die paranoide Persönlichkeitsstörung (übersteigertes Misstrauen, Verfolgungswahn, Unterstellung feindlicher Absichten bei anderen, dauernder Groll), die schizoide Persönlichkeitsstörung (extremer sozialer Rückzug, stark geminderte Fähigkeit, positive Gefühle zu erleben), die dissoziale Persönlichkeitsstörung (fehlendes Verantwortungsgefühl, fehlende Achtung vor sozialen Normen und geltenden Gesetzen, fehlendes Schuldbewusstsein, geringes Einfühlungsvermögen und geringe Frustrationstoleranz) oder die emotional instabile Persönlichkeitsstörung (starke Stimmungsschwankungen, aggressives und autoaggressives Verhalten, Unfähigkeit, stabile Beziehungen einzugehen) zählen; aber auch bestimmte sexuelle Neigungen, Störungen der Impulskontrolle (pathologisches Spielen oder Stehlen, pathologische Brandstiftung, Formen der Selbstverletzung) und substanzgebundenes (Alkoholismus, Drogenabhängigkeit) sowie nichtsubstanzgebundenes Suchtverhalten (etwa Kaufzwang oder Computerspielsucht).

Die forensische Psychiaterin Nahlah Saimeh über Schuldunfähigkeit

Dr. Nahlah Saimeh, geboren 1966 in Münster, war zwischen 2004 und 2018 Ärztliche Direktorin im Zentrum für Forensische Psychiatrie Lippstadt. Das Aufgabengebiet der Forensischen Psychiatrie ist die Begutachtung, Behandlung und Unterbringung psychisch kranker Straftäter. Im Mai 2018 legte Saimeh die Leitung des Zentrums auf eigenen Wunsch nieder, um künftig als freiberufliche forensische Psychiaterin zu arbeiten. Sie war bereits in der Vergangenheit in zahlreichen aufsehenerregenden Strafprozessen als Gutachterin tätig und ist auf ihrem Fachgebiet auch als Buchautorin hervorgetreten (»Jeder kann zum Mörder werden: Wahre Fälle einer forensischen Psychiaterin«, München: Piper Verlag 2012, sowie »Ich bring dich um. Hass und Gewalt in unserer Gesellschaft«, Berlin: Econ Verlag 2017).

In einem Interview »über das Böse«, das die Wissenschaftsjournalistin und Autorin Christina Berndt mit Dr. Nahlah Saimeh führte und das im Februar 2018 in der »Süddeutschen Zeitung« erschienen ist (Nr. 40, Samstag/Sonntag, 17./18. Februar, S. 56), sagte Saimeh, Gewalt sei »oftmals nichts anderes als biografisches Scheitern«. Zu »schrecklichen Taten« seien »alle Menschen von Natur aus fähig«. Auf die Frage, wann aus ihrer Sicht ein Täter krank und schuldunfähig sei, antwortete Saimeh, die »allermeisten Täter« seien »schuldfähig. Auch psychisch Kranke können schuldfähig sein. Schuldunfähig ist, wessen Denken und Erleben nicht mehr mit der Realität in Einklang zu bringen ist. Oder wessen Persönlichkeit so schwerwiegend gestört ist, dass seine gesamte Lebensführung aus den Fugen gerät. Diese Menschen können nicht mehr arbeiten und vernachlässigen ihre Hobbys, weil sie voll sind von Fantasien, die zur Realisierung drängen.« Den »Eindruck« der Interviewerin, »dass das gesellschaftliche Klima momentan zu mehr Bösartigkeit führt«, teile sie. »Ich sehe uns als Gesellschaft tatsächlich gefährdet, die Prinzipien des demokratischen Rechtsstaats und des zivilisierten Umgangs miteinander zu verlassen.« Was könne man, fragte Christina Berndt abschließend, dagegen tun? Nahlah Saimeh antwortete: »Wir müssen uns gezielt gegen Hass und Gewalt starkmachen, gegen Radikalisierung jedweder Richtung. Da muss es null Toleranz geben. Aber zugleich müssen wir als Gesellschaft auch Anstrengungen unternehmen keine Verlierer zu produzieren. Nur wenn Menschen genügend Gehör finden, stehen ihnen gewaltfreie Wege offen, um mit Wut und Frust umzugehen.«

»Woyzeck«: Inhaltsangabe (Seite 1)

[Szene 1]: Der einfache Soldat Woyzeck und sein Kamerad Andres schneiden abseits der Stadt Stöcke. Woyzeck hat Halluzinationen und macht Andres Angst, der sich durch Singen zu beruhigen versucht. Der Klang der Trommeln ruft die beiden zum abendlichen Appell in die Garnison zurück.

[Szene 2]: Marie beobachtet mit ihrem Kind vom Fenster aus den Zapfenstreich. Die vorbeiziehenden Soldaten werden vom Tambourmajor angeführt. Er grüßt zu Marie herüber. Eine Nachbarin wirft ihr vor, den Soldaten schöne Augen zu machen. Marie gibt eine patzige Antwort, schließt heftig das Fenster und wendet sich ihrem Jungen zu. Woyzeck klopft an die Scheibe, kann aber nicht hereinkommen, da er zum Appell muss. Er spricht unzusammenhängend über seine unheimlichen Erlebnisse vor der Stadt. Dann geht er, ohne sein Kind angesehen zu haben. Marie glaubt, seine Verstörtheit nicht mehr lange ertragen zu können.

[Szene 3]: Woyzeck und Marie besuchen zusammen einen Jahrmarkt. Ein Schausteller preist seine dressierten Tiere großsprecherisch-ironisch als Wunderwesen an. Ein Unteroffizier und der Tambourmajor entdecken Marie in der Menge und äußern sich derb-anerkennend über ihre weiblichen Vorzüge. Während der Vorstellung bandelt der Tambourmajor mit Marie an.

[Szene 4]: Marie, das Kind auf dem Schoß, betrachtet sich in einer Spiegelscherbe. Der Tambourmajor hat ihr Ohrringe geschenkt. Als Woyzeck hereinkommt, verbirgt sie hastig den Schmuck, aber Woyzeck hat ihn schon bemerkt. Sie behauptet, ihn gefunden zu haben. Als Woyzeck daran zweifelt, reagiert sie auffahrend, woraufhin er eine begütigende Bemerkung macht und nach dem Kind sieht. Er übergibt ihr seinen Soldatensold und etwas extra verdientes Geld. Dann muss er wieder los. Marie bleibt mit einem schlechten Gewissen zurück.

[Szene 5]: Woyzeck rasiert den Hauptmann, der ihn – als Vater eines unehelich gezeugten Kindes – wegen seines unmoralischen Lebenswandels tadelt. Woyzeck entgegnet, er wäre auch gern ein moralischer Mensch, aber das sei für arme Leute wie ihn nicht erreichbar.

[Szene 6]: Marie hat ein Stelldichein mit dem selbstgefälligen Tambourmajor, den sie in einem Moment offen bewundert und im nächsten heftig zurückweist. Zuletzt aber gibt sie seinen lüsternen Annäherungsversuchen nach, überzeugt von ihrer Wertlosigkeit und der Wertlosigkeit ihres Daseins.

[Szene 7]: Woyzeck stellt Marie zur Rede. Sie erklärt ihn wegen seines Verdachts für verrückt. Er behauptet, sie mit ihrem Liebhaber gesehen zu haben. Marie leugnet zunächst, begehrt dann aber auf und deutet an, Woyzeck habe schon recht, die Sache gehe ihn aber nichts an.

[Szene 8]: Der Doktor, der mit Woyzeck als Versuchsperson wissenschaftliche Experimente durchführt, regt sich über Woyzecks Disziplinlosigkeit als Proband auf, weil dieser auf der Straße seine Blase geleert hat. Woyzeck versucht sich zu rechtfertigen und kommt dabei ins Philosophieren, was dem Doktor die gute Laune zurückgibt, indem er bei Woyzeck eine partielle Geistesgestörtheit diagnostiziert. Er verspricht ihm Zulage.

[Szene 9]: Der Hauptmann und der Doktor gehen gemeinsam ein Stück Weges. Der Hauptmann beschwert sich beim Doktor über dessen Eile und der Doktor macht sich über den Hauptmann und dessen Gesundheitszustand lustig. Woyzeck läuft ihnen über den Weg. Der Hauptmann quält ihn mit Anspielungen auf Maries Untreue. Woyzeck reagiert konsterniert und der Doktor beobachtet interessiert die körperlichen Symptome von Woyzecks Verzweiflung.

[Szene 10]: Der Professor, der vielleicht mit dem Doktor identisch ist, hält im Hof seines Hauses vor Studenten eine Vorlesung, wobei Woyzeck ihm assistiert und selbst als Demonstrationsobjekt dient. Die Erbsendiät hat Woyzecks Gesundheit schon merklich untergraben, wie der Doktor den Studenten vorführt.

[Szene 11]: Es ist Sonntag. Woyzeck und Andres tun gemeinsam Dienst auf der Wachstube. Andres singt. Woyzeck glaubt, dass sich Marie in einem der Tanzlokale außerhalb der Stadt mit ihrem Liebhaber vergnügt. Ihm schwindelt vor Eifersucht und dem Verlangen, sich Gewissheit zu verschaffen.

[Szene 12]: Im Wirtshaus führen zwei Handwerksburschen das große Wort. Es wird getrunken, gesungen und getanzt. Woyzeck erscheint am Fenster, als Marie und der Tambourmajor vorbeitanzen. Sie bemerken ihn nicht. Woyzeck wiederholt düster und zwanghaft Maries ausgelassenes »immer zu, immer zu«. Einer der

»Woyzeck«: Inhaltsangabe (Seite 2)

Handwerksburschen steigt auf den Tisch und hält eine Predigt.

[Szene 13]: Woyzeck ist aufs freie Feld geflüchtet. Maries entzückter Ausruf verfolgt ihn auch hierher. Überdies hört er Stimmen, die ihn auffordern, Marie zu erstechen.

[Szene 14]: Es ist Nacht. Woyzeck, der mit Andres ein Bett teilt, kommt nicht zur Ruhe. Schließt er die Augen, dreht sich ihm alles wie bei dem wirbelnden Tanz im Wirtshaus. Er hört die Tanzmusik und Maries Ruf. Hinzu kommen Stimmen, die aus der Wand zu ihm sprechen. Er hat stechendes Kopfweh. Andres meint, er habe sich ein Fieber zugezogen, und rät ihm, dieses mit Schnaps zu unterdrücken.

[Szene 15]: Im Wirtshaus trifft Woyzeck am andern Tag auf den betrunkenen Tambourmajor, der mit seiner Männlichkeit prahlt und Woyzeck auffordert, mit ihm zu trinken. Als dieser abweisend reagiert, fasst der Tambourmajor das als Herausforderung auf und ringt ihn nieder.

[Szene 16]: Woyzeck kauft einem jüdischen Händler ein Messer ab.

[Szene 17]: Marie blättert in der Bibel und stößt überall auf Stellen, die ihr ihre Schuld vor Augen führen. Auch der Anblick ihres Kindes gibt ihr einen Stich ins Herz. Der Narr, wohl ein Schwachsinniger, ist bei ihr. Er murmelt Märchenmotive vor sich hin und beschäftigt sich mit dem Kind. Woyzeck hat sich seit zwei Tagen nicht mehr gezeigt.

[Szene 18]: In der Kaserne sieht Woyzeck seine ärmlichen Besitzstücke durch und vermacht alles irgendwie Brauchbare seinem Kameraden Andres. Dieser geht immer noch davon aus, dass Woyzeck eine fiebrige Erkrankung durchmacht.

[Szene 19]: Gegen Abend haben sich vor der Haustür einige Mädchen um Marie (die hier, in einer frühen Entwurfsstufe des Dramas, noch Margreth heißt) versammelt. Eine alte Frau erzählt ein trostloses Märchen. Woyzeck kommt und fordert Marie auf, mit ihm zu gehen.

[Szene 20]: Woyzeck (hier noch unter dem Namen Louis) und Marie haben sich von der Stadt entfernt. Es ist dunkel geworden. Marie möchte nach Hause. Sie fürchtet sich. Woyzecks düstere Reden verraten seine Absicht. Sie ruft um Hilfe. Er ersticht sie.

[Szene 21]: Maries Todeslaute dringen über den Teich, in dessen Nähe der Mord geschehen ist, bis hin zu zwei Spaziergängern. Die erste Person möchte fliehen, die andere hält sie zurück. Sie folgen den schrecklichen Lauten.

[Szene 22]: Woyzeck hat nach der Tat ein Wirtshaus aufgesucht, wo er sich laut verhält. Er singt und tanzt und nimmt ein Mädchen in Beschlag. Diese entdeckt Blut an seiner Hand. Ein Kreis von Neugierigen bildet sich um die beiden. Der Wirt und der Narr schalten sich ein. Woyzeck, in die Enge getrieben, verrät sich, durchbricht den Kreis und flieht hinaus in die Nacht.

[Szene 23]: Kinder teilen sich gegenseitig mit, dass draußen vor der Stadt eine Tote liegt. Sie wollen hinaus, um die Leiche vor Ort zu sehen, bevor sie in die Stadt geschafft wird.

[Szene 24]: Woyzeck ist zum Tatort zurückgekehrt. Er betrachtet die Leiche Maries, findet das Messer und verschwindet, als er Leute kommen hört.

[Szene 25]: Woyzeck ist zum Teich gelaufen, in das er das Messer wirft. Da er es nicht weit genug geworfen hat, wie er meint, watet er in den Teich hinein, nimmt das Messer vom Grund auf und schleudert es weiter fort in die Mitte des Teichs. Er versucht sich vom Blut seines Opfers zu säubern.

[Szene 26]: Der Gerichtsdiener, ein Barbier, ein Arzt und der Richter stehen (in einer nur angedeuteten, nach der ersten Äußerung des Gerichtsdieners abgebrochenen Szene) beieinander und erörtern den Mordfall.

[Szene 27]: Der Idiot Karl (der wohl mit dem Narren aus den Szenen 17 und 22 identisch ist) hält Woyzecks Kind, den kleinen Christian, auf dem Schoß. Woyzeck kommt, spricht seinen Sohn an und will ihn liebkosen. Aber das Kind wendet sich weg und schreit. Woyzeck versucht es mit einem süßen Gebäckstück zu locken. Er schickt Karl los, es zu besorgen. Dieser sieht ihn zuerst starr an und läuft dann jauchzend mit dem Kind fort.

Helmut Ackermann: Zeichnungen zu Büchners »Woyzeck« (Seite 1)

Bildnachweis: Originalzeichnungen von Helmut Ackermann (1936–2017), entstanden im Herbst 2017 für dieses Heft

Helmut Ackermann: Zeichnungen zu Büchners »Woyzeck« (Seite 2)

Bildnachweis: Originalzeichnungen von Helmut Ackermann (1936–2017), entstanden im Herbst 2017 für dieses Heft

Helmut Ackermann: Zeichnungen zu Büchners »Woyzeck« (Seite 3)

I

J

K

L

Bildnachweis: Originalzeichnungen von Helmut Ackermann (1936–2017), entstanden im Herbst 2017 für dieses Heft

Die Erstellung der Lesefassung aus den Handschriftenfolgen

Wie auf Seite 105 der Textausgabe im Abschnitt »Zur Textgestalt« erläutert wird, kam Büchner nicht mehr dazu, sein Theaterstück über den Mörder Woyzeck zu beenden. Im Nachlass fanden sich vier Handschriftenfolgen, deren erste, die als H1 bezeichnet wird, wohl noch in Straßburg entstanden ist und aus 21 Szenen besteht. Die zweite, H2, enthält neun Szenen, während H3 nur aus einem Zusatzblatt besteht, auf dem zwei Szenen notiert sind. H4 entstand wohl ab November 1836 in Zürich. Diese Szenenfolge, die auch als Hauptentwurf bezeichnet wird, enthält 17 Szenen. Diese vier Manuskriptfolgen kann man sich im Internet auf dem »Georg Büchner | PORTAL« (www.buechnerportal.de/) ansehen. Burghard Dedner, der Herausgeber der wichtigen, zwischen 2000 und 2013 erschienenen »Marburger Ausgabe« von Büchners Werken, sowie die Büchner-Experten Arnd Beise, Gerald Funk und Tilmann Fischer haben dieses Material zu einer Lesefassung zusammengefügt, die ebenfalls auf dem »Georg Büchner | PORTAL« zur Verfügung steht und die auch dieser Textausgabe zugrunde gelegt ist. Die dabei getroffene Auswahl der Szenen und Schließung der Lücken im Hauptentwurf ist heutzutage in der Büchnerforschung weitgehend unumstritten. Abweichungen in den Lesefassungen anderer Ausgaben beziehen sich auf Detailfragen, die im Rahmen einer schulischen Beschäftigung mit Büchners letztem Drama beiseitegelassen werden können.

Tilmann Fischer und Burghard Dedner erläutern und begründen die herausgeberischen Entscheidungen, die zu der vorliegenden Lesefassung geführt haben, auf dem »Georg Büchner | PORTAL« folgendermaßen: Den »Grundstock« bilde die zuletzt entstandene Handschriftenfolge H 4. Sie bestehe »aus drei Heften zu je acht Seiten«. Die ersten beiden Hefte wiesen »zwei Lücken« auf, die aus früheren Entwurfsstufen aufgefüllt werden mussten:

Die dritte Szene habe Büchner bei der Ausarbeitung von H4 vorläufig übersprungen, nur den »Szenentitel ›Buden. Lichter. Volk‹« notiert und danach Platz gelassen. Diese Lücke habe er später nicht mehr schließen können. Daher habe man auf Teile »der früher geschriebenen Szenen H1,1–3 und H2,3–5« zurückgreifen und aus diesen die Jahrmarktszene zusammensetzen müssen (vgl. S. 8–10 der Textausgabe).

Die Szene »Hauptmann. Doktor.« habe Büchner in H4 abgebrochen und wiederum einen Freiraum gelassen. Offenbar sei er mit der Fassung dieser Szene in H2,7, wo der Hauptmann Woyzeck im zweiten Teil der Szene mit Anspielungen auf Maries Untreue quält, noch nicht so recht zufrieden gewesen. Da aber kein neuer Schluss der Szene existiert, sei der »Rest der Szene notgedrungen nach H2,7« ergänzt worden (vgl. S. 19–21 der Textausgabe).

Die Handschrift H4 ende mit der »Testamentsszene« H4,17. In der Lesefassung ist das Szene 18 (vgl. S. 29 der Textausgabe), weil zwischendurch noch eine Szene eingeschoben worden ist (dazu gleich). Offenbar sei »Büchner durch die Erkrankung gehindert« worden, im Hauptentwurf den Rest der Dramenhandlung auszuführen. Die »in H4 noch fehlenden Szenen« hätten daher »durch Szenen aus dem ersten Entwurf H1« ergänzt werden müssen. Die Szenen 19 bis 26 (vgl. S. 30–36 der Textausgabe) entsprechen demnach den Szenen 14 bis 21 von H1. Da Woyzeck in H1 noch Louis heiße und Marie Margreth, wurden die Sprecherbezeichnungen in dieser Szenenfolge zwar an die Namensgebungen in der Endfassung angeglichen, aber in eckige Klammern gesetzt, um den Eingriff in den Text der aus H1 übernommenen Szenen kenntlich zu machen.

Und schließlich stellt sich für alle Herausgeber des »Woyzeck« noch die Frage, was mit den beiden Einzelszenen aus der wohl ebenfalls (wie H4) erst nach dem Umzug von Straßburg nach Zürich entstandenen Handschrift H3 anzufangen ist. Die Bestrebung geht natürlich dahin, sie nicht wegzulassen, sondern sinnvoll in die vor allem aus den Manuskriptstufen H1 und H4 zusammengesetzte Handlungsfolge zu integrieren. Die Herausgeber der vorliegenden Lesefassung haben die Szene H3,1 (»Der Hof des Professors«) als Szene 10 nach der in H4 fragmentarischen Szene »Hauptmann. Doktor.« eingefügt (vgl. S. 21–23 der Textausgabe) und die Szene H3,2 (»Der Idiot. Das Kind. Woyzeck.«) als lakonisch-traurigen Ausklang ans Ende der Handlung gestellt (vgl. S. 36 der Textausgabe). Der Herausgeber der 1992 erschienenen zweibändigen Werkausgabe Georg Büchners im Deutschen Klassiker Verlag, Henri Poschmann, hat sich allerdings anders entschieden: Er hat die Szene »Der Hof des Professors« weiter vorne, nach der Jahrmarktepisode, eingefügt, und die Szene »Der Idiot. Das Kind. Woyzeck.« nicht ganz ans Ende gesetzt, sondern zur vorletzten Szene gemacht. Bei ihm endet das Stück mit dem kurzen Szenenfragment »Gerichtsdiener. Barbier. Arzt. Richter.« (vgl. S. 36 der Textausgabe). (Zitate nach: http://buechnerportal.de/aufsaetze/woyzeck#zurlesefassung)

Klassisches und modernes Drama, geschlossene und offene Form

Geschlossene Dramenform

Die Handlung der geschlossenen Dramenform präsentiert sich als kompakte Einheit. Jede Szene hat ihren festen, unverrückbaren Platz und erweist sich als notwendiges Glied in einer kontinuierlich und mit unerbittlicher Konsequenz ablaufenden Ereigniskette (vgl. unten ›Klassische Dramenform‹). Typisch für die geschlossene Dramenform sind duellartige Konstellationen zwischen einem Haupthelden (Protagonisten) und seinem Gegenspieler (Antagonisten). Die Handlungszeit ist komprimiert und erstreckt sich im Idealfall auf nur einen Tag, an dem sich das ganze Verhängnis entfaltet. Auch der Raum, der tendenziell neutral, eigenschaftslos ist, ist idealerweise auf einen einzigen Schauplatz beschränkt. Das Personal des geschlossenen Dramas ist nicht sehr zahlreich und die wichtigsten Figuren sind nahezu an der gesamten Handlung beteiligt. Sie argumentieren scharfsinnig und agieren beherrscht, ihr Körper bleibt gewissermaßen stumm. Die Sprache des geschlossenen Dramas ist eine einheitliche Kunstsprache. Emotionen werden eher ›mitgeteilt‹ als unmittelbar ausgedrückt.

Klassische Dramenform

Die äußere Form des klassischen fünfaktigen Dramas hat Gustav Freytag 1863 als Pyramide veranschaulicht. Der erste Akt enthält die Exposition, in der die wichtigsten Figuren eingeführt werden und sich bereits der dramatische Konflikt abzeichnet. Dieser verschärft sich in der steigenden Handlung des zweiten Akts. Im mittleren dritten Akt erreicht die Handlung ihren dramatischen Höhepunkt und schlägt um. Das katastrophische Ende – der Tragödie – bereitet sich in dieser ›Peripetie‹ (einem Begriff aus der bis in die Neuzeit maßgeblichen Tragödientheorie des Aristoteles) vor. Der vierte Akt enthält die fallende, auf die Katastrophe zulaufende Handlung. Diese finale Katastrophe wird dabei meist noch einmal künstlich herausgezögert; man spricht hier von dem ›retardierenden Moment‹. Im fünften Akt vollzieht sich schließlich die letztlich unaufhaltsame, schicksalhafte Katastrophe.

Offene Dramenform

Die Handlung des offenen Dramas besteht meist aus mehreren, untereinander oft nur lose verbundenen Handlungssträngen oder Bildern. Die Szenen entwickeln ein großes Eigengewicht und sind in der Regel hauptsächlich durch Strukturprinzipien wie Wiederholung, Variation oder Kontrast miteinander verknüpft. Die Handlung weist Sprünge auf und hat oft weder einen klar markierten Anfang noch ein zwingendes Ende. Die Figuren stehen relativ stark für sich und sind nicht in ein enges Geflecht von Beziehungen und Motivationen eingebunden, das die Handlung im geschlossenen Drama vorantreibt. Die Zeit, die im geschlossenen Drama immer eine vorandrängende Zeit ist, steht im offenen Drama oft still (ähnlich wie in der Oper, wenn eine Figur eine Arie singt). Ferner arbeitet das offene Drama meist mit einer Fülle unterschiedlicher Schauplätze. Die verschiedenen Orte der Handlung sind dabei oft mit symbolischer Bedeutung aufgeladen. Das offene Drama ist meist sehr figurenreich, Personen kommen und gehen wie im wirklichen Leben. Die Sprache des offenen Dramas ist keine einheitliche Literatursprache, sondern vielfältig, konkret, derb und unzusammenhängend wie die Alltagssprache.

Moderne Dramenform

Während das klassische Drama vorführt, wie das unerbittliche Schicksal (bzw. die Götter, die das Schicksal der Menschen bestimmen) in das Leben des Helden eingreift und wie dieser sich heroisch, wenn auch letztlich vergeblich, gegen diese überlegenen jenseitigen Mächte zu behaupten versucht, zeigt das moderne Drama den Menschen in einer Welt, aus der die jenseitigen Mächte verschwunden sind. Zurück bleibt der Mensch in seiner Ratlosigkeit darüber, dass seine Lage sich nicht verbessert hat und die Sinngebung der Misere schwieriger ist denn je. Wogegen soll er ankämpfen, wenn der Gegner nicht zu erkennen ist?

Aus dieser Konstellation ergibt sich die Situation, dass im modernen Drama die ›Helden‹ (schon das Wort setzt man nun besser in Anführungszeichen) eher als Opfer denn als Täter erscheinen. Ebenso ist hieraus die Tendenz des modernen Dramas zu erklären, die Mischform der Tragikomödie anzunehmen. Der – verzweifelten, aber eben auch komische Effekte begünstigenden – Orientierungslosigkeit des ›Helden‹ entspricht die Vielfalt der Formen des modernen Dramas. Ein Königsweg, wie mit dem persönlichen Dilemma, dem dramatischen Konflikt umzugehen ist, existiert nicht mehr. Die Problematik des Handelns wird damit zum übergreifenden Thema des modernen Dramas. Was vermag der Einzelne angesichts der vielfältigen Zwänge und undurchschauten Kräfte, die von allen Seiten auf ihn einwirken? Wo das moderne Drama engagiertes Drama ist, zeigt es sich bemüht, die bestehenden gesellschaftlichen Verhältnisse, die den Menschen beschädigen, aufzudecken und womöglich zu ändern, um den Menschen zu retten. Doch bleibt die Hoffnung schwach.

Helmut Ackermann: Woyzeck

Bildnachweis: Originalzeichnung von Helmut Ackermann (1936–2017), entstanden im Herbst 2017 für dieses Heft

Helmut Ackermann: Marie und der Tambourmajor

Bildnachweis: Originalzeichnungen von Helmut Ackermann (1936–2017), entstanden im Herbst 2017 für dieses Heft

Helmut Ackermann: Der Doktor

Bildnachweis: Originalzeichnung von Helmut Ackermann (1936–2017), entstanden im Herbst 2017 für dieses Heft

Wilhelm Heß: Johann Bernhard Wilbrand (1779–1846)

Johann Bernhard W. wurde am 8. März 1779 zu Klarholz bei Münster in Westfalen geboren. Seine Eltern waren Leibeigene des Klosters zu Klarholz und bewirtschafteten ein kleines Besitztum, welches Eigentum des Klosters war. Seinen ersten Unterricht erhielt W. von seiner älteren Schwester; dann besuchte er die Dorfschule, in welcher er bald alle anderen Schüler überflügelte, sodass der Pastor in Lette, welcher die Schule häufig inspizierte, auf ihn aufmerksam wurde, und, als er seinen Wunsch zu studieren erfuhr, ihn ein Jahr lang in der lateinischen und griechischen Sprache unterrichtete und ihn 1792 nach Münster in eine Vorbereitungsschule sandte. Im folgenden Jahre trat W. in das Gymnasium daselbst ein. Bald verdiente er sich seinen Unterhalt selbst, indem er im Hause des Herrn v. Hülst Hauslehrer wurde. Nachdem er das Gymnasium absolviert hatte, musste er nach der damaligen Studieneinrichtung zunächst einen zweijährigen allgemeinen Kursus auf der Universität durchmachen, ehe er sich für ein Fachstudium entschied. Hier fühlte er sich von den Naturwissenschaften, namentlich Botanik und Chemie besonders angezogen. Dennoch entschloss er sich bei seinen beschränkten pekuniären Verhältnissen Theologie zu studieren, widmete jedoch seine freie Zeit dem Studium der Naturwissenschaften. Je mehr er sich in dieselben vertiefte, desto mehr fühlte er sich zu ihnen hingezogen. Die Liebe zu den Naturwissenschaften überwand schließlich seine Bedenken und im Herbst 1801 gab er das Studium der Theologie auf und widmete sich ganz den Naturwissenschaften, indem er die Medizin als Brotstudium hinzunahm. Im Jahr 1803 erhielt er durch das Wohlwollen der Klostergeistlichkeit den sogenannten Freibrief, welcher ihn von der Leibeigenschaft befreite, wogegen er auf jeden Anspruch auf das von seinen Eltern bewirtschaftete Eigentum des Klosters verzichten musste. Nachdem er sich durch Übernahme einer Hofmeisterstelle etwas Geld erspart hatte, und von seinen Lehrern eine Unterstützung erhielt, bezog er zu seiner weiteren Ausbildung 1805 die Universität Würzburg, woselbst er 1806 die Doktorwürde erwarb. Dann begab er sich nach Paris und hörte die Vorlesungen von Cuvier, Dumeril und Lamarck. Nach Münster zurückgekehrt, hielt er Vorlesungen »über die graduelle Entwickelung der organischen Natur«, in welcher er die gesamte organische Natur nach allen Richtungen hin als Einheit behandelte. Diese Vorträge erschienen später im Druck unter dem Titel: »Darstellungen der gesamten Organisation« (2 Bde., Gießen 1809 und 1810). Infolge dieser Vorlesungen, welche große Anerkennung fanden, erhielt W. einen Ruf an die Universität Gießen und übernahm dort 1809 die Vorlesungen über Anatomie, Botanik und Zoologie. Im Jahr 1811 erhielt er von der naturforschenden Gesellschaft zu Haarlem für die beste Preisarbeit über die Klassifikation der Tiere die goldene Medaille. Die Arbeit erschien [...] später in deutscher Sprache: »Über die Klassifikation der Tiere« (Gießen 1815). [...] Dieses System ist jedoch [...] bald der Vergessenheit anheimgefallen. Auch ein Pflanzensystem, welches er [...] [1834] aufstellte, hat niemals Anwendung gefunden. Durch alle seine zahlreichen Schriften zieht sich die Idee, die Hypothese zu verbannen, was ihn zu sonderbaren Erklärungsversuchen veranlasste. Auch ersetzte er häufig die exakte Forschung durch philosophische Spekulationen. Mit mancher seit langer Zeit anerkannten Lehre befand sich W. in Widerspruch. So leugnet er z. B. [...] den Blutkreislauf [...]. Trotz dieser argen Fehler fanden seine Schriften große Anerkennung, [...] wie er auch als Lehrer eine hervorragende Stellung einnahm. Von seinen übrigen Werken sind noch besonders zu erwähnen: »Handbuch der Botanik« (2 Bde., Gießen 1819) [...] »Handbuch der Naturgeschichte des Tierreichs« (Gießen 1829). [...] W. starb zu Gießen im Jahre 1846.

Erläuterungen:

Z. 24: *pekuniären:* finanziellen

Z. 43: *Cuvier:* Baron Georges Léopold Chrétien Frédéric Dagobert Cuvier (1769–1832) war seit 1800 Professor der Zoologie am Collège de France.

Z. 43: *Dumeril:* Der Zoologe André Marie Constant Duméril (1774–1860) leitete auf Georges Cuviers Initiative hin seit 1803 die Abteilungen für Ichthyologie (Fischkunde) und Herpetologie (Amphibien- und Reptilienkunde) am ›Muséum national d'histoire naturelle‹ in Paris.

Z. 43: *Lamarck:* Der Botaniker, Zoologe und Entwicklungsbiologe Jean-Baptiste de Lamarck (1744–1829) hatte seit 1793 die Zoologische Professor für die Linnéschen Tierklassen der Insekten und Würmer am ›Muséum national d'histoire naturelle‹ inne.

Z. 55: *Haarlem:* Stadt in den Niederlanden

Artikel »Wilbrand, Johann Bernhard« von Wilhelm Heß in: Allgemeine Deutsche Biographie, herausgegeben von der Historischen Kommission bei der Bayerischen Akademie der Wissenschaften, Band 44 (1898), S. 520f., Digitale Volltext-Ausgabe in Wikisource, URL: https://de.wikisource.org/w/index.php?title=ADB: Wilbrand,_Johann_Bernhard&oldid=3006110

Der Doktor in »Woyzeck« als Karikatur Johann Bernhard Wilbrands

Johann Bernhard Wilbrand (1779–1846), der seit 1809 als Professor für vergleichende Anatomie, Physiologie und Naturgeschichte in Gießen lehrte und aus dessen Händen Büchners Vater Ernst Büchner (1786–1861) am 14. Januar 1815 sein »Doktor-Diplom der inneren Heilkunde« empfangen hatte, war in den 1830er-Jahren, als Büchner in Gießen studierte, ein seit Langem weithin angesehener Vertreter seines Fachs, galt aber unter den Studenten auch als seltsamer Kauz und komische Figur. Das geht aus den Fragment gebliebenen Lebenserinnerungen des Naturwissenschaftlers und demokratischen Politikers Carl Vogt (1817–1895) hervor. Dieser hatte 1833 in seiner Geburtsstadt ein Medizinstudium aufgenommen. Ein Jahr später mussten seine Eltern, der Gießener Medizinprofessor Philipp Friedrich Wilhelm Vogt und seine Frau Louise, geb. Follen (deren Brüder Adolf Ludwig und Karl bekannte Radikaldemokraten des Vormärz waren), aufgrund ihrer liberalen Gesinnung in die Schweiz emigrieren. Carl wechselte 1834 das Fach und studierte nun Chemie bei Justus Liebig. Seine Mitgliedschaft in Gießener Burschenschaften, die unter polizeilicher Beobachtung standen, vor allem aber der Umstand, dass er einen revolutionärer Umtriebe verdächtigen Mitstudenten vor dem Zugriff der Obrigkeit schützte, machte 1835 auch seine Flucht erforderlich. Er ging über Straßburg zu seiner Familie nach Bern, wo er 1839 mit einer Forschungsarbeit zur Anatomie der Amphibien seinen medizinischen Doktortitel erwarb. 1847 wurde er auf Empfehlung von Liebig und Alexander von Humboldt auf einen neu eingerichteten Lehrstuhl für Zoologie in Gießen berufen. 1848 gehörte er dem Frankfurter Paulskirchenparlament an. Anfang der Fünfzigerjahre musste er erneut emigrieren und lehrte in Bern (ab 1852) und Genf (ab 1872).

In seinen Memoiren »Aus meinem Leben. Erinnerungen und Rückblicke« (Stuttgart 1896) schildert Vogt auch seinen zeitweiligen Gießener Universitätslehrer Wilbrand. Er beschreibt ihn als »klapperdürr und hager« und rastlos in Bewegung (S. 121). Immer sei er »wie ein Windhund« vorausgeeilt (S. 55). Seinen Sohn habe er früher mit in die Vorlesungen gebracht und dort vor den Studenten mit den Ohren wackeln lassen, um so seine biologische Verwandtschaft mit den »Äffken« zu demonstrieren (vgl. S. 55). Dass »der kultivierte Mensch noch weniger fähig« sei, »seine äußern Ohren in eine besondere Bewegung zu setzen, als der Wilde«, hatte Wilbrand bereits 1815 in seinem Lehrbuch »Physiologie des Menschen« erklärt (dort S. 294 f.). Zu den Eigentümlichkeiten von Wilbrands Sprachgebrauch scheint die Wendung »das sind so« gehört zu haben –

Johann Bernhard Wilbrand (1779–1846). Lithografie von unbekannter Hand, um 1810

Foto: INTERFOTO / Sammlung Rauch

Vogt zitiert ihn mit dem Satz »Das sind so einige von den kleinen Bändern an der Handwurzel« (S. 55) –, die auch Büchners Doktor gebraucht: »[…] das sind so Übergänge zum Esel […]« (Szene 10, S. 22, Z. 31 f.).

Auch wissenschaftliche Überzeugungen von Büchners Doktor finden sich in ähnlicher Weise in Wilbrands Schriften. So sagt der Doktor zu Woyzeck: »Hab ich nicht nachgewiesen, dass der musculus constrictor vesicae dem Willen unterworfen ist? Die Natur! Woyzeck, der Mensch ist frei, in dem Menschen verklärt sich die Individualität zur Freiheit. Den Harn nicht halten können!« (S. 16, Z. 31, bis S. 17, Z. 2) In Wilbrands »Physiologie des Menschen« heißt es: »Der Mensch gebietet frei über die Materie seines Körpers; diese unterliegt mithin der Herrschaft seines Geistes« (S. 2; alle Zitate nach: Burghard Dedner unter Mitarbeit von Gerald Funk und Christian Schmidt: Georg Büchner: Woyzeck. Erläuterungen und Dokumente. Stuttgart: Reclam Verlag 2000, S. 179 f.).

Büchner machte sich in der Figur des Doktors aber nicht nur über Wilbrand lustig, sondern bediente sich auch bei anderen zeitgenössischen Medizinern, um das Abseitige mancher wissenschaftlicher Forschungsprojekte zu karikieren. So schreibt er dem Doktor Friedrich Arnolds (1803–1890) Theorie zur Entstehung des Niesens zu (vgl. S. 17 und die Erläuterungen auf S. 117).

Zeitgenössische Ernährungsexperimente und Krankheitstheorien

Das Ernährungsexperiment, das der Doktor mit seiner Versuchsperson Woyzeck unternimmt, ist keine reine Erfindung Büchners, wie die Büchner-Forschung nachgewiesen hat. Vielmehr stützte sich der Autor hier auf unterschiedliche zeitgenössische Versuchsreihen, von denen er vermutlich durch die Lektüre medizinischer und biologischer Fachpublikationen Kenntnis hatte. Seit etwa 1815 stellten Forscher mit Tieren und auch mit Menschen Ernährungsexperimente an. Dahinter stand meist entweder das praktische Ziel herauszufinden, wie man die Armen auf möglichst kostengünstige Weise ausreichend mit Nährstoffen versorgen könne, oder aber das medizinische Interesse, den Zusammenhang zwischen Ernährung und bestimmten Formen psychischer Erkrankung, den die ärztliche Wissenschaft seit Längerem als gegeben voraussetzte, näher zu erforschen.

In Frankreich wurde Gelatine (tierisches Protein, das aus Haut und Knochen gewonnen wird) seit 1812 in Armenhäusern und Pflegeheimen als reguläre Nahrung eingesetzt. Der französische Zoologe Henri Milne Edwards (1800–1885) kam 1833/34 zu dem Schluss, Gelatine sei als Ersatz für teurere Nahrungsmittel eine gute Alternative. Er arbeitete zunächst mit einer Testperson und weitete das Ernährungsexperiment dann in einer zweiten Phase aus, indem er 57 Infanteriesoldaten aus zwei verschiedenen Einheiten einsetzte. Schon etwas früher war der Pharmazeut Jean-Sébastien-Eugène Julia de Fontenelle (1780–1842) in einer großangelegten Versuchsreihe, in der über einen Gesamtzeitraum von 18 Monaten (zwischen Herbst 1831 und Sommer 1833) 72 Personen jeweils drei Monate lang mit einem Gemisch aus Gelatine und Hülsenfrüchten ernährt und ihre Ausscheidungen untersucht worden waren, zu einem ähnlich positiven Ergebnis gekommen. Eine seiner Beobachtungen lautete, die Beigabe von Erbsen und anderen Hülsenfrüchten steigerten offensichtlich den Nährwert der Gelatine.

Mit dem Ziel dieser Experimente verträgt sich allerdings die Freude des Doktors in Büchners Stück über die psychischen Störungen, die die Erbsendiät bei seinem Probanden hervorruft, schlecht. Daher liegt es wohl näher, das Forschungsinteresse von Büchners Doktor mit der Annahme der zeitgenössischen Medizin in Zusammenhang zu bringen, somatische Krankheiten, vor allem Erkrankungen des Magen-Darm-Trakts, würden psychische Störungen hervorrufen. Der in Halle lebende und praktizierende und an der dortigen preußischen Universität lehrende Arzt Johann Christian Reil (1759–1813), der sich nicht nur als Hirnanatom einen Namen machte, sondern auch ein wichtiger Wegbereiter der sich nach 1800 herausbildenden Psychiatrie war (er verwendete diesen Begriff in seinen Schriften als Erster), schrieb in seinem 1805 veröffentlichten Werk »Ueber die Erkenntniß und Cur der Fieber«: »Fettes Fleisch, Hülsenfrüchte, grobe Fische und ungegorne Mehlspeisen erzeugen leicht [...] Krankheiten des Unterleibes, durch welche sich nach und nach ein Hang zur Melancholie entspinnen kann.« (S. 436f.) Und ein paar Seiten weiter heißt es, der Genuss schwer verdaulicher Nahrungsmittel – als Beispiel werden Hülsenfrüchte genannt – mache »zuerst die Nerven des Unterleibes krank, diese affizieren das Gehirn und auf solche Art entspinnt sich Hypochondrie, die endlich in Melancholie und andere Arten von Geisteszerrüttungen übergehen kann« (S. 445).

Diese wissenschaftliche Meinung war auch drei Jahrzehnte später, als Büchner sein Drama schrieb, noch nicht überholt: Das zeigt zum Beispiel die 1830 in deutscher Übersetzung erschienene Schrift »Allgemeine Bemerkungen über chronische Unterleibsentzündung und die mit derselben häufig verbundene Seelenstörung« des französischen Psychiaters und Neuropathologen Antoine Laurent Jessé Bayle (1799–1858); und im ersten Band ihrer zweibändigen »Beiträge zur Lehre von den Geisteskrankheiten« (1832 und 1836) stellten Ludwig Franz Amelung (1798–1849) und Friedrich Bird (1791–1851) fest, dass »[f]instere, melancholische, mit fixen Ideen und Schreckensbildern geplagte Verrückte [...] meist Bauchkranke« seien (S. 65; alle Zitate nach: Burghard Dedner unter Mitarbeit von Gerald Funk und Christian Schmidt: Georg Büchner: Woyzeck. Erläuterungen und Dokumente. Stuttgart: Reclam Verlag 2000, S. 187f.).

Friedrich Bird war seit 1830 zweiter Arzt der Irrenanstalt Siegburg. Interessanter noch ist der berufliche Hintergrund von Franz Amelung: Er amtierte seit 1821 als ärztlicher Leiter des hessen-darmstädtischen Landeshospitals für Alte, Unheilbare und Geisteskranke in Hofheim. Büchners Großvater (der Vater seiner Mutter), Hofrat Georg Reuß, war von 1798 bis zu seinem Tod im Jahre 1815 Verwaltungsdirektor dieses Hospitals gewesen, und Büchners Vater Ernst Büchner (1786 bis 1861) hatte dort von 1812 bis 1815 die Stelle des Hospitalchirurgen beziehungsweise zweiten Arztes innegehabt; in diese Zeit fiel die Geburt seines ersten Sohnes Georg. Man kann daher wohl davon ausgehen, dass Franz Amelung Georg Büchner ein Begriff war und dass er dessen medizinische Publikationen in der Bibliothek seines Vaters fand.

Vom ›Armenwesen‹ zum ›Pauperismus‹

»Armenwesen«. »Conversations-Lexicon« von Brockhaus, 4. Auflage, Band 1 (1817), S. 297–299

Armenwesen ist der Inbegriff des Zustandes der Armen und aller Anstalten im Staate, wodurch teils die Armen nach den verschiedenen Stufen ihrer Armut zweckmäßig unterstützt, teils die Ursachen und Quellen der Armut aufgesucht, verstopft, und die Folgen der Armut möglichst aufgehoben, oder für den Staat am wenigsten nachteilig gemacht werden. Die *Armut* hat verschiedene *Grade* und *Abstufungen*, welchen mit demjenigen Armen, der durch Arbeit sich redlich nährt, aber bei aller Anstrengung seiner Kräfte und seines Fleißes nicht so viel erwerben kann, als er für sich und die Seinigen braucht, und auch bei solchen Armen ihren Anfang nehmen, die noch in Wohnung und Hausgeräten ein kleines Eigentum besitzen; und diese Abstufungen gehen im ersten Falle herab bis zu den lüderlichen Vagabunden, im Letztern aber bis zu denjenigen Armen, die nirgends ein Obdach haben und in Höhlen, auf Straßen, in Feldern, Ställen, Waldhütten etc. übernachten. Jede Stufe der Armut enthält Mangel an zureichenden Mitteln zur Befriedigung der notdürftigsten Bedürfnisse des Lebens und schließt allen Wohlstand aus. Hierdurch wird nun die Versuchung zur Unredlichkeit, zur Bettelei, zum lüderlichen Leben, zum Betruge und endlich zum Diebstahl mächtig; indessen sind bei vielen Armen der höchsten Stufen von Armut doch diese traurigen Gesinnungen zur Störung öffentlicher Ruhe und Sicherheit nicht immer im notwendigen Gefolge. Allein der Nationalwohlstand leidet jedes Mal durch die Armen doppelt, erstens weil sie ihre Kinder schlecht erziehen und nicht zur Arbeit gewöhnen; und zweitens, weil sie von den Wohlhabenden und Reichen nicht bloß ernährt, sondern von denselben auch die öffentlichen Lasten der Armen mit übertragen werden müssen. Die *Ursachen* und *Quellen* der *Armut* lassen sich unter *zwei Hauptklassen* bringen, nämlich: *selbstverschuldete*, als: Hang zur Trägheit, Faulheit und Müßiggang, und die daraus entstehende und herrschend werdende Neigung zur Unordnung, zum Spiel, zum Trunke, zur Verschwendung, zur Wollust etc., wo auf unerwartete Unglücksfälle nichts zurückgelegt, sondern alles Erworbene gleich vergeudet wird; und in *unverschuldete Armut*, als: Mangel an Verdienst, bei sinkenden Gewerben und beim Höhersteigen der zum Unterhalte notwendigen ersten Lebensbedürfnisse; Unglücksfälle durch Feuer- und Wassernot, durch Betrug und Diebstahl wegen Mangel an Polizeiaufsicht über Gauner und Vagabunden, durch Krieg etc. Mangel an Anstalten zur Beschäftigung der Müßiggänger etc. Soll allen diesen Übeln abgeholfen werden [...], so müssen zur Versorgung der Armen die *verschiedenen Armenanstalten* vollständig vorhanden und vollkommen organisiert sein, und vom Staate alle *Bettelei* aufs Strengste untersagt werden. [...]

»Armenwesen«. »Conversations-Lexicon« von Brockhaus, 8. Auflage, Band 1 (1833), S. 406–409

Armenwesen. Die Armut ist die Mutter der Künste, aber auch ein Verderben der Staaten. Ein Staat, in welchem es viel Arme gibt, zumal solche, welche arbeiten könnten, wenn sie nur wollten, oder wenn sie Arbeit fänden, kann darin den unumstößlichen Beweis sehen, dass seine Einrichtungen und die Elementarverhältnisse des Volkes fehlerhaft sind. Die Armut ist die größte Versuchung zu allem Schlechten und Nichtswürdigen; sie macht den Menschen käuflich und gleichgültig für Schande und Strafe, und sie setzt auch den Bessern in eine Wahl zwischen Entbehrung und Verbrechen [...]. Es ist also dringende Pflicht für die Regierenden, der Armut entgegenzuarbeiten und zwar zuerst den Ursachen derselben, dann aber auch ihren Wirkungen durch Versorgung. Ob die Armut eine verschuldete oder unverschuldete ist, kann für die Armenversorgung keinen Unterschied begründen, sondern bei dieser nur darauf gesehen werden, dass die übeln Gewohnheiten, welche freilich oft Ursache, oft aber auch nur erst Folge der Armut sind, durch die Art der Armenpflege mit bekämpft werden. In dieser Hinsicht bildet die Armenversorgung einen Übergang von der Volkserziehung zur Zwangspolizei und der auf Besserung gerichteten Strafgewalt.

[...]

Was auch das Mitleid zuweilen dagegen sagen möge, der erwachsene gesunde Arme muss [im Rahmen der Armenversorgung] auf das Unentbehrliche der Lebensfristung beschränkt werden. Hingegen die Erziehung der Kinder und die Pflege der Kranken kennt eine solche Beschränkung nicht. Denjenigen, welche Kräfte haben zu arbeiten, muss nötigenfalls Beschäftigung gegeben und nur ein Zuschuss und in besondern Fällen eine außerordentliche Unterstützung gereicht werden. Für Arbeitsscheue und umherziehende Bettler tritt der Zwang des Arbeitshauses ein. So läuft also beim Armenwesen alles auf die drei Fragen hinaus: Wer soll als Armer versorgt werden? Wie soll die Unterstützung geleistet werden? Wer soll die Kosten dazu hergeben? Die erste ist im Allgemeinen leicht zu beantworten, allein schwieriger ist die richtige Klassifikation der Armen und die gehörige Verteilung der Individuen in die Klassen, welche natürlicherweise auch nach den Lokalitäten verschieden sein müssen. [...] d) Die Arbeitsbedürftigen machen in manchen Ländern eine große Klasse, vornehmlich da, wo entweder große Fabriken, Bergbau u. dgl. plötzlich in Stillstand geraten, oder wo der Ackerbau, welcher bisher in kleinen Pachtungen und durch Lohnarbeiter betrieben worden war, [...] in große fabrikmäßige Gutswirtschaft mit Hülfe der Maschinen umgeschaffen wird, wodurch in den letzten Jahren in England Tausende von Arbeitern brotlos wurden. Dieser Klasse gehören auch e) diejenigen an, welchen es zwar nicht an Arbeit fehlt, welche aber mit der angestrengtesten Arbeit nicht so viel gewinnen, um mit den Ihrigen ihr Leben zu fristen, weil auf der Arbeit zu viel künstliche Lasten für den Staat, für die Kapitalisten und für die Grundherren liegen. [...] Endlich f) die letzte Klasse entsteht aus dem Bedürfnisse der Zucht für Erwachsene, Gewöhnung zur Arbeit und Entwöhnung von lasterhaften Neigungen. Für sie sind Zwangsarbeitshäuser (s. *Zuchthäuser*) nur mit gehöriger Abgrenzung der eigentlichen Besserungsanstalten und der Strafanstalten wegen begangener Verbrechen. [...]

[...] Die Frage, wem die Armenversorgung obliege, ist in den neuern Gesetzen mit wenigen Ausnahmen den Gemeinden zugewiesen, dadurch aber dem Rechtsbegriffe der Heimat eine neue Wichtigkeit gegeben worden. [...] Es hat auch seinen großen Nutzen, ihnen die Sorge dafür zu überlassen, weil sie über manche hier einschlagende Verhältnisse die beste Aufsicht halten können. Freilich müssen sie selbst, zumal auf dem Lande, dabei unter höherer Aufsicht stehen und Armenordnungen ihnen bestimmte Regeln vorschreiben, wenn nicht die Versuchung zu groß werden soll, die Armen gar zu streng zu behandeln. [...]

»Pauperismus«. »Conversations-Lexicon« von Brockhaus, 9. Auflage, Band 11 (1846), S. 15f.

Pauperismus ist ein neuerfundener Ausdruck für eine neue, höchst bedeutsame und unheilvolle Erscheinung, den man im Deutschen durch die Worte Massenarmut oder Armentum wiederzugeben gesucht hat. Es handelt sich dabei nicht um die natürliche Armut, wie sie als Ausnahme infolge physischer, geistiger oder sittlicher Gebrechen, oder zufälliger Unglücksfälle immerfort Einzelne befallen mag; auch nicht um die vergleichungsweise Dürftigkeit, bei der doch eine sichere Grundlage des Unterhalts bleibt. Der Pauperismus ist da vorhanden, wo eine zahlreiche Volksklasse sich durch die angestrengteste Arbeit höchstens das notdürftigste Auskommen verdienen kann, auch dessen nicht sicher ist, in der Regel schon von der Geburt an und auf Lebenszeit solcher Lage geopfert ist, keine Aussichten der Änderung hat, darüber immer tiefer in Stumpfsinn und Rohheit versinkt, den Seuchen, der Branntweinpest und viehischen Lastern aller Art, den Armen-, Arbeits- und Zuchthäusern fortwährend eine immer steigende Zahl von Rekruten liefert und dabei immer noch sich in reißender Schnelligkeit ergänzt und vermehrt. Diese Erscheinung ist vorhanden; sie ist in Europa am schlimmsten in England, Frankreich und Belgien hervorgetreten, fängt aber auch in Deutschland, besonders in den Ländern, wo es eigene Fabrikprovinzen gibt, oder wo das Grundeigentum übermäßig zersplittert wurde, sich zu zeigen an. [...] Sie zeigt sich also in den gebildetsten, reichsten, industriösesten und geistig bewegtesten Ländern, unter den verschiedensten Verfassungsformen. [...] Man berechnet in ganz Europa die Zahl der Almosenempfänger zu $1/21$ der Bevölkerung. Aber in Russland steht sie wie 1:100, in England wie 1:6. In Frankreich rechnet man $1/20$ der Bevölkerung zu den Armen; in den Niederlanden steht das Verhältnis wie 1:7, in der Schweiz wie 1:10, in Deutschland wie 1:20, in Östreich und Dänemark wie 1:25. Die Erklärung der Erscheinung und demgemäß auch die Mittel der Abhülfe hat man auf sehr verschiedenen Wegen gesucht. [...] Eine reaktionäre Farbe sucht das Übel in dem Zeitgeiste der Neuzeit und seinen Schöpfungen und will zum Mittelalter zurück, speziell zu dessen Agrarverfassung und Zunftwesen. Eine revolutionäre Schule, die mannigfaltige Schattierungen des *Communismus* (s. d.) und *Socialismus* (s. d.) umfassend, will mehr oder weniger die Grundlagen unsers rechtlichen und sozialen Gebäudes umstürzen, namentlich das Eigentumsrecht brechen. [...] Während von mehren Seiten hauptsächlich das Fabrikwesen als die fruchtbarste Mutter des Pauperismus angeklagt wird, fodern dessen eigene Wortführer vielmehr seine kräftigste Förderung durch künstliche Mittel. Den gegen die in der Wissenschaft herrschende nationalökonomische Schule gerichteten Vorwürfen, dass ihre Lehren den Pauperismus erzeugt hätten, antwortet diese mit der ganz entgegengesetzten Behauptung: er würde nicht sein, wenn man ihre Forderungen wahrhaft und vollständig erfüllt hätte. Weise geordnete Freiheit in allem Leben, geistvolles und energisches Zusammenfassen der Kräfte für edle Zwecke, reiches Ausstreuen der Saaten gedeihlicher Bildung, zweckmäßige Organisation der Massen und wahrhaft christliche, warme und erleuchtete Menschenliebe, das sind die Aufgaben, das mögen die rechten Mittel sein, die, wenn sie mit Konsequenz und Ausdauer angewendet werden, leisten müssen, was vernünftigerweise verlangt werden kann. [...]

Soziales Drama

Georg Büchners »Woyzeck« markiert nach verbreiteter Auffassung der germanistischen Forschung »die Schnittstelle zwischen dem im 18. Jahrhundert entstehenden bürgerlichen Trauerspiel (vgl. Rochow 1999) und dem sozialen Drama« (Schößler 2009, S. 118). Wie im bürgerlichen Trauerspiel geht es im sozialen Drama darum, Personen beziehungsweise Bevölkerungsschichten, die in der Realität unter politischer Machtlosigkeit und wirtschaftlicher Benachteiligung zu leiden hatten beziehungsweise auch heute noch leiden, »zu Protagonisten tragischer Ausdrucksformen« zu machen, »wodurch sich das traditionelle Konzept des Tragischen nachhaltig modifiziert« (Schößler 2009, S. 118).

Im traditionellen Drama kam bekanntlicherweise nur hohen Standespersonen tragische Würde zu. Wenn ihnen ein Unglück zustieß, war die tragische Fallhöhe natürlicherweise groß. Wenn dagegen einfache Leute litten, galt das als wenig bemerkenswert, denn das war ja ohnehin ihr Schicksal. Im 18. Jahrhundert, als das Bürgertum zu immer größerem Selbstbewusstsein und immer stärkerer politischer Teilhabe kam und die Autorität der Fürsten mehr und mehr in Frage gestellt wurde, begann man diesen Standpunkt als überholt zu betrachten beziehungsweise bewusst, mit den Mitteln der Literatur, zu bekämpfen. Im bürgerlichen Trauerspiel, das Lessing ab der Mitte des Jahrhunderts mit den Stücken »Miss Sara Sampson« (1755) und »Emilia Galotti« (1772) als neue Gattung etablierte, wurde erstmals der häuslich-private Bereich des Bürgertums und wurden später auch Konflikte zwischen Bürgerlichen und Adligen, zwischen Untertanen und Fürsten, zu Gegenständen tragischer Dramenhandlungen. Die bürgerliche Sphäre wurde dabei als sittlich und duldend dargestellt, während die Welt des Adels und des fürstlichen Hofes in ihren typischen Repräsentanten als korrupt, zynisch, moralisch gleichgültig und in ihren egoistischen Ansprüchen bedenkenlos fordernd erschien. Die Macht lag weiterhin bei diesen Unterdrückern und Ausbeutern, die auch auf der Theaterbühne äußerlich triumphierten. Aber sie setzten sich dabei für alle sichtbar ins Unrecht und so siegte in Wahrheit die höhere Moral und Tugendhaftigkeit ihrer bürgerlichen Opfer.

Das soziale Drama inszeniert einen vergleichbaren Konflikt unter gewandelten gesellschaftlichen Bedingungen. Nun sind es nicht mehr einzelne Mächtige, von denen das Schicksal des ›Normalmenschen‹ abhängt, sondern schwer durchschaubare Strukturen, die neue, anonyme Machtverhältnisse schaffen. Diese Strukturen produzieren Profiteure und Opfer. Die Profiteure kommen zu Reichtum und damit meist auch zu (wenn auch begrenzter) Macht, die Opfer verarmen oder bleiben arm, wodurch sie in immer tiefere Abhängigkeit und Machtlosigkeit geraten. Die wirtschaftliche Situation des Einzelnen tritt so im sozialen Drama an die Stelle des unerbittlichen Schicksals, des ›Fatums‹ der traditionellen Tragödie. Das soziale Drama wird zum Ausdruck des Protests gegen die auf ökonomischen Abhängigkeitsverhältnissen beruhende Ungerechtigkeit der gesellschaftlichen Wirklichkeit.

Aus diesen Voraussetzungen erklären sich einige formale Besonderheiten des sozialen Dramas. Das soziale Drama tendiert zur Form des offenen Dramas. Es kennt nicht mehr die duellartige Auseinandersetzung zwischen einem Protagonisten und seinem Widersacher, dem Antagonisten. Die Welt, in der sich das soziale Drama abspielt, ist für eine solche personalisierte Form des Konflikts zu komplex und unüberschaubar geworden. Wo die Kräfte, unter denen der Protagonist leidet, ihren Ursprung haben, ist hier nicht mehr so leicht zu klären und bleibt oft ganz verborgen. Entsprechend sind die Möglichkeiten einer sich zielstrebig entwickelnden Handlung im sozialen Drama sehr beschränkt. Die Schilderung von Zuständen tritt an die Stelle einer dramatischen Entwicklung.

Wo nicht individuelle Handlungen, sondern anonyme Strukturen dominieren, wird auch der Mensch austauschbar. So steht im sozialen Drama nicht mehr der »singuläre Einzelne [...] im Zentrum des Geschehens, sondern der Typus oder Stellvertreter, der die Verhältnisse kenntlich macht« (Schößler 2009, S. 121).

Kennzeichnend für das soziale Drama ist schließlich auch das milieugebundene Sprechen. Da es sich die Darstellung der Lebensverhältnisse und des Leidens der Menschen am unteren Ende der Gesellschaft zum besonderen Anliegen macht, herrscht im sozialen Drama nicht nur ein alltagssprachlich mündlicher Ton, sondern darüber hinaus notorische Spracharmut vor. Ellipsen, Brüche des Satzbaus und Abbrüche von Sätzen sind Mittel, die Sprachohnmacht der Figuren zu verdeutlichen. Diese verfügen über keine eigene, identitätsstiftende Sprache, sondern reden ›in fremden Zungen‹. Sie imitieren unbeholfen einen elaborierten (ausgefeilten, hochentwickelten) Sprachduktus, übernehmen fremde, unverstandene Wendungen, kombinieren unvereinbare sprachliche Formen und Stilebenen. Auch an ihrem Sprechen zeigt sich somit die Fremdbestimmung und Ohnmacht der Figuren des sozialen Dramas.

Der Mordfall Schneider / Lebrecht als Quelle für Büchners Stück

Meuchelmord

»Im Jahre 1816 erschien in *Darmstadt* folgendes Druckschriftchen:

Kurze Darstellung des von *Philipp Schneider* in *Bischofsheim* verübten Mordes und des darauf eingeleiteten Prozesses und der Hinrichtung des Verbrechers. Aus den Untersuchungs-Akten gefertigt von dem Inquirenten, Staatsauditeur *Schenck* [...].

Da das Schriftchen nach dem Schicksal solcher kleinen Druckschriften nicht so bekannt geworden ist, als es verdient (die Literatur des Strafrechts erwähnt seiner nirgends), so kann ein Wiederabdruck desselben in dieser Sammlung nur zweckmäßig und wünschenswert sein. Durch einige Bemerkungen will der Herausgeber dem Rechtsfall noch mehr Interesse zuzuwenden suchen.

Johann Philipp Schneider, dreißig Jahre alt, lutherischer Religion, ist zu *Bischofsheim*, ohnweit Mainz, von rechtlichen Eltern geboren. Er lebte daselbst, unter der Aufsicht der Letzteren, bis zu seinem vierzehnten Lebensjahre und genoss seinem Stande nach, als Bauernsohn, eine ganz gute Erziehung. In seinem vierzehnten Lebensjahre musste *Schneider* seinen Geburtsort verlassen, weil ihn sein Vater zu seinem Oheim, dem Schuhmachermeister *Schneider* zu *Darmstadt*, um dessen Handwerk zu erlernen, in die Lehre gab. Hier blieb derselbe die gewöhnlichen drei Jahre seiner Lehrzeit ruhig und ohne Rüge und ging dann als Geselle nach *Frankfurt a. M.*, wo er [...] gegen zehn Jahre ununterbrochen als Geselle gearbeitet [...]. *Schneider* war indessen konskriptionspflichtig, hatte sich aber bei keiner Musterung gestellt, weil ihm, wie er versichert, sein Vater jedes Mal die Zeit verschwieg, wenn solche gehalten wurde. Nachdem er auf diese Weise bereits das gesetzliche Konskriptionsalter überschritten hatte, wurde er zu Frankfurt als Refrakteur arretiert und im August 1813 gefänglich zum Kanton Starkenburg abgeliefert. Von dort wurde derselbe dem zweiten Bataillon des großherzogl. Garde-Fusilier-Regiments zugeteilt und stand bei demselben bis zu seiner Hinrichtung als gemeiner Soldat. In dieser Qualität bestand er den ersten französischen Feldzug, musste, als das Regiment für den zweiten ausmarschierte, im Depot zurückbleiben, und wurde, als ersteres aus dem Feldzug zurückkehrte, demselben wieder zugeteilt, wo er denn bisher, teils den Garnisonsdienst in der großherzogl. Residenz versehen half, teils mit Urlaub auf seiner Profession in Letzterer arbeitete. [...]«

Als Soldat sei Schneider durch einen besonderen »Mangel an militärischem Geist« aufgefallen. Vor seiner Zwangsverpflichtung zum Militär, in seiner Frankfurter Zeit, habe er zwischen 1810 und 1813 mit einer aus Königstein stammenden Elisabetha Roth unehelich zwei Kinder gezeugt, von denen eines noch lebe.

»Während der letzten drei Monate vor Verübung seines Verbrechens, während welcher er von der Kompanie großbeurlaubt war, stand Schneider bei Schuhmachermeister *Hassinger* zu *Darmstadt*, mit Erlaubnis seiner Militärvorgesetzten, als Geselle in Arbeit, und dieser sein letzter Meister so wenig, als Schuhmachermeister *Vogt*, bei dem er früher [...] gearbeitet, können irgendetwas vorbringen, was auffallend zu seinem Nachteil gereichte, ja sein früherer Meister, Schuhmacher *Vogt*, legt ihm sogar, in seiner beschworenen Aussage, nicht allein das ungeheuchelte Lob eines fleißigen Arbeiters, sondern das eines stillen, in seinem äußeren Scheine wenigstens, ganz ordentlichen Menschen bei, der sich namentlich von der, dieser Klasse von Menschen in der neueren Zeit so leicht eigenen [...] Liederlichkeit in bedeutendem Grade entfernt gehalten.

Während *Schneider* in der letzten Zeit mit Urlaub auf seiner Profession arbeitete, lernte er in seinem Kosthause, bei der Witwe des verstorbenen Leinwebers *Philipp Keil*, den nachher von ihm ermordeten Buchdruckergesellen *Bernhard Lebrecht* kennen, indem derselbe in dem nämlichen *Keil*'schen Hause wohnte und gleichfalls daselbst die Kost nahm.

Dieser *Lebrecht*, der in der großherzogl. Hof- und Kanzlei-Buchdruckerei zu *Darmstadt* als Geselle arbeitete, war aus *Troppau* in *Schlesien* gebürtig, ein getaufter Jude. [...]«

Lebrecht hatte einiges Geld gespart, das er weiter zu vermehren suchte, indem er zu hohen Zinsen von 25 bis 30 Prozent kleinere Summen verlieh; so auch an Schneider, dem er mehrmals Geld lieh und der ihm schließlich eine größere Summe schuldete. Die auf diese Summe monatlich entfallenden Zinsen zahlte Schneider zuverlässig.

»Nachdem Lebrecht diese wucherlichen Zinsen – natürlich ohne Vorwissen der Militär- und Zivilobrigkeit – geraume Zeit hindurch bezogen, drang er mit einem Male ernstlich auf Rückzahlung des Kapitals, und spiegelte seinem Schuldner [...] vor, dass er gesonnen sei, Darmstadt zu verlassen und anderwärts Arbeit zu suchen.«

Als Lebrecht seine Forderung immer häufiger wiederholte, schlug Schneider schließlich vor, am Ostersamstag gemeinsam nach Bischofsheim, seiner Heimatstadt, zu gehen, wo er in der Lage sein würde, ihm seine Schulden zurückzuzahlen. Er wusste aber schon zu diesem Zeitpunkt, dass er das Versprechen nicht würde halten können.

»Die Ahndung, das Vorgefühl der Verlegenheit, die Scham vor dem getäuschten Gläubiger, seinen zwei Brüdern und seinem Schwager zu Bischofsheim, wurde wirklich in *Schneider*, wie er versichert, einige Stunden vor seiner Abreise mit *Lebrecht*, lebhaft wach, und in diesem Gefühl beschloss er dessen Mord, der ihm zugleich – so wähnte er – ein sicheres Mittel werden sollte, auch der gehässigen Schuld ledig zu werden, die er mit Entfernung des Gläubigers von selbst notwendig hinweggeräumt glaubte.

Mit dem Gedanken war der reife Entschluß *eins*, so plausibel schien ihm der erste. Das Zuschneidemesser, mit dem er gearbeitet, ward zum grausamen Werkzeug der Ausführung des Mordplans gewählt.

Um 8 Uhr des Abends reiste er, das Mordmesser in der Tasche, mit *Lebrecht* ab [...]. Der Mond schien hell auf ihrem ganzen Weg [...]. Als sie an dem Büttelborner Wald ankamen, setzten sie sich daselbst, um auszuruhen, nieder, und schliefen, beide von ihrem Nachtmarsche ermüdet, ein, nachdem Lebrecht mit seinem nachherigen Mörder sein Brot geteilt und ihm von seinem Schnaps gereicht hatte.« Später in der Nacht setzten sie ihren Weg fort und kamen, nach nochmaliger Pause, »gegen 3 Uhr morgens« in Bischofsheim an. Dort verbrachten sie bei dem verheirateten Bruder von Schneider, Johannes, den Rest der Nacht und gingen dann am Morgen des ersten Osterfeiertags nach Mainz, wo Lebrecht drei Druckereien aufsuchte, um angeblich nach Arbeit nachzufragen, während Schneider draußen wartete. »Gegen 6 Uhr abends ging *Schneider* mit *Lebrecht*, nachdem sie miteinander auf des Ersteren Kosten, deren halber Betrag für *Lebrecht* an dem Darlehen abgehen sollte, im Wirtshaus einige Bouteillen Wein getrunken hatten, nach *Bischofsheim* zu *Schneiders* Bruder zurück, bei dem sie nochmals übernachteten und des andern Tags ruhig, und namentlich ohne geistiges Getränk zu sich zu nehmen, bis um 2 Uhr nachmittags blieben.

[...]

Unterwegs warf *Lebrecht* seinem Gefährten mehrmalen die Schuld, und wie er ihn abermals ihrer wegen getäuscht habe, vor. Über diesen Vorwurf gerieten beide, nach Schneiders Aussage, einen guten Büchsenschuss vor dem Ausgang des Waldes bei *Darmstadt*, [...] miteinander in Wortwechsel, der in wirklichen Zank ausartete.

Dieser Zank erstickte auch noch den Rest des Gefühls, das nach *Schneiders* Versicherung gegen die Ausführung des Verbrechens sich zu regen noch nicht ganz aufgehört hatte. Diese Ausführung ward nunmehr, in dem, der Nähe der Stadt und der Hilfe der Menschen wegen, als den letzten anzunehmenden Augenblick ihrer Möglichkeit, in dem Geiste des Mörders unabänderlich beschlossen und auf die grausamste Weise erreicht. Der lange Aufschub auf dem Herweg war indessen, nach *Schneiders* eigenem Bekenntnis, weniger Folge des Gefühls gegen die Tat, als die des Tageslichts, das der Mörder scheute, und der Furcht vor der Gegenwart der Menschen, die ihm stets noch auf dem Wege begegnet.«

Da Lebrecht größer und stärker als Schneider war, kam dieser auf die Idee, sein Opfer zunächst mittels eines hinterrücks »an den Kopf geschlagenen Steines« unschädlich zu machen und ihn dann mit dem Messer zu töten. Aufgrund »der bereits eingetretenen Dämmerung« gelang es ihm erst nach einiger Zeit, einen geeigneten Stein zu erspähen und unauffällig aufzuheben, den er dann noch eine ganze Weile mit sich trug, »da immer noch die fehlende gänzliche Dunkelheit der Nacht, die Anwesenheit die Straße gehender Menschen der Ausführung seines nunmehr vollendeten Mordplanes entgegenstand«. Erst »auf der Mitte des Querwegs«, »kaum eine halbe Viertelstunde von dem Rheintore zu *Darmstadt* entfernt«, »schlug *Schneider* seinem Gefährten den Stein an den Kopf«, verfehlte aber seine Absicht, ihn zu betäuben, wenn auch nicht ganz, so doch weitgehend, indem er ihn nicht, wie beabsichtigt, an der Schläfe, sondern »auf der Mitte der Stirne« traf, wie später auch der Bericht des Arztes ergab, der den Toten untersuchte. »*Schneider* fasste nun sogleich den Lebrecht um den Leib, der vergebens seinen Mörder an der Halsbinde ergriff, und von sich abzuhalten versuchte, warf ihn unter sich zu Boden, zog sein Schustermesser und würgte, trotz der lange fortdauernden kräftigen Gegenwehr, an *Lebrecht*, bis zu der, durch etliche und zwanzig Haupt- und viele weniger bedeutende Wunden endlich herbeigeführten Ohnmöglichkeit irgendeiner kräftigen Gegenwehr, in welchem tragischen, schauervollen Zustande er das unglückliche Schlachtopfer seiner Wut, noch röchelnd, und den Martern durch den Tod nicht völlig ledig, in der Überzeugung an die Unausbleiblichkeit dieses Todes, zurückließ.

[...]

Den bis zum letzten, hörbar schweren Odemzug erwürgten Gefährten ließ der Mörder hilflos liegen und entfernte sich. Zum Chausseehause bei *Bessungen*, eine gute Viertelstunde von dem Mordplatz abwärts, will der Mörder im blut- und sandbeklebten Kleide gegangen sein; dort sei Tanz und Streit gewesen, und habe er im Zusammenlauf auf der Treppe, ehe er in den Saal habe kommen können, einen Schlag auf die Nase erhalten, der ihn wieder herabzugehen bewogen. In dem Hofe habe er sich einsam hingesetzt auf's Holz und seinem Morde nachgedacht. Hier habe er beschlossen, zurückzugehen zum Ermordeten, zu sehen, ob er noch lebe; er habe vollführt, was er beschlossen, den Gefährten aber tot gefunden, ihn, um ihn unkenntlich und die Entdeckung schwieriger zu machen, entkleidet, mit einigen Handvoll Erde bedeckt, und die Kleider, ohnweit des gedachten Chausseehauses, unter ein Brückchen über dem Chausseegraben versteckt, unterwegs aber den Hut und die Stiefel verloren, deren Wiederaufheben ihm seiner Ermüdung wegen zu lästig gewesen; die Uhr und die Tabakspfeife des Ermordeten habe er bei sich gesteckt. Alles dieses fand sich so des andern Tags.« Der Schuldschein, das eigentliche Motiv der Tat, »fand sich in *Lebrechts* Wohnung«, und Schneider gab an, in den Kleidern des Toten weder danach gesucht noch sich sonst irgendwie bemüht zu haben, den Schein an sich zu bringen.

»Nach Versteckung der Kleider des Ermordeten ging *Schneider* nach *Darmstadt* in ein Kaffeehaus, wo er eine Tasse Tee trank, von da, gegen Anbruch des Tages, auf die Wache ans Bessunger Tor, wo er, stets unter dem Vorgeben, man habe ihn in einem Streite im Wirtshaus blutig geschlagen, Hände und Gesicht vom Blute reinigte, und von da an einen in der Nähe gelegenen Teich, den sogenannten großen Wog, wo er seinen blutgetränkten Rock auswusch. In diesem Aufzug, mit halb durchnässten, halb blutgefärbten Kleidern, den stets noch sicheren Zeugen seiner Tat, ging *Schneider* nach *Bessungen* in ein Wirtshaus, legte sich dort, nach eingenommenem Frühstück, für das er, so wie für die ganze künftige Zeche, im Voraus die ruchlos erbeutete Uhr versetzte, um auszuruhen und den durchnässten Rock am Leib zu trocknen, auf ein Bett und schlief.

Indessen ward die Tat schon frühe bekannt, und schweigend hörte *Schneider* die Erzählung seines Verbrechens und seiner eigenen Verwünschung. Ein wahrhaft seltsamer Zufall führte die Entdeckung der Tat so frühe herbei:

Ein Barbier« suchte recht früh am folgenden Morgen einen »ziemlich entfernt von der Stadt in seinem Gartenhaus wohnenden Mann« auf, traf ihn aber nicht zu Hause an und folgte ihm daher, um den Weg hinaus nicht vergebens gemacht zu haben, auf seinen »gegen den Wald hin liegenden Acker«, um ihn dort zu rasieren. Im »zufälligen Vorübergehen traf der Barbier ohnweit der Mordstätte auf einen, wenig hervorragenden Sandhügel, der den Leichnam sehr unvollständig bedeckte und dessen Hand und mehrere Teile des Körpers, so wie die ganze Menschenform bei näherer Betrachtung kenntlich sichtbar ließ«. Daraufhin alarmierte er die Polizei. Als diese, »auf die geschehene erste Anzeige, gerade im Begriff war, an Ort und Stelle das erste, für die Reinstellung des Tatbestands und die Möglichkeit der Entdeckung des Täters Erforderliche, durch Einsicht und aktenmäßige Aufzeichnung des Vorgefundenen zu wahren, kam gerade ein Mainzer Schiffmann, in der Absicht, nach Haus zu reisen, nach der Mordstätte. Dieser Mann, durch die Neugierde herbeigezogen, trat herzu und erzählte, wie er heute früh, als er den nämlichen Weg gegangen, ohnweit des Letzteren, ein mit der Klinge in die Erde gestecktes, großes Messer gefunden, dasselbe herausgezogen und zu *Darmstadt* einem Mann für einen Kreuzer verkauft habe. [...] Derjenige, welcher das Messer gekauft, wurde ausgeforscht und dasselbe von ihm übergeben. Immittelst wurde der Ermordete von seinen Mitarbeitern in der Druckerei erkannt, der, durch die ruchbar gewordenen Verhältnisse *Schneiders* mit *Lebrecht*, ihre gemeinschaftliche Reise und das gefundene Schustermesser, fast zur Gewissheit erhobene Verdacht fiel auf *Schneider*, und es wurden alle Anstalten getroffen, seiner habhaft zu werden.

Dieser war immittelst – freilich noch unentdeckt – im vorgedachten Wirtshause zu *Bessungen*. Dorthin kamen des Nachmittags, mit mehrern anderen Leuten seines Standes, auch seine Nebengesellen, die ihm von dem verübten, seinem eigenen, Mord erzählten. Man schlug vor, ins Hospital zu gehen, den Ermordeten zu sehen, und so trat *Schneider* nochmals, und als erheuchelt gleichgültiger, bloß neugieriger Zeuge, vor den von ihm zum Abscheu gegen die Menschheit entstellten Leichnam. Von diesem ging er mit seinen Kameraden in das Betzische Wirtshaus zu *Darmstadt*, wurde der tätig forschenden Polizei verraten und arretiert. Erst hiernach entdeckte sich seine Qualität als Soldat. Ge-

Die Stadt Darmstadt im Jahr 1816. Aquarell des Landschaftsmalers Johann Heinrich Schilbach (1798–1851)
Foto: wikimedia.commons / Kuebi

meinsam von der Zivil- und Militärbehörde ward ein augenblickliches Verhör beschlossen und noch um 9 Uhr abends mit ihm begonnen. Die, durch das Extrem der Anstrengung seines ganzen Wesens herbeigeführte, totale Erschlaffung seiner körperlichen und geistigen Kräfte, die Angst, die Bestürzung und die Besorgnis seine Schuld zu verraten, machten ihn einsilbig und seine Behandlung für den gehofften Zweck schwierig. Gänzliches Verstummen, und den angenommenen Schein des Schlafs oder einer Ohnmacht wählte er zum Mittel, denjenigen Fragen auszuweichen, die ihn in Widersprüche zu verwickeln« drohten. Auch als man ihn nochmals mit dem Leichnam des Mordopfers konfrontierte, leugnete er, auch wenn sich »Angst und Bestürzung« auf seinem Gesicht »malten«, weiterhin, dass ihm die Tatwaffe gehöre und dass er den Mord begangen habe.

»Seine Nebengesellen hatten immittelst aber dieses Messer als das ihm angehörige anerkannt, und standen, bereit zur Konfrontation, vor der Türe des Zimmers. Man ließ einen derselben eintreten; bei dessen Anblick stieg die Verlegenheit, die Scham und Bestürzung des Mörders aufs Extrem; er wagte ihn nicht anzusehen, und aus dem, um dem Befehle zu gehorchen, gegen seinen Kameraden ängstlich gewandten Kopfe schielten stets die Augen abwärts. Dieser Mensch, der nicht ohne Würde, und ohne sichtbare Aussprechung seiner gegen den Verbrecher regen Verachtung, vor den Letzteren hintrat, und frei und ohne Zagen zu schwören sich bereit erklärte, das Mordmesser sei kein anderes, als das, womit Schneider stündlich neben ihm gearbeitet und dasselbe sei unversehrt gewesen, als er es zuletzt gesehen, war unzureichend, um Schneider zum Geständnis, oder nur zur Angabe der Wahrheit über das Messer zu bewegen. Der zweite Mitgeselle trat herein, und sein Anblick hatte gleiche Wirkung auf den Mörder. Auch er wiederholte auf gleiche Weise die Erklärung seines Kameraden, und hier erst gestand *Schneider*, das ihm vorgezeigte Messer sei sein Eigentum.

Dieses Geständnis ward sogleich benutzt, und Rechenschaft von dem Mörder gefordert, wie es aus seinen Händen, und wie dessen abgebrochene Spitze in die Hirnschale des Menschen gekommen, den er als Gefährte begleitet habe und von dessen Schicksal er notwendig Zeuge gewesen sein müsse.

Schneider verstummte, beantwortete keine an ihn gerichtete Frage mehr. [...] Mit Strenge endlich drohend, forderte man Antwort auf die vorgelegten Fragen, und *Schneider* sprach, statt jeder Ausflucht, nur das Bekenntnis seiner Schuld, das er, gleich nachher ausführlicher vernommen«, schließlich »zur gerechten Möglichkeit seiner Verurteilung erweiterte«. [...]

»Das auf Allerhöchsten Befehl Sr. Königl. Hoheit, des Großherzogs, zur militärischen Verurteilung des Inquisiten kommandierte Kriegsgericht, das, nach der obenbeschriebenen Art der Vorbereitung der hinterlistigen Ausführung (die dem Angegriffenen kräftige Gegenwehr, oder die Flucht ohnmöglich machen sollte) das vorliegende Verbrechen als einen *Meuchelmord* betrachtete, wich von der gesetzlichen Strafe des Rades [...] wegen einiger, dem Verbrecher zugut gerechneten Milderungsgründe, ab, und verurteilte denselben zum Strang, welche Strafe denn, durch die Gnade des Durchlauchtigsten Souveräns, auf die Strafe des Erschießens gemildert wurde.« Das Urteil wurde am 7. Mai 1816 öffentlich gemacht und am folgenden Tag vollstreckt.

ERLÄUTERUNGEN:

Z. 6 f.: *Inquirent:* Untersuchungsführer
Z. 7: *Staatsauditeur:* Kriegsrichter, Regimentsrichter
Z. 30: *konskriptionspflichtig:* verpflichtet, sich aktiv zur möglichen Aushebung zum Kriegsdienst zu melden
Z. 35: *Refrakteur:* Ausreißer, Deserteur
Z. 35: *arretiert:* festgenommen, eingesperrt
Z. 36: *Kanton:* Wehrverwaltungsbezirk
Z. 37 f.: *zweiten Bataillon des großherzogl. Garde-Fusilier-Regiments:* vgl. Seite 123 der Textausgabe
Z. 39 f.: *gemeiner:* einfacher
Z. 40: *In dieser Qualität:* Als solcher
Z. 42: *Depot:* militärischen Stützpunkt, Garnison
Z. 46: *Profession:* Beruf
Z. 55 f.: *Kompanie:* vgl. Seite 123 der Textausgabe
Z. 68 f.: *Lüderlichkeit:* Sittenlosigkeit
Z. 109: *gehässigen:* ihn sehr drückenden finanziellen
Z. 134: *Bouteillen:* Flaschen
Z. 196: *Odemzug:* Atemzug
Z. 211 f.: *ohnweit:* unweit
Z. 212: *gedachten:* erwähnten
Z. 274: *Kreuzer:* Münze mit aufgeprägtem Kreuz und von geringem Wert, oft vier Pfennigen entsprechend
Z. 276: *Immittelst:* Inzwischen, indessen
Z. 278: *ruchbar:* bekannt
Z. 285: *vorgedachten:* bereits erwähnten
Z. 296: *Qualität:* Eigenschaft, Dienstverhältnis

Quelle: »Kurze Darstellung des von J. Ph. Schneider Soldat im 2ten Garde-Füßilier-Bataillon, an dem Buchdruckergesellen Bernhard Lebrecht aus Troppau in Schlesien verübten grausamen Mords, aus den Untersuchungs-Akten, gegeben von dem Staats-Auditeur Schenck.« (Auszüge mit zusammenfassenden Zwischentexten.)
Nachdruck unter der Überschrift »Meuchelmord« in: Bibliothek gewählter Strafrechtsfälle. Herausgegeben von Hofgerichts-Advokat Bopp in Darmstadt. Band 1, Heft 1. Leipzig und Stuttgart: J. Scheible 1834. 178 Seiten, hier S. 48–69
Zitiert nach: Marburger Historisch-kritische Georg-Büchner-Ausgabe (MBA), Band 7, 2, S. 321–329

Wirkung: »Woyzeck« als Werk der Weltliteratur

Der wichtigste deutsche Literaturpreis trägt den Namen Georg Büchners. Er wird von der 1949 gegründeten Deutschen Akademie für Sprache und Dichtung vergeben, die seit 1951 ihren Sitz in Büchners Geburtsstadt Darmstadt hat. Das Dramenfragment »Woyzeck« ist heute Büchners berühmtestes Werk. Seine Strahlkraft reicht inzwischen weit über den deutschen Sprachraum hinaus: In jüngerer Zeit hat es sich einen festen Platz in der Weltliteratur erobert, wie die Aufführungsstatistiken zeigen.

Christian Neuhuber von der Universität Graz hat diese Entwicklung am Beispiel des Jahres 2012 belegt. In diesem Jahr wurde »Woyzeck« auf mindestens »270 Bühnen in 44 Ländern« gespielt (Neuhuber 2016, S. 302). Deutschland liegt dabei mit 77 Inszenierungen zwar erwartungsgemäß vorn, doch mehr als zwei Drittel aller Produktionen des Stücks kamen außerhalb Deutschlands zustande. In Frankreich wurde »Woyzeck« 2012 auf 32 verschiedenen Spielstätten gegeben, in Italien auf 15 und in Großbritannien, Griechenland und Portugal auf jeweils acht Bühnen. Selbst auf den Färöer-Inseln mit ihren knapp 50 000 Einwohnern konnte man in diesem Jahr Vorstellungen des Stücks erleben. Von den außereuropäischen Ländern sind die USA hervorzuheben, in der 22 Theater »Woyzeck«-Fassungen spielten; aber auch in Mittel- und Südamerika sowie im südostasiatischen Raum (Korea, China, Taiwan und Indonesien) gab es jeweils eine bemerkenswerte Anzahl von Produktionen.

Mehr als die Hälfte der für das Jahr 2012 nachgewiesenen Inszenierungen hatten in diesem Jahr auch Premiere; nur bei einer Minderheit handelte es sich also um Wiederaufnahmen älterer Produktionen. Wie es bei allen älteren Stücken, die als »Klassiker« angesehen werden, heute üblich geworden, ist auch »Woyzeck« zum Spielmaterial experimentierfreudiger Regisseure geworden. Büchners Dramenfragment bietet einen solchen Zugang freilich auch an. Besondere Beliebtheit genießt die im Jahre 2000 am Betty Nansen Theater in Kopenhagen uraufgeführte Musicalfassung des amerikanischen Theaterregisseurs Robert Wilson (geb. 1941) mit Songs von Tom Waits (geb. 1949) zu Texten von dessen Frau Kathleen Brennan. Sie war 2012 allein in Deutschland auf elf Bühnen zu sehen. Aber »Woyzeck« wurde 2012 auch als Pantomime gegeben (etwa in der Produktion »Woyzeck – Un lamento en el silencio« der kolumbianischen Gruppe »Casa del silencio«), ferner als Ballett (beispielsweise in »Woyzeck – ricavato dal vuoto« des Mailänder »Balletto Civile«), als Schattentheater (in einer preisgekrönten Inszenierung der argentinischen Truppe »Pájaro negro«), als Tanzperformance (wie in der Produktion »Woyzeckmaterial« des finnischen Viirus-Theaters), als Puppenspiel (wie in »Der Fall von Franz und Marie« des »Theaters Kuckucksheim« im mittelfränkischen Adelsdorf), als clowneskes Theater (»La ballata di Woizecco« des Mailänder Schauspielerduos »Astorri Tintinelli«), als Experimentaltheaterworkshop (Bernardo Rey vom *Italo-Colombian Centre for theatre research* mit »Woyzeck encuentra Marat«), als Punkoper (Frédéric Künzes »Woyzeck 1313«) oder als Musikdrama (Markus Lehmann-Horns an der Wiener Kammeroper aufgeführte Oper »Woyzeck 2.0 – Traumfalle«).

In den oben für das Jahr 2012 genannten 270 Produktionen noch nicht mitgerechnet sind die Aufführungen von Alban Bergs Oper »Wozzeck« (1925; vgl. hierzu Seite 105 der Textausgabe); ebenso wenig die Inszenierungen schulischer Theatergruppen.

Zu den erfolgreichsten und langlebigsten internationalen »Woyzeck«-Adaptionen zählen das Figurenspiel »Woyzeck on the Highveld« (1992), eine Zusammenarbeit der südafrikanischen »Handspring Puppet Company« mit dem 1955 in Johannisburg geborenen Zeichner und Medienkünstler William Kentridge, und die 2005 entstandene 70-minütige Tanztheater-Version des »Sadari Movement Laboratory« aus Südkorea.

Kentridges Woyzeck »ist ein ausgebeuteter schwarzer Minengastarbeiter im apartheiddominierten Südafrika der 1950er-Jahre« (Neuhuber 2016, S. 310). Eine Aufführung dieser Adaption kann im Internet in voller Länge angesehen werden (http://www.handspring-puppet.co.za/our-work/handspring-productions/woyzeck-on-the-highveld/). Im »Woyzeck« der südkoreanischen Tanztheaterformation lässt der Gründer der Truppe und Regisseur der Produktion Do-Wan Im zu Tangorhythmen von Astor Piazolla zehn Schauspieler mit je einem Stuhl agieren. Einen Eindruck vermittelt der gut dreiminütige Trailer auf YouTube: https://www.youtube.com/watch?v=FFi4P4cX1aA (siehe zudem: http://producergroupdot.kr/portfolio/sadari-movement-laboratory/woyzeck/?ckattempt=1).

Quelle: Christian Neuhuber: »Woyzecks« Weg zur Weltliteratur. Anmerkungen zur aktuellen Bühnenrezeption. Mit einem Verzeichnis der Aufführungen 2012. In: Georg Büchner Jahrbuch 13 (2013–2015). Für die Georg Büchner Gesellschaft und die Forschungsstelle Georg Büchner an der Philipps-Universität Marburg herausgegeben von Burghard Dedner, Matthias Gröbel und Eva-Maria Vering. Berlin und Boston: Verlag Walter de Gruyter 2016, S. 301–325

»Woyzeck«-Inszenierungen der jüngeren Vergangenheit (Seite 1)

1. Teatron Theater, Arnsberg. Inszenierung von Yehuda Almagor (Premiere: September 2010)
https://www.youtube.com/watch?v=MB2TaYXCkVw
Ausschnitte: 9:00 Minuten, veröffentlicht am 16. Dezember 2010.

2. Schauspielhaus Chemnitz. Inszenierung von Enrico Lübbe (Premiere: 25. September 2010)
https://www.youtube.com/watch?v=Osmx0WaXif8
Trailer: 0:43 Minuten, veröffentlicht am 3. Februar 2011.

3. Schauspiel Dortmund. Inszenierung von Kay Voges (Premiere: 1. Oktober 2010)
https://www.youtube.com/watch?v=62Glnp8ygTc
Trailer: 0:56 Minuten, veröffentlicht am 13. Januar 2012.

4. Theater Krefeld. Inszenierung von Matthias Gehrt (Premiere: 25. November 2010)
https://www.youtube.com/watch?v=PUGlrbNksi0
Trailer: 3:03 Minuten, veröffentlicht am 10. Januar 2011.

5. Rheinisches Landestheater Neuss. Inszenierung von Alexander Marusch (Premiere: 24. September 2011)
https://www.youtube.com/watch?v=se22SNnbdl0
Trailer: 2:15 Minuten, veröffentlicht am 28. September 2011.

6. Staatstheater Nürnberg. Inszenierung von Christoph Mehler (Premiere: 16. Dezember 2011)
https://www.youtube.com/watch?v=98HAWo7FYVs
Trailer: 1:34 Minuten, veröffentlicht am 17. Januar 2012.

7. Berliner Ensemble. Inszenierung von Leander Haußmann (Premiere: September 2014)
https://www.youtube.com/watch?v=R3O_hLF08uc
Probenmitschnitt, schlechte Bildqualität: 1:15 Minuten, veröffentlicht am 8. September 2014.

8. Theater Regensburg. Inszenierung von Katrin Plötner (Premiere: 20. September 2014)
https://www.youtube.com/watch?v=dpdBiqPQiRw
Trailer: 2:18 Minuten (mit Interview der Regisseurin), veröffentlicht am 24. September 2014.

9. Volkstheater München. Inszenierung von Abdullah Kenan Karaca (Premiere: 23. Oktober 2014)
https://www.youtube.com/watch?v=R3O_hLF08uc
Trailer: 1:29 Minuten, veröffentlicht am 25. November 2014.

10. Theater Essen-Süd. Inszenierung von Marvin Droste (Premiere: 7. November 2015)
https://www.youtube.com/watch?v=aE4NYFlNzqw
Trailer: 2:14 Minuten, veröffentlicht am 29. Februar 2016.

11. Theater Bonn. Inszenierung von Simon Solberg (Premiere: 28. Februar 2016)
https://www.youtube.com/watch?v=ACvICXMERpc
Trailer: 1:21 Minuten, veröffentlicht am 28. Februar 2016.

12. Theater Basel. Inszenierung von Ulrich Rasche (Premiere: 15. September 2017)
https://www.youtube.com/watch?v=EzHUhbzJ1Og
Trailer: 1:50 Minuten, veröffentlicht am 20. September 2017.

13. Schauspiel Frankfurt. Inszenierung von Roger Vontobel (Premiere: 30. September 2017)
https://www.youtube.com/watch?v=4EFotvaHzTQ
Trailer: 1:26 Minuten, veröffentlicht am 9. Oktober 2017.

14. Schauspiel Köln. Inszenierung von Therese Willstedt (Premiere: 22. März 2018)
https://www.youtube.com/watch?v=MYpO32KJXaM
Trailer: 1:26 Minuten, veröffentlicht am 23. April 2018.
Siehe auch: https://www.schauspiel.koeln/spielplan/monatsuebersicht/woyzeck/#

Peter Miklusz als Woyzeck und Johanna Griebel als Marie in Leander Haußmanns Inszenierung von Büchners »Woyzeck« am Berliner Ensemble (2014)
Bildnachweis: © picture alliance / dpa. Fotografin: Maja Hitij

»Woyzeck«-Inszenierungen der jüngeren Vergangenheit (Seite 2)

Musicalfassung nach dem Stück von Georg Büchner mit der Musik von Tom Waits. Liedtexte von Tom Waits und Kathleen Brennan, Konzept von Robert Wilson (2000). Textfassung von Ann-Christin Rommen und Wolfgang Wiens.

1. Theater Oberhausen. Inszenierung von Joan Anton Rechi (Deutsche Erstaufführung der Fassung von Robert Wilson und Tom Waits, Premiere: 19. September 2008)
https://www.youtube.com/watch?v=2imQ-1CLWiA
Trailer: 3:18 Minuten, veröffentlicht am 4. Juni 2010.
https://www.youtube.com/watch?v=0uQbuddvnBc
langer Trailer: 9:59 Minuten, veröffentlicht am 1. Juli 2010.

2. Deutsches Theater Berlin, Kammerspiele. Inszenierung von Jorinde Dröse (Premiere: 2. Oktober 2009)
https://www.youtube.com/watch?v=e-k3FVK4Y9Q
Trailer: 1:06 Minuten, veröffentlicht am 23. Mai 2011.

3. Thalia Theater Hamburg. Inszenierung von Jette Steckel (Premiere: 23. Januar 2010)
https://www.youtube.com/watch?v=p-jveSpweXM
Trailer: 3:32 Minuten, veröffentlicht am 16. Januar 2013.
https://www.youtube.com/watch?v=VMn-SincMA8
Gastspiel dieser Produktion beim Sydney Festival im Jahre 2016:
Trailer: 1:10 Minuten, veröffentlicht am 8. August 2015.

4. Schauspiel Hannover. Inszenierung von Heike Marianne Götze (Premiere: Februar 2012)
https://www.youtube.com/watch?v=0gLRdGeIwq8
Trailer: 1:17 Minuten, veröffentlicht am 20. Februar 2012.

5. Nationaltheater Mannheim. Inszenierung von Georg Schmiedleitner (Premiere: 6. April 2013)
https://www.youtube.com/watch?v=u2NDIKKOKRQ
Trailer: 2:46 Minuten, veröffentlicht am 19. Juni 2013.

6. Oldenburgisches Staatstheater. Inszenierung von K. D. Schmidt (Premiere: 15. September 2013)
https://www.youtube.com/watch?v=uR8N0mzgFLk
Trailer: 2:32 Minuten, veröffentlicht am 25. September 2013.

7. Volkstheater Wien. Inszenierung von Michael Schottenberg (Premiere: 22. November 2013)
https://www.youtube.com/watch?v=Mt80-xzUrYY
Trailer: 1:24 Minuten, veröffentlicht am 5. Dezember 2013.

8. Theater Osnabrück. Inszenierung von Lilli-Hannah Hoepner (Premiere: 27. Oktober 2014)
https://www.youtube.com/watch?v=z7J7CcqbDkw
Trailer: 3:57 Minuten, veröffentlicht am 4. März 2015.

Hintergrundinformation

Tom Waits – »Woyzeck promo«: Probenausschnitte und Äußerungen von Tom Waits und Robert Wilson zu ihrer »Woyzeck«-Produktion am Betty Nansen Theater in Kopenhagen (November 2000).
https://www.youtube.com/watch?v=3LD-sDlandU
Dauer: 16:14 Minuten, veröffentlicht am 27. Februar 2017.

Szene aus Jorinde Dröses Inszenierung in den Kammerspielen des Deutschen Theaters Berlin (2009) mit Helmut Mooshammer als Doktor, Moritz Grove als Woyzeck und Matthias Neukirch als Hauptmann
Bildnachweis: picture-alliance / ZB, © dpa – Report. Foto: Claudia Esch-Kenkel

Bildnachweis: Originalzeichnung von Helmut Ackermann (1936–2017) zu Büchners Dramenfragment »Woyzeck«, entstanden im Herbst 2017 für dieses Heft

Klausur: Erschließung eines literarischen Textes mit Textvergleich

1. Benennen und interpretieren Sie die Unterschiede zwischen dem Märchen »Die drei Raben« aus der Märchensammlung der Brüder Grimm und dem Märchen, das die »Großmutter« in Georg Büchners Dramenfragment »Woyzeck« erzählt.
2. Erläutern Sie die Bedeutung des Märchens in »Woyzeck« mit Blick auf den Handlungsmoment und das Stück insgesamt.

»Die drei Raben« (aus den »Kinder- und Hausmärchen« der Brüder Grimm)

Es war einmal eine Mutter, die hatte drei Söhnlein, die spielten eines Sonntags unter der Kirche Karten. Und als die Predigt vorbei war, kam die Mutter nach Haus gegangen und sah, was sie getan hatten. Da fluchte sie ihren gottlosen Kindern und alsobald wurden sie drei kohlschwarze Raben und flogen auf und davon.

Die drei Brüder hatten aber ein Schwesterchen, das sie von Herzen liebte, und es grämte sich so über ihre Verbannung, dass es keine Ruh mehr hatte und sich endlich aufmachte, sie zu suchen. Nichts nahm es sich mit auf die lange lange Reise, als ein Stühlchen, worauf es sich ruhte, wann es zu müd geworden war, und nichts aß es die ganze Zeit, als wilde Äpfel und Birnen. Es konnte aber die drei Raben immer nicht finden, außer einmal waren sie über seinen Kopf weggeflogen, da hatte einer einen Ring fallen lassen, wie es den aufhob, erkannte ihn das Schwesterchen für den Ring, den es einstmals dem jüngsten Bruder geschenkt hatte.

Es ging aber immer fort, so weit, so weit bis es an der Welt Ende kam, und es ging zur Sonne, die war aber gar zu heiß und fraß die kleinen Kinder. Darauf kam es zu dem Mond, der war aber gar zu kalt, und auch bös, und wie er's merkte, sprach er: »ich rieche, rieche Menschenfleisch.« Da machte es sich geschwind fort und kam zu den Sternen, die waren ihm gut und saßen alle jeder auf Stühlerchen und der Morgenstern stand auf und gab ihm ein Hinkelbeinchen, »wenn du das Beinchen nicht hast, kannst du nicht in den Glasberg kommen, und in dem Glasberg da sind deine Brüder!« da nahm es das Hinkelbeinchen, wickelte es wohl in ein Tüchelchen und ging so lange fort, bis es an den Glasberg kam, das Tor war aber verschlossen. Und wie es das Beinchen hervorholen wollte, da hatte es das Beinchen unterweges verloren. Da wusste es sich gar nicht zu helfen, weil es gar keinen Schlüssel fand, nahm ein Messer und schnitt sich das kleine Fingerchen ab, steckte es in das Tor und schloss glücklich auf. Da kam ein Zwerglein entgegen und sagte: mein Kind, was suchst du hier? »ich suche meine Brüder, die drei Raben.« Die Herren Raben sind nicht zu Haus, sprach das Zwerglein, willst du aber hierinnen warten, so tritt ein, und das Zwerglein brachte drei Tellerchen getragen und drei Becherchen, und von jedem Tellerchen aß Schwesterchen ein Bisschen und aus jedem Becherchen trank es ein Schlückchen und in das letzte Becherchen ließ es das Ringlein fallen. Auf einmal hörte es in der Luft ein Geschwirr und ein Geweh, da sagte das Zwerglein: die Herren Raben kommen heimgeflogen. Und die Raben fingen jeder an und sprachen: wer hat von meinem Tellerchen gegessen? Wer hat aus meinem Becherchen getrunken? Wie der dritte Rab aber seinem Becherchen auf den Grund kam, da fand er den Ring, und sah wohl, dass Schwesterchen angekommen war. Da erkannten sie es am Ring, und da waren sie alle wieder erlöst und gingen fröhlich heim.

Erläuterung:
Z. 27: *Hinkelbeinchen:* Beinknochen eines Kükens

Aus: Kinder- und Hausmärchen. Gesammelt durch die Brüder Grimm. Band 1. Berlin: Realschulbuchhandlung 1812, S. 110–112

Georg Büchner: »Woyzeck«. Das Märchen aus [Szene 19]

Grossmutter. Es war einmal ein arm Kind und hat kein Vater und keine Mutter war alles tot und war niemand mehr auf der Welt. Alles tot, und es ist hingangen und hat gerrt Tag und Nacht. Und wie auf die Erd niemand mehr war, wollt's in Himmel gehn, und der Mond guckt es so freundlich an und wie's endlich zum Mond kam, war's ein Stück faul Holz und da ist es zur Sonn gangen und wie's zur Sonn kam war's eine verwelkte Sonnenblume und wie's zu den Sternen kam, waren's kleine goldne Mücken die waren angesteckt wie der Neuntöter sie auf die Schlehen steckt und wie's wieder auf die Erd wol[l]t, war die Erd ein umgestürzter Hafen und war ganz allein und da hat sich's hingesetzt und gerrt und da sitzt es noch und ist ganz allein

Erläuterungen:
Z. 4: *gerrt:* laut geweint
Z. 11: *Neuntöter:* mitteleuropäische Vogelart
Z. 11: *Schlehen:* Schlehendorn (Rosengewächs)
Z. 13: *Hafen:* Tontopf (südhessisch auch: Nachttopf)

Aus: Georg Büchner: Woyzeck. Der Hessische Landbote. Braunschweig: Bildungshaus Schulbuchverlage 2016, S. 30 f.

Klausur: Erörterung eines pragmatischen Textes

1 Erörtern Sie die drei von Roland Borgards dargestellten Positionen der germanistischen Forschung zur Frage, wie Büchner mit seinem Stück auf die Gutachten von Clarus reagiert, und begründen Sie Ihre eigene Position.

Roland Borgards: Wie reagiert Büchner auf Clarus? Drei Antworten der Büchner-Forschung

Als Büchner mit der Arbeit an seinem Drama begann, waren seit dem Mord schon 15 Jahre und seit der Hinrichtung [Woyzecks] mehr als zehn Jahre vergangen. Die Fragen, die sich aus diesem Fall ergaben, waren allerdings noch nicht abschließend beantwortet. Deshalb liegt es nahe, Büchners Drama wie einen Kommentar zur zeitgenössischen rechtspsychiatrischen Debatte zu lesen. Doch wie sieht dieser Kommentar genau aus? Die Büchner-Forschung bietet dazu drei Antworten, die je unterschiedliche Akzente setzen.

Erste Möglichkeit: Büchner hat die im Clarus-Gutachten vertretene These zu Woyzecks Zurechnungsfähigkeit zur Kenntnis genommen, konnte ihr aber nicht zustimmen. Mit den Mitteln der Literatur wollte er nun noch einmal neu über den Fall nachdenken. Er macht sich zum Anwalt Woyzecks und beantragt eine poetisch-juristische Revision des Prozesses (vgl. Glück 1984b, S. 245). Das Drama wäre demnach eine Art Gegengutachten, das Woyzeck mangelnde Zurechnungsfähigkeit attestiert und ihn so von Verantwortung und Schuld freispricht. [...]

Zweite Möglichkeit: Büchner übernimmt aus dem Clarus-Gutachten die leitende Frage: War Woyzeck zurechnungsfähig, oder war er es nicht? Und er übernimmt einige Elemente der Anamnese, der Krankengeschichte, so etwa die Stimmhalluzinationen. Gleichzeitig verweigert er aber, auf die Frage selbst eine Antwort zu geben. Damit macht er sich nicht zum Anwalt Woyzecks, sondern handelt wie ein Revisionsrichter, der den Fall mit literarischen Mitteln zwar neu zur Verhandlung vorlegt, selbst aber weder als Ankläger noch als Verteidiger auftritt. Das Drama böte demnach keine Antwort, sondern würde sich darauf beschränken, die Frage schmerzhaft offenzuhalten (vgl. Kubik, S. 169) und in ihrer dringlichen Offenheit an die Leser und Zuschauer weiterzugeben. Das Stück liefert keine eindeutige Krankheitsdiagnose, Woyzeck ist in juristischer Hinsicht nicht eindeutig schuldunfähig. Zu sehen sind lediglich die Vorgeschichte und die Lebensumstände des Täters, aus denen der Zuschauer seine eigenen Schlüsse ziehen muss. [...]

Dritte Möglichkeit: Büchner gibt weder eine Antwort, noch stellt er eine Frage; er analysiert vielmehr mit literarischen Mitteln, wie Justiz und Medizin gemeinsam überhaupt das Feld der Delinquenz, des Verbrechens, des sozial abweichenden Verhaltens ordnen und reglementieren (vgl. Campe sowie Pethes). Nicht das Ergebnis und auch nicht das Problem stünden demnach zur Debatte, sondern der Sinn von psychiatrischen Gutachten überhaupt. Damit macht sich Büchner weder zum Anwalt noch zum Revisionsrichter, sondern geht in die Position eines Rechtstheoretikers, der mit literarischen Mitteln über die Grundlagen des Rechtssystems nachdenkt. Das Drama würde demnach, indem es die Frage weder beantwortet noch stellt, die Mechanismen der rechtspsychiatrischen Begutachtung selbst sichtbar werden lassen. Ein jedes Gutachten presst den begutachteten Menschen in das Raster vorgeformter Fragen. Damit übt der Gutachter schon Macht und Herrschaft über den Befragten aus, bevor das Gericht seinerseits überhaupt tätig werden kann. Aus der Perspektive von Büchners Drama ist das Gutachten nichts weiter als die Fortsetzung der sozialpolitischen Zurichtung, der Woyzeck schon sein ganzes Leben lang ausgeliefert war. [...]

ERLÄUTERUNG:
Z. 45: *Delinquenz:* Neigung, straffällig zu werden

Aus: Roland Borgards: Georg Büchner: Woyzeck. Braunschweig: Bildungshaus Schulbuchverlage 2009 (Schroedel Interpretationen, Band 8), S. 80–82

Originalzeichnung von Helmut Ackermann (1936–2017) zu Büchners Dramenfragment »Woyzeck«, entstanden im Herbst 2017 für dieses Heft

Erwartungshorizonte zu den beiden Klausurvorschlägen

Klausurvorschlag 1: Erschließung eines literarischen Textes mit Textvergleich

1 Benennen und interpretieren Sie die Unterschiede zwischen dem Märchen »Die drei Raben« aus der Märchensammlung der Brüder Grimm und dem Märchen, das die »Großmutter« in Georg Büchners Dramenfragment »Woyzeck« erzählt.

2 Erläutern Sie die Bedeutung des Märchens in »Woyzeck« mit Blick auf den Handlungsmoment und das Stück insgesamt.

Erwartungen

Beide Aufgaben sind zweigeteilt. Im ersten Arbeitsauftrag sind die Unterschiede zwischen den Märchen zunächst zu benennen und dann zu interpretieren. Im zweiten Arbeitsauftrag ist zunächst zu erläutern, warum Büchner die Märchenerzählung der Großmutter an diesem Moment der Dramenhandlung einschaltet, und anschließend, welche Deutungsperspektiven für das ganze Stück von dem Märchen ausgehen.

Leicht zu erkennen ist, dass das in »Woyzeck« erzählte Märchen von dem Märchen »Die drei Raben« aus dem 1812 veröffentlichten ersten Band der »Kinder- und Hausmärchen« der Brüder Jacob und Wilhelm Grimm angeregt ist. Aber während das Volksmärchen eine Geschichte von Verfehlung (der Brüder), Verfluchung (durch die Mutter) und Bestrafung (der Brüder), Treue und Hingabe (der Schwester) und schließlicher Erlösung (der Brüder durch die Schwester) erzählt, bietet Büchners Version nichts weiter als eine endzeitliche Szene allumfassender Verlassenheit und Trostlosigkeit. Das Volksmärchen erzählt also bei aller genretypischen Abstraktion und Typisierung der Figurenzeichnung eine Familiengeschichte: Die Familie besteht aus einem abwesenden Vater, einer Mutter, deren Ehrfurcht vor dem (religiösen) Gesetz größer ist als ihre Liebe zu ihren Söhnen (man könnte spekulieren, ob der von den übermütigen Söhnen respektlos behandelte Gott hier die leere Vaterstelle besetzt), drei Söhnen und einer Tochter, die anders als die Mutter zu den Brüdern hält. Sie nimmt viel auf sich, um diese zu erlösen: Sie opfert sogar einen Finger. Am Ende sind die Geschwister vereint, der Fluch ist überwunden und sie kehren »fröhlich heim« (Z. 55); ob heim zur Mutter, bleibt dabei offen und ist wohl eher unwahrscheinlich, denn die Mutter hat die Söhne ja verflucht und wird danach nicht mehr erwähnt. Offenbar bereut sie nicht und gehört einer unnachgiebigen alten Ordnung an, deren Herrschaft durch die Liebe und Aufopferungsbereitschaft der Tochter zu Ende geht. Die jüngere Generation der Familie steht für eine menschenfreundlichere Ordnung, in der Liebe und Solidarität herrscht und Fehler wiedergutgemacht werden können.

In Büchners Märchen ist die ältere Generation (beide Elternteile werden erwähnt) bereits tot und das »arm Kind« (Z. 1; ob es sich um ein Mädchen oder einen Jungen handelt, bleibt offen, auch wenn man vor dem Hintergrund des Volksmärchens wohl unwillkürlich dazu neigt, in dem Kind ein Mädchen zu sehen) hat keine Geschwister. Mehr noch: Es ist offenbar der einzige Überlebende in einer menschenleeren Welt. Das »arm Kind« hat niemanden, an den es sein Herz hängen kann, und entsprechend auch keine Mission, deren Erfüllung seinem Leben Sinn und Wert verleiht. Zum erzählerischen Arsenal des Volksmärchens gehören neben der magischen Dreizahl Prüfungen, die die Hauptfigur zu bestehen hat, und Helfer, die sie dabei unterstützen. So gelangt das nie aufgebende Schwesterchen in »Die drei Raben« zunächst zur Sonne und zum Mond, die sich als feindliche Mächte entpuppen, und findet schließlich in den Sternen die erforderlichen, ihm wohlgesonnenen Helfer. Das »arm Kind« in Büchners Märchen flüchtet dagegen aus der verlassenen Welt in den Himmel, um es dort besser zu haben, muss aber die Erfahrung machen, dass die Gestirne, die von der Erde aus so freundlich wirkten, ebenfalls leblose Attrappen sind. So kehrt es wieder zur verwüsteten Erde zurück und sitzt und weint und ist allein und verloren.

Das Volksmärchen erzählt davon, wie alles gut wird, wenn man niemals aufgibt und nie nachlässt zu hoffen. Büchners Märchen erzählt davon, dass nichts gut wird und alle Hoffnung vergeblich ist; auch die auf den Himmel, also wohl auch die auf die Tröstungen der Religion und auf das Paradies.

Das Märchen in »Woyzeck« wird in Szene 19 auf Maries Aufforderung hin von der »Großmutter« erzählt, die nur an dieser Stelle auftritt und unter der man sich wohl einfach eine alte Frau vorzustellen hat. Unmittelbar nachdem die Großmutter auserzählt hat, erscheint Woyzeck, um Marie abzuholen. In der folgenden Szene bringt er sie um. Die Märchenerzählung verdeutlicht die existenzielle Einsamkeit Woyzecks und Maries kurz vor seiner Tat und ihrem Tod. Sie lässt sich auch als Kommentar zu Maries Versuch in Szene 17 lesen, als reuige Sünderin in der Bibel Trost und Vergebung zu finden. Da ist, glaubt man dem Märchen, kein Gott, an den sich der Mensch in seiner Verlassenheit wenden kann. Auch der Himmel ist tot und leer.

Ob man die desillusionierende ›Botschaft‹ des Märchens in »Woyzeck« auf das ganze Stück beziehen will oder den Standpunkt vertritt, dass dies eine Überinterpretation wäre und dem kleinen Text keine solche Bedeutung zugemessen werden sollte, liegt im Ermessen der Schüler. Auffallen könnte und sollte ihnen immerhin, dass auch in Szene 22, als der blutbesudelte Woyzeck im Wirtshaus bereits mehr oder weniger als Mörder entlarvt wird, auf das Märchen »Die drei Raben« angespielt wird, das Büchner als Vorlage für die Märchenerzählung in Szene 19 diente. In Szene 22 ist es »der Narr«, der sich der Worte des kalten und bösen Mondes in »Die drei Raben« bedient: »ich riech, ich riech, ich riech Menschenfleisch« (S. 34, Z. 9 f.). Diese zweite Bezugnahme auf das Volksmärchen könnte als Hinweis darauf betrachtet werden, dass Büchner die Märchenerzählung als einen Subtext des gesamten Stücks verstanden wissen wollte. Das Märchen ließe sich dann als eindrucksvolles dichterisches Bild für die Ohnmacht des Einzelnen in einer von Gewalt beherrschten Welt betrachten. Schüler, die sich aus eigenem Antrieb intensiver mit Büchner beschäftigt haben, könnten auf den sogenannten ›Fatalismus‹-Brief gestoßen sein, den Büchner Anfang 1834 an seine Verlobte Minna Jaeglé schrieb. Dort heißt es: »Ich studierte die Geschichte der Revolution. Ich fühlte mich wie zernichtet unter dem grässlichen Fatalismus der Geschichte. Ich finde in der Menschennatur eine entsetzliche Gleichheit, in den menschlichen Verhältnissen eine unabwendbare Gewalt, allen und keinem verliehen. Der Einzelne nur Schaum auf der Welle, [...] ein lächerliches Ringen gegen ein ehernes Gesetz, es zu erkennen das Höchste, es zu beherrschen unmöglich.«

Dieser Brief zeigt einen Büchner, der starke Zweifel hegt, ob die Menschen überhaupt in der Lage sind, die Verhältnisse gerechter zu gestalten und das Leben des Einzelnen zu erleichtern. Diese Zweifel begleiteten Büchner, der kein naiver Weltverbesserer und schon gar kein ›unverbesserlicher Optimist‹ war, immer. Dass sie ihn jedoch nicht davon abhielten, in Wort und Tat für eine gerechtere und barmherzigere Welt zu kämpfen, macht ihn zu einer so eindrucksvollen Erscheinung.

Klausurvorschlag 2: Erörterung eines pragmatischen Textes

1 Erörtern Sie die drei von Roland Borgards dargestellten Positionen der germanistischen Forschung zur Frage, wie Büchner mit seinem Stück auf die Gutachten von Clarus reagiert, und begründen Sie Ihre eigene Position.

Erwartungen

Diese Erörterungsaufgabe ist im vierten Abschnitt des fünften Moduls bereits gründlich vorbereitet worden (vgl. die Seiten 90–93 dieses Hefts). Insofern reichen hier einige ergänzende Hinweise aus.

Welcher Position sie sich anschließen oder ob sie vielleicht eine vierte Möglichkeit zur Diskussion stellen wollen, bleibt den Schülern überlassen. Eine ›richtige Lösung‹ existiert hier nicht. Wie immer kommt es auf die folgerichtige Entwicklung und Überzeugungskraft der Argumentation an, die natürlich auch nicht im Widerspruch zu den unzweifelhaften Sachverhalten in beiden Textgrundlagen (dem Gutachten von Clarus und dem Dramenfragment von Büchner) stehen darf. Die Schüler müssen demnach über eine genaue Textkenntnis verfügen und die in beiden Texten aufgeworfenen Fragen gut durchdacht haben. Wenn sie aktiv und aufmerksam am Unterricht teilgenommen haben, sollten sie den inhaltlichen Anforderungen der Aufgabenstellung gut gewachsen sein.

Für Roland Borgards hat jede der drei Möglichkeiten »etwas für sich«. Die erste entspreche »der gerechtfertigten Empörung, die uns heute noch angesichts des Prozesses überkommen kann«. Die zweite zeige Büchner als einen »Meister der Vieldeutigkeit«, der es vermeide, schnelle Antworten auf komplizierte Fragen zu geben. Die dritte traue Büchner »am meisten zu«; nämlich nicht nur eine eigene Meinung vertreten oder andere veranlassen zu können, sich eine eigene Meinung zu bilden, sondern kritisch »die Mechanismen zu durchschauen«, »mittels derer Meinungen gebildet, durchgesetzt und verbindlich gemacht werden« (a. a. O., S. 83).

Bei der dritten Position stellt sich allerdings die Frage nach der Alternative: Was soll an die Stelle des psychiatrischen Gutachtens treten, wenn dieses als »Fortsetzung der sozialpolitischen Zurichtung« (Z. 63 f.) des Subjekts (im wörtlichen Sinne: des Unterworfenen) betrachtet und abgelehnt wird? Muss ein Straftäter nicht notwendigerweise irgendeiner in vordefinierten Formen erfolgenden Meinungsbildung unterworfen werden? Soll der Staat sein Gewaltmonopol aufgeben, um niemandem Zwang anzutun? Stellt die psychiatrische Begutachtung eines Straftäters nicht einen (wie auch immer tauglichen) Versuch dar, den starren Mechanismus von Verbrechen und Strafe zu modifizieren, um zu verhindern, dass das Unrecht, welches der Täter seinem Opfer zugefügt hat, noch durch ein mögliches dem Täter durch den Staat zugefügtes Unrecht vermehrt wird? Hier könnten die Eingangsüberlegungen zur Schuldfähigkeit (vgl. Arbeitsblatt Seite 99) aufgegriffen werden.